分区异步元胞自动机模型及其应用

柯新利 著

科 学 出 版 社
北 京

内 容 简 介

针对传统元胞自动机模型难以表达地理现象及其演化规律和演化速率空间异质性从而制约地理元胞自动机模型模拟精度的不足，作者对传统的元胞自动机模型进行改进并提出了分区异步元胞自动机模型。一方面，在对元胞空间分区的基础上，采用分区转换规则代替统一转换规则，以表达地理现象及其演化规律的空间差异；另一方面，在元胞自动机模型中引入异步演化速率以表达地理现象演化速率的空间异质性。结果表明，与传统元胞自动机模型相比，分区异步元胞自动机模型在逐点对比精度和 Moran I 指数两方面都具有明显的优势。依托分区异步元胞自动机模型，在综合考虑自然资源禀赋和社会经济条件区域差异的基础上，开展了土地利用的区际优化配置与未来情景分析，为区域土地资源的合理开发和可持续利用提供科学依据。

本书可以作为土地利用变化、土地利用建模、土地资源优化配置、土地资源可持续利用，以及城市扩张等领域的科研人员与从业人员及相关专业本科生与研究生的参考书。

图书在版编目(CIP)数据

分区异步元胞自动机模型及其应用/柯新利著. —北京：科学出版社，2016.8
(博士后文库)
ISBN 978-7-03-050748-8

Ⅰ. ①分… Ⅱ. ①柯… Ⅲ. ①自动机–模型 ②自动机–应用
Ⅳ. ①TP23

中国版本图书馆 CIP 数据核字(2016)第 280458 号

责任编辑：苗李莉 李 静／责任校对：何艳萍
责任印制：张 伟／封面设计：陈 敬

科学出版社出版
北京东黄城根北街 16 号
邮政编码：100717
http://www.sciencep.com
北京凌奇印刷有限责任公司印刷
科学出版社发行 各地新华书店经销
*
2016 年 8 月第 一 版 开本：B5(720×1000)
2016 年 8 月第一次印刷 印张：15 1/2 插页：4
字数：300 000

POD定价： 128.00元
(如有印装质量问题，我社负责调换)

《博士后文库》编委会名单

《博士后文库》序言

博士后制度已有一百多年的历史。世界上普遍认为，博士后研究经历不仅是博士们在取得博士学位后找到理想工作前的过渡阶段，而且也被看成是未来科学家职业生涯中必要的准备阶段。中国的博士后制度虽然起步晚，但已形成独具特色和相对独立、完善的人才培养和使用机制，成为造就高水平人才的重要途径，它已经并将继续为推进中国的科技教育事业和经济发展发挥越来越重要的作用。

中国博士后制度实施之初，国家就设立了博士后科学基金，专门资助博士后研究人员开展创新探索。与其他基金主要资助“项目”不同，博士后科学基金的资助目标是“人”，也就是通过评价博士后研究人员的创新能力给予基金资助。博士后科学基金针对博士后研究人员处于科研创新“黄金时期”的成长特点，通过竞争申请、独立使用基金，使博士后研究人员树立科研自信心，塑造独立科研人格。经过30年的发展，截至2015年年底，博士后科学基金资助总额约26.5亿元人民币，资助博士后研究人员5.3万余人，约占博士后招收人数的1/3。截至2014年年底，在我国具有博士后经历的院士中，博士后科学基金资助获得者占72.5%。博士后科学基金已成为激发博士后研究人员成才的一颗“金种子”。

在博士后科学基金的资助下，博士后研究人员取得了众多前沿的科研成果。将这些科研成果出版成书，既是对博士后研究人员创新能力的肯定，也可以激发在站博士后研究人员开展创新研究的热情，同时也可以使博士后科研成果在更广范围内传播，更好地为社会所利用，进一步提高博士后科学基金的资助效益。

中国博士后科学基金会从2013年起实施博士后优秀学术专著出版资助工作。经专家评审，评选出博士后优秀学术著作，中国博士后科学基金会资助出版费用。专著由科学出版社出版，统一收入《博士后文库》。

资助出版工作是中国博士后科学基金会“十二五”期间进行基金资助改革的一项重要举措，虽然刚刚起步，但是我们对它寄予厚望。希望通过这项工作，使博士后研究人员的创新成果能够更好地服务于国家创新驱动发展战略，服务于创新型国家的建设，也希望更多的博士后研究人员借助这颗“金种子”迅速成长为国家需要的创新型、复合型、战略型人才。

中国博士后科学基金会理事长

前　言

地理元胞自动机模型是地理模拟的主流工具，在地理学研究，尤其是城市扩张模拟与优化等领域发挥了巨大的作用。已有研究对地理元胞自动机模型的转换规则获取、邻域效应、元胞形状等方面开展了较为深入和系统的研究。然而，由于忽略了地理现象及其演化规律与演变速率的空间异质性，传统元胞自动机模型对现实地理世界的表达能力受到了约束。一方面，传统地理元胞自动机模型忽略了地理现象演化规律的空间异质性，元胞空间内所有的元胞都采用统一的转换规则；另一方面，传统地理元胞自动机模型忽略了地理现象演变速率的空间异质性，元胞空间内所有的元胞都按统一的演变速率进行演变。因此，传统的地理元胞自动机模型难以表达地理现象及其演化规律和演变速率的空间异质性，成为地理元胞自动机模型发展的瓶颈。

针对上述问题，本书提出并实现了分区异步元胞自动机模型：一方面，在对元胞空间分区的基础上分别求取各分区的转换规则，以分区转换规则代替统一转换规则，以表达地理现象演化规律的空间异质性；另一方面，在元胞自动机模型中引入异步演变速率，赋予不同的元胞不同的演变速率，以表达地理现象演化速率的空间异质性。通过改进，缩短了元胞自动机模型与现实地理现象演变过程的差异，从而使得分区异步元胞自动机模型更好地表达现实地理现象的演化过程。

本书包括上、下两篇，上篇主要介绍分区异步元胞自动机模型的理论与方法，下篇主要介绍分区异步元胞自动机模型的应用。

在分区异步元胞自动机模型的理论与方法部分，从元胞自动机模型的研究进展出发，分别讨论了分区异步元胞自动机模型的概念模型、基于空间聚类的元胞空间分区、元胞转换规则的获取方法、分区异步元胞自动机模型演化速率获取和分区异步元胞自动机模型的实现。在此基础上，开展了分区异步元胞自动机模型尺度敏感性研究。

在分区异步元胞自动机模型的应用部分，分别介绍了基于分区异步元胞自动机模型的耕地区际优化布局、基于土地利用效率区域差异的建设用地区际优化配置、基于资源禀赋和经济发展区域差异的耕地优化布局、权衡粮食安全与经济发展区域差异的土地资源优化配置，以及协调城市扩张、耕地保护与生态保育的土地优化布局、气候变化背景下城市扩张合理模式选择和基于生产力总量平衡的耕地区际优化配置等内容。

在本书的编写过程中，得到了中国科学院地理科学与资源研究所刘纪远研究员、邓祥征研究员和武汉大学边馥苓教授的指导。华中农业大学公共管理学院张安录教授、杨钢桥教授也给本书的编写提供了大力的支持。笔者的研究生杨柏寒、胡少华、廖平凡、李红艳、郑伟伟、温槟荧、普鹍鹏、祁凌云和黄翔等为书稿的修改和校对提供了帮助。在此，一并表示感谢！

本书的出版得到了中国博士后科学基金会 2015 年度博士后优秀学术专著出版资助，书中部分研究内容得到了中国博士后科学基金项目（20100480442）、国家自然科学基金项目（41101098、41371113）和国家社科基金项目(13CGL092)的资助！

柯新利

目　　录

下篇 分区异步元胞自动机模型的应用

上篇　分区异步元胞自动机模型的理论与方法

第1章 绪　论

1.1 引　言

20世纪70年代以来，以地理信息系统(GIS)、遥感(RS)和全球定位系统为代表的空间信息技术在诸多领域得到了广泛的应用，呈现出迅猛的发展势头(边馥苓, 2006)。其中，作为空间信息技术的重要组成部分，GIS技术在空间数据采集、管理、处理、分析和可视化等方面表现出强大的能力。遗憾的是，GIS虽然对静态的地理信息具有很强的表达与处理能力，但是对复杂地理现象动态演变特征的表达能力却十分有限。元胞自动机模型(cellular automata, CA)是网格动力学模型，它将空间划分为离散的元胞，每一个元胞被赋予离散的状态并在离散的时间步长内进行演化。元胞自动机模型能较好地表达局部的时间因果关系和空间的相互作用。元胞自动机模型可以很好地模拟自组织系统的演化过程，同时它也具有很强的空间运算能力。因此，元胞自动机模型非常适合用来开展土地利用变化的动态模拟(周成虎等, 2001)。自元胞自动机模型被提出以来，在诸如人类移居、生物系列和城市扩张等复杂系统演化的时空过程模拟等方面得到了广泛的应用。在模拟复杂地理现象时空演化过程方面，元胞自动机模型比线性回归模型和系统动力学模型等具有更加准确、清楚和完整等特性(Smith, 1969)。元胞自动机模型提供了“自下而上”的模拟思路，并且具有强大的复杂运算能力和高度的动态计算特征，又可以清晰、完整地表达空间概念。因此，元胞自动机模型在表达复杂地理过程和地理现象的时空演化方面具有得天独厚的优势，非常适用于模拟与解析复杂地理现象的时空演化规律(周成虎等, 2001)。近些年来，学者们利用元胞自动机模型模拟和解释了城市扩张、火灾演进和水灾演变等复杂的时空动态过程，取得了一系统具有重要研究意义的成果。因此，元胞自动机模型为时空动态过程的研究与模拟提供了新的方法，为复杂地理现象的解析提供了新的视角和思路。尤其为土地利用变化的动态模拟提供了一种由局部涌现全局、由微观规则产生宏观格局的新的研究方法、思路和视角。

近20年以来，尤其是近年来，诸多学者采用元胞自动机模型对城市扩张、土地利用优化布局、洪水演进、生态系统演进、人群疏散、交通格局等方面开展了深入系统的研究，形成了一批有影响的研究成果(Batty et al., 1999; Almeida et al.,

2003; Fang et al., 2005; 刘耀林等, 2004; 罗平等, 2004 a,b; Batty and Xie, 1994; Clarke et al., 1997; Li and Yeh 2000; White and Engelen 1993; Cao et al., 2015; Dahal and Chow, 2014; Li et al., 2013; Liu et al., 2014）。已有的研究说明，将元胞自动机模型与地理信息技术结合，可以发展和丰富地理信息技术的时空动态分析能力，提升元胞自动机模型模拟和解释复杂地理过程的时空演化能力，从而克服地理信息系统在表达与解释时空动态过程方面的不足。然而，遗憾的是，目前大多数研究在采用元胞自动机模型开展复杂地理现象或地理过程时空动态过程时，存在着一些局限性，主要表现在如下两个方面。

(1)用统一的转换规则驱动元胞空间内所有的元胞进行演化。元胞转换规则的获取是元胞自动机模型的核心问题，在整个模拟过程中对元胞自动机模型的运行起着控制作用，对模型的模拟结果具有重要的影响。当前，大量的元胞自动机模型采用统计学或数据挖掘的方法在整个元胞空间内求取元胞的转换规则，并将这一转换规则赋予元胞空间内所有的元胞，从而驱动元胞自动机模型进行演化。实际上，无论是在地理现象的空间分布，还是在地理规律的空间特征，都存在着空间异质性。因此，作为地理现象和地理过程模拟重要工具的元胞自动机模型，其元胞转换规则应该相对应地表现出空间异质性。所以，当前大多数元胞自动机模型在整个元胞空间采用统一的转换规则驱动元胞自动机模型进行地理现象和地理过程的模拟，企图用经过平均化处理的元胞转换规则表达现实世界具有空间异质性的地理现象和地理过程的时空演化规律，抹杀了地理现象与地理过程的空间异质性，因而制约了地理元胞自动机模型精度的提升，成为地理元胞自动机模型模拟精度提高的一个瓶颈。

(2)元胞空间内所有的元胞都以相同的变化速度发生演化。然而，现实的地理现象或地理过程在整个研究区域的演化速率是存在着显著的空间差异的，在不同的区域表现出不同的演化速率。以城镇建设用地扩张为例，在经济发展迅速的大城市或者经济技术开发区，城镇建设用地扩张较为迅速；而在经济较为落后的小城镇或者人口数量有限的城镇，城镇建设用地的扩张则较为缓慢。因此，采用元胞自动机模型开展地理现象或者地理过程的动态模拟与预测时，赋予元胞空间内所有的元胞相同的演化速率，与实际地理现象或地理过程的时空动态变化规律是不相符的。因而，阻碍了元胞自动机模型对地理现象或地理过程表达精度的提高，成为元胞自动机模型在地理学研究中应用的瓶颈。

针对当前元胞自动机模型在模拟地理现象时空动态演化过程中存在着这两方面的问题，本书提出了分区异步元胞自动机模型。一方面，针对元胞自动机模型难以表达地理现象时空动态演化规律的空间异质性的问题，按地理现象及其驱动要素的空间异质性对元胞空间进行分区，并对不同的分区分别获取转换规则；另一方面，针对元胞自动机模型难以表达地理现象时空动态演化速率空间异质性的不足，提出异步演化速率的概念，赋予不同的元胞不同的演化速率。通过上述两方面的改进，从理论上构建了符合地理现象时空动态演化规律和速率空间异质性的地理元胞自动机模型，从而可以更真实地表达与解释地理现象演化过程的时空动态特征。具体而言，本书主要有如下五个目标。

(1) 根据地理现象时空动态过程演化规律的空间异质性，根据地理现象及其影响因素的特征将元胞空间分成若干个性质相对一致的区域。在此基础上，分别求取每个子区域的转换规则。从而用分区转换规则驱动元胞自动机模型对地理现象的时空动态过程进行模拟和解析，使元胞自动机模型能更好地表达地理现象时空动态演化规律的空间异质性，提升元胞自动机模型的模拟与解释能力。

(2) 开展元胞空间分区方法研究，分别采用传统空间聚类算法和双约束空间聚类算法开展元胞空间分析，从而保证各分区不仅在空间上相互邻接，而且在非空间属性上保持相对一致。使得各分区具有相对一致的属性和动态演化规律，保证元胞自动机模型在各分区上的表达精度。

(3) 深入研究元胞自动机模型转换规则的获取方法，重点讨论 C5.0 决策树算法在元胞自动机模型转换规则获取方面的应用。发挥 C5.0 决策树算法在获取转换规则方面的科学性、直观性和可靠性，在分区的基础上，采用 C5.0 决策树厘定各分区的元胞转换规则，保证元胞自动机模型对地理现象时空动态演化模拟和解释的精度。

(4) 针对现实地理现象时空动态演化速率的空间异质性，提出采用异步演化速率驱动不同的元胞以不同的速率进行演化的思路，从而提高元胞自动机模型对现实地理现象时空动态演化过程的表达能力。本书讨论了元胞自动机模型异步演化速率的计算依据以及测算方法。

(5) 剖析元胞自动机模型的尺度效应，以及分析不同的元胞尺度划分对元胞自动机模型模拟精度的影响。此外，还针对本书提出的分区异步元胞自动机模型的特征，深入剖析速率格网的大小，以及每个速率格网的最大演化间隔对分区异步元胞自动机模型模拟精度的影响，从而为元胞自动机模型元胞尺度的合理确定和速率格网的合理划分与设定提供依据。

本书不仅提出了元胞自动机模型改进的新视角，丰富了元胞自动机模型的理论，同时也实现了本书提出的分区异步元胞自动机模型并将其应用于杭州市土地利用变化模拟的实践中，对提高土地利用变化模拟与预测能力具有重要的现实意义。具体而言，本书提出的分区异步元胞自动机模型有如下三方面的意义。

(1) 本书是对元胞自动机模型的有益补充。针对元胞自动机模型难以表达真实地理现象时空动态过程演化规律的空间异质性和演化速率空间异质性的不同，将地理现象演化规律与演化速率的空间异质性整合到元胞自动机模型之中，从空间异质性的视角探讨了元胞自动机模型的理论与应用，对元胞自动机模型理论的丰富与发展作出了一定的贡献，使元胞自动机模型能更真实有效地表达地理现象的时空动态演化特征。

(2)实现了空间数据挖掘算法与元胞自动机模型理论的有效结合。空间数据挖掘算法可以从大量的空间数据出发挖掘与发现有用的知识，为空间决策提供科学依据。元胞自动机模型的转换规则是元胞自动机模型的核心，空间数据挖掘算法可以提供元胞自动机模型转换规则的获取方法。此外，空间数据挖掘算法还可以提供元胞空间分区的方法，保证获得客观、合理、科学和可靠的元胞空间分区结果。本书将空间数据挖掘算法与元胞自动机模型相结合，对元胞自动机模型和空间数据挖掘都可以起到推动作用。

(3)提出并实现了分区异步元胞自动机模型。针对传统元胞自动机模型的不足，提出了较为完善的分区异步元胞自动机模型框架，深入剖析了分区异步元胞自动机模型的元胞空间分区、分区转换规则的获取、异步演化速率的概念与计算。在此基础上，实现了分区异步元胞自动机模型，并应用分区异步元胞自动机模型对杭州市土地利用变化进行了模拟。本书提出的分区异步元胞自动机模型为长时间、大区域的复杂地理现象的模拟与解析提供了新的视角和方法。

1.2 土地利用变化元胞自动机模型研究进展

1.2.1 元胞自动机的应用研究

元胞自动机模型最早由著名数学家、现代计算机之父Von Neumann提出。1948年，Von Neumann在其同事Ulam的建议下设计出了一种可以自我复制的自动机，并在此基础上提出了元胞自动机模型的概念。在元胞自动机模型提出之后，很多专家注意到元胞自动机模型能够较好地模拟自组织复杂系统的自组织过程，因而有可能被用于模拟复杂的自组织现象，如晶体构造和生长、生物生长和繁殖、竞争与进化、地理现象的动态演化等(Itami, 1994; Perrier et al., 1996; Bays, 1988; Bennett and Grinstein 1985; Culik et al., 1990; Dewdney, 1990; Ermentout and Edelstein-Keshet, 1993)。此后，元胞自动机模型在经济、科学研究、社会和军事等诸多领域得到了广泛的应用，涉及地理学、信息科学、生物学、物理学、数学、化学、生态学、社会学、军事学、环境学等(Gardner,1971; Gutowitz, 1990; Siebrug et al., 1990; Sternberg, 1980; Toffoli and Margolus,1987; Turing,1936; Vichniac, 1984; Victor, 1990; Wolfram, 1983; Wolfram, 1986)。

20 世纪 60 年代以来，元胞自动机模型在地理学中的应用日益增多。Hagerstrand 在他的研究中提出的空间扩散模型首次引入类似于元胞自动机的思想，从而将元胞自动机模型引入地理学的研究之中(Hagerstrand, 1965)；70 年代，著名地理学家 Tobler 正式构建了元胞自动机模型对美国底特律地区的城市扩张和蔓延进行模拟和分析(Tobler, 1970)。Tobler 在采用元胞机模型模拟了城市建设用地扩张之后，认为元胞自动机模型为地理现象的动态模拟与分析提供了一次方法革命，元胞自动机模型的邻域转换规则可以科学地表达地理学第一定律，因而元胞自动机模型非常适合用于地理学的研究之中(Tobler, 1979)。80 年代之后，元胞自动机模型的理论与方法均得到了进一步的发展，元胞自动机模型在地理学中的应用也日益增多。其中，加州大学圣巴巴拉分校的 Helen Couclelis 对元胞自动机模型的理论与方法进行了深入系统的研究，认为元胞自动机模型可以表达地理现象时空动态演化的不确定性，因而地理学的研究需要引入元胞自动机模型(Couclelis, 1985,1988,1989,1997)。此后，元胞自动机模型受到了广大地理学家的重视，在地理学研究中的应用得到了迅猛发展，成为地理学研究关注的热点领域。其中，代表性的学者是 Batty 和 Xie，他们利用元胞自动机模型开展了很多有意义的地理学研究。早期，他们基于元胞自动机模型的思想，提出了用 DLA(diffusion-limited aggregation)模型进行城市建设用地扩张的模拟(Batty et al., 1989)。此后，他们借鉴了生物学研究中的元胞自动机模型思想，在城市演化的研究中引入元胞自动机模型，提出了城市元胞自动机模型(Batty and Xie, 1994, 1997)。除了对城市扩张的研究，元胞自动机模型在地理学研究的其他领域也得到了广泛的应用。Deadman 等构建元胞自动机模型开展了农村居民点扩张的模拟和解析(Deadman et al., 1993)。White 和 Engenlen 则构建元胞自动机模型模拟了全球变化对土地利用变化的影响，并取得了有意义的研究结果(White and Engelen, 1993)。Flavio Bonfatti 等则通过改进元胞自动机模型，用于模拟和分析意大利的威尼斯潟湖受周期性潮汐的影响发生的动态变化，从另一个角度说明了元胞自动机模型对复杂地理现象的模拟和解释能力(Bonfatti et al., 1994)。Phipps、Cecchini 等学者构建元胞自动机模型解析了城市扩张、城镇用地蔓延和城市形态变迁等时空动态过程(Phipps, 1992; Cecchini, 1996)。B.Chopard 等采用元胞自动机模型分析和模拟了日内瓦的交通流(Chopard et al., 1995)。Ichiro Embutsu 等则采用元胞自动机模型对城市热岛效应进行了模拟和分析 (Embustsu et al., 1994)。

在国际研究的推动下，国内学者在 20 世纪 90 年代尝试着将元胞自动机模型引入我国的地理学研究之中，尤其是在采用元胞自动机模型开展城市建设用地变化的时空动态建模方面得到了广泛的应用。中国科学院地理科学与资源研究所周成虎研究员等在国内率先提出地理元胞自动机模型的概念，构建了 GeoCA-Urban

模型用于城市土地利用变化的模拟与预测(周成虎等, 2001)。随后，中山大学黎夏教授和香港大学叶嘉安教授将人工神经网络算法引入元胞自动机模型的研究之中，利用人工神经网络获取城市元胞自动机模型的转换规则，提出了 ANN-CA 模型,并模拟和分析了东莞市城市用地的时空动态过程(黎夏和叶嘉安, 2002)。此后，黎夏和叶嘉安进一步改进了 ANN-CA 模型，利用人工神经网络算法获取多种地类的转换规则，对元胞自动机模型进行扩展，从而使元胞自动机模型可以模拟多种地类的动态演化过程(黎夏和叶嘉安, 2005)。张显峰和崔伟宏则结合地理信息系统空间分析技术和元胞自动机模型，提出了 LESP 模型(landuse evolution simulation and prediction model)用于开展土地利用时空演化过程的动态模拟，并以包头市为例对 LESP 模型进行了验证，取得了较好的效果(张显峰和崔伟宏, 2001)。王春峰从另一个角度，综合城市扩张的惯性模型、人口空间分布模型和元胞自动机模型，构建了城市扩张的元胞自动机模型，并应用该模型模拟和分析西安市城市扩张的时空动态过程(王春峰, 2002)。罗平则认为，元胞自动机模型应与经典地理过程的基本理论相结合，将地理系统的几何属性和非几何属性引入元胞自动机模型框架之中。罗平等根据这一思想，提出并实现了基于地理特征概念的元胞自动机(GeoFeature-CA)，并以这一模型框架为基础，提出了城市土地利用变化的元胞自动机模型 GFCA-Urban(罗平等, 2004b)。罗平等还尝试将元胞自动机模型与人口密度模型相结合进行城市建设用地扩张的模拟(罗平等, 2003)。何春阳等则从另一个视角对元胞自动机模型进行了发展。他们将土地利用变化分为宏观土地利用结构变化和微观土地利用布局两个方面，提出了采用系统动力学的方法预测宏观土地利用结构变化，采用元胞自动机模型将宏观土地利用结构变化布局到空间上的思路，并据此构建元胞自动机模型对土地利用变化进行模拟和分析(何春阳等，2003；何春阳，2003；何春阳等，2005)。刘耀林等则从元胞自动机模型的结构、元胞及其规则的定义出发，对元胞自动机模型进行了扩张，并用于模拟海南省琼海市的城市扩张(刘耀林等, 2004)。赵晶基于元胞自动机模型构建了土地利用变化动态演化的 DLEM 模型(dynamic land-use evolution model)，结合每一个元胞的自我发展能力和外部因素的作用厘定元胞转换规则，并采用该模型对上海市城市内部四大地类的变化进行了模拟(赵晶, 2004)。

1.2.2 元胞自动机与 GIS 及其他模型的集成研究

一方面，元胞自动机模型具有强大的时空建模能力，这一点已经被大量的研究所证实。另一方面，地理信息系统在空间分析方面具有独特的优势。因此，地理信息系统与元胞自动机模型的结合引起了众多学者的兴趣(Itami, 1994; Takeyama and Couclelis, 1997; Wagner, 1997; White and Engelen, 1997; Wu, 1998)。

由于地理信息系统具有强大的空间数据分析、管理与处理能力，因而地理信息系统可以为元胞自动机模型提供数据源，也可以为元胞自动机模型提供空间数据分析与处理的支持。此外，地理信息系统还有利于将空间异质性引入元胞自动机模型的动态模拟过程之中。一方面，地理信息系统具有强大的空间可视化能力，因而有助于实现元胞自动机模型模拟过程与结果的可视化。另一方面，元胞自动机模型的引入则可以弥补地理信息系统在时空动态建模方面的不足。White 和 Engelen 的研究表明，元胞自动机模型和地理信息系统的有效结合可以克服地理信息系统在时空动态数据分析与建模方面存在的不足(White and Engelen, 1993)。Xie 的研究表明，元胞自动机模型和地理信息系统的集成，有利于描述和模拟具有分形分维特征和自相似性的城市发展过程。并根据这一思想构建了元胞自动机模型和地理信息系统的耦合模型，并模拟了 Buffalo 市的土地利用变化(Xie, 1997)。Batty 则依托地理信息系统环境，发展了城市动态模拟的元胞自动机模型。该模型不仅对不同的元胞转换规则进行了定义，而且提供了地理信息系统接口，增强了模型的适用性(Batty et al.,1999)。Couclelis 深入探讨了地理信息系统与元胞自动机模型的集成方法，她集成了栅格地理信息系统与元胞自动机模型，构建了城市扩张的元胞自动机模型，用于模拟和解析城市建设用地扩张的时空动态过程(Couclelis, 1997)。Clark 则在空间数据库的支持下，采用多种分辨率的遥感影响，结合地理信息系统和元胞自动机模型模拟了大尺度下人类活动对土地利用变化的影响。在 Clark 的研究中，在综合采用社会经济统计数据、基础地理数据和交通数据等对城市发展有影响的因素确定元胞自动机模型参数的基础上，依托地理信息系统平台，分别模拟和预测了美国西海岸的 San Francisco 和美国东部的 Washington-Baltimore 都市区的城市扩张(Clark, 1998)。Jenerette 引入遗传算法用来确定元胞自动机模型的转换规则，并且采用该模型对美国 Phoenix 地区过去 80 余年的城镇土地利用状况进行了模拟(Jenerette, 2001)。Shi 等从解决元胞空间邻域关系问题出发，开发了一个基于 Voronoi 的 CA 模型(Shi et al., 2000)。White 和 Engelen 结合区域模型建立了一个区域发展的元胞自动机模型，综合模拟了荷兰的城市与区域系统的空间动态变化过程(White and Engelen, 1993)。Ward 结合社会经济模型和生物物理模型，建立了一个约束性元胞自动机模型，并且采用该模型模拟了澳大利亚昆士兰东南部快速城市化地区的城市增长情况(Ward, 2000)。Liu 和 Andersson 将马尔可夫随机场引入元胞自动机模型，建立了基于马尔可夫随机场的元胞自动机模型，用该模型对城市增长情况进行了模拟，并重点讨论和评价了时间动态特征对城市增长的模拟影响(Liu and Andersson, 2004)。Liu 和 Stuart 将模糊集函数理论中引入元胞自动机模型中，在栅格 GIS 环境下实现了基于模糊集函数的元胞自动机模型，并通过多次试验对模型参数进行了修正和优化，以悉尼市

1971~1996 年的城市发展情况为例，对该模型进行了实证研究(Liu and Stuart, 2003)。Takeshi 和 Tetsuya 将回归分析和差别分析引入元胞自动机模型中，模拟了东京郊区的城市扩展情况(Takeshi and Tetsuya, 2004)。Claudia 和 Batty 结合 Bayes 经验方法，用随机元胞自动机模型对巴西西部城市 Bauru 的扩展情况进行了模拟和预测，在此基础上，分析了影响城市增长的社会经济因素和基础设施(Claudia and Batty, 2003)。

国内也有很多学者对元胞自动机与 GIS 及其他模型的集成进行了研究，并且取得了很多有意义的成果。刘小平等针对研究区域较复杂时，很难确定 CA 的模型结构和参数的问题，提出了采用蚁群智能算法来自动获取地理元胞自动机转换规则的新方法，该方法能准确而方便地描述自然界中的复杂关系，将基于这一思想构建的基于蚁群智能算法(ant colony optimization, ACO)的地理元胞自动机(ACO-CA)，应用于广州市的城市模拟中，取得了较好的结果(刘小平等, 2007b)。胡茂桂等采用人工神经网络方法对元胞自动机模型进行扩展，对莫莫格国家级湿地自然保护区的土地覆被变化进行了动态的模拟和预测(胡茂桂等, 2007)。在他们的研究中，采用了正六边形元胞，克服了四边形元胞各向异性的先天不足，提高了模型模拟的精度。该模型采用 BP 神经网络自动挖掘出元胞自动机模型的元胞转换规则，可以方便地进行多种土地覆被类型的动态模拟与预测，提高模型预测结果的科学性和准确性。刘小平等提出了基于“生态位”的元胞自动机模型，将生态学的概念引进元胞自动机模型中，探讨了将“生态位”元胞自动机和 GIS 集成的方法，为城市土地可持续利用提供了一种新的方法和技术手段(刘小平等，2007a)。杨小雄等扩展了标准元胞自动机模型的元胞涵义、规则定义等，综合考虑政策及相关规划约束、邻域耦合、适宜性约束、继承性约束及土地利用规划指标约束等构建了元胞自动机模型进行土地利用规划布局，并采用该模型对广西东兴市的土地利用规则布局进行了仿真模拟(杨小雄等, 2007)。杨青生和黎夏在元胞自动机模型中引入多智能体技术，将影响和决定用地类型转变的主体作为多智能体(Agent)，在确定元胞单元的城市发展概率时，引进元胞自动机模型，运用 Agent 和元胞自动机结合来模拟城市用地扩张，Agent 根据自身及周围环境的状况，通过与其他 Agent 和周围的环境进行交互，做出下一时刻是否发生转换的决策(杨青生和黎夏，2007)。何春阳等将系统动力学模型和元胞自动机模型结合起来，用系统动力学模型确定宏观的土地利用需求，然后采用元胞自动机模型实现宏观土地利用需求和微观土地供给的平衡，充分利用系统动力学和元胞自动机模型各自的优点，实现优势互补，提出了土地利用情景变化动力学 LUSD(land use scenarios dynamics model)模型(何春阳等, 2005)。刘耀林等扩展了元胞自动机模型的元胞含义、规则定义等内容，将元胞自动机模型与层次分析方法、多目标灰色局势决策有机结合，提出了基于元胞自动机、层次分析法和灰色局势决策的城市空间动态扩展动力学模型，并利用该模型对海南省琼海市的城市扩展进行了验证(刘耀林等, 2004)。赵晶等在元胞自动机模型中引入数据挖掘技术，利用学习矢量量化神经网络，采用空间数据挖掘技术从不同时相遥感影像中获取土地利用演变的内在规律，由此确定元胞自动机模型的元胞转换规则，并以该规则驱动元胞自动机模型对土地利用变化进行模拟和预测(赵晶等,2007)。

1.2.3 空间数据挖掘

随着实际应用的不断增长，人们获取数据的能力不断加强，人类所拥有的空间数据也急速膨胀。然而，人类所获取的空间数据呈几何级数不断增长，而对这些空间数据的处理和分析已远远超出了人脑的能力，导致"人们被数据淹没，但却饥渴于知识"的现象出现(边馥苓, 2006)。针对人们从海量数据中获取知识的需求不断强烈，空间数据挖掘应运而生。

空间数据挖掘与知识发现(spatial data mining and knowledge discovery)是指从空间数据库中提取用户感兴趣的空间模式与特征、空间与非空间数据的普遍关系及其他一些隐含在数据库中的普遍数据特征(Koperski, 1999)。空间数据挖掘是数据挖掘技术在空间信息技术上的应用，它的出现是空间信息技术发展的必然，具有广阔的应用前景。空间数据挖掘技术是空间统计分析方法的发展和完善，它推动了空间统计分析方法的发展，空间数据挖掘技术更强调有效性、可伸缩性、与数据库和数据仓库系统协同操作、改进与用户的交互，以及新的知识类型的发现(Han and Kamber, 2007)。与传统的空间数据分析技术相比，空间数据挖掘的特点是能够在隐含未知情况下挖掘出空间数据中隐含的规律和知识，并且以更加概况和精炼的方法表达出来(李德仁等, 2002)。

空间数据挖掘包含很多技术和方法。本书主要涉及基于聚类的方法和基于分类的方法。

1. 空间聚类

空间聚类方法是空间数据挖掘中一种重要的挖掘方法，它在空间数据库分析中应用很广。空间聚类方法是根据空间数据之间的距离从一个比较大的多维数据中发现成簇聚集的区域或稠密区域，它能够从空间数据库中发现一些有意义的聚类结构。

聚类分析(clustering analysis)主要是根据数据特征的相似性进行聚类或划分簇，它的基本思想是在大型多维的空间数据集中按一定的距离或属性的相似性发现稠密分布的区域，据此将空间数据集划分成一系列相互独立的簇，使得同一个簇中的数据之间具有尽可能小的差异，而不同簇中的数据差异尽可能大，从而从空间数据集中发现有意义的空间分布规律和空间模式（Kaufman and Rousseew, 1990; Murray and Shyy, 2000）。聚类算法可以在没有背景知识的情况下直接从空间数据库中发现有意义的空间聚类结构（李德仁等, 2006）。在缺少先验知识的情况下，可以采用聚类分析技术实现对空间数据的分析。常用的空间聚类方法可以分为划分方法、层次聚类方法、基于网格的方法、基于密度的方法、基于模型的方法等几种（张志兵, 2004）。

划分方法把聚类问题转化成一个组合优化问题，首先生成一个初始的聚类或者划分，然后从这个初始的结果出发，采用迭代的方法进行计算，直到达到预定的聚类标准为止。典型的划分聚类方法有 PAM（Ng and Han, 1994）、K-means（Kaufman and Rousseew, 1990）、K-medoids（Kaufman and Rousseew, 1990）、CLARANS（Ng and Han, 1994）、CLARA（Ng and Han, 1994）等。

层次聚类方法采用递归方法根据对象的相似性对对象进行分裂或合并，直到满足终止条件，层次聚类的结果往往表示为谱系图。常见的层次聚类方法有 CURE（Guha et al., 1990）、AGNES（Li and Biswas, 1997）、BIRCH（Zhang et al., 1996）、DIANA（Zhang et al., 1996）等。在这几种方法中，AGNES 和 DIANA 效率较低，对大数据集的聚类不太适合；BIRCH 只能处理数值型数据，不能进行任意形状的聚类，但是它有良好的伸缩性。

基于网格的方法采用一定尺寸的网格对数据空间进行划分，然后在此基础上进行聚类操作。基于网格的聚类方法主要有 WaveCluster（Sheikholeslami et al., 1998）、STING（Wang et al., 1997）和 CLIQUE（Agrawal et al., 1998）等。网格聚类方法存在一个普遍的问题就是结果的精确度较低。

基于密度的聚类基本思想是根据空间密度的差别，把具有相似密度的点作为聚类。基于密度的聚类比较适合用来进行空间数据的聚类，它可以对数据空间进行任意形状的聚类。基于密度的聚类具有很多优点，如聚类速度快，具有良好的可扩展性，能处理噪声以及发现任意形状的聚类（张志兵, 2004）。典型的代表算法主要有 DBSCAN（Ester et al., 1996）、DENCLUE（Hinneburg and Keim, 1998）、GDBSCAN（Ester et al., 1997）、OPTICS（Ankerst et al., 1999）等。

基于模型的聚类方法试图用某种数学模型对数据进行拟合，用数学模型来表达数据的聚类。基于模型的聚类方法主要有 SOM（Kohonen, 1989）、邻域 EM 算法（Ambroise et al., 1997; Dempster et al., 1997）、ART（Carpenter and Grossberg, 1987）等。

作为空间数据挖掘的重要技术，空间聚类能够发现空间数据隐含的知识和规律，主要包括空间实体的分异规律、凝聚趋势和发展变化趋势等。因此，空间聚类可以用来对地理现象变化数据进行分析，找出地理现象变化空间分异规律，实现地理现象变化规律的空间聚类，为地理元胞自动机模型局部区域划分和局部转换规则的获取提供方法和依据。

2. 空间分类

分类的目的是采用一个特定的分类器，将数据空间中的数据个体映射到某一个类别中去。分类器的构造是分类的关键，在构建分类器时，往往采用一个训练样本数据集作为学习样本，在对学习样本进行分析和处理的基础上构造分类器。常用的分类器构造方法有机器学习方法、判别分析方法、神经网络方法和粗糙集方法等。

机器学习算法有三大代表：以信息熵为基础的决策树算法(Quinlan, 1993a, b)、基于覆盖的 AQ 家庭算法(Micalski and Chilausky, 1980)、支持向量机(Cortes and Vapnik, 1995)。

判别分析方法主要有线性判别函数法、Bayes 判别法和 Fisher 判别法等。Bayes 判别法的优点是具有较低的使误判概率，然而 Bayes 分类器的决策面往往是超曲面，形状复杂，难以计算和构造，并且 Bayes 分类器需要已知条件概率。线性判别函数法和 Fisher 判别法对线性可分的情况具有较好的效果，但难以处理非线性可分的决策面(张志兵, 2004)。

神经网络方法主要有 BP 算法、径向基函数法等，是一种非线性判别函数。

粗糙集方法是对不确定性知识的表示方法，它常被用来做数据约简，通过数据约简可以在保持分类一致的条件下使得样本数据得到很大程度的简化，这样就可以用少数几条逻辑规则就描述分类规则，从而实现分类。

决策树(decision tree)算法是数据挖掘中较为典型的分类算法，它适合用来处理各种分类问题，它的特点是可以发现数据中的结构化信息，并且所建立的树型结构直观、易于理解(田剑等, 2007)。决策树的优势在于处理非线性数据的描述数据，能提取数据中隐藏的知识规则(薛正平等, 2006)。因此，决策树模型可以用于元胞自动机模型转换规则的挖掘。

决策树根据数据的不同特征发现数据中隐含的规律，产生分类规则，以树型结构表示分类或决策集合(Quinlan, 1986)。在空间数据挖掘中，决策树首先根据训练数据集中的数据产生测试函数，并据此建立决策树的各个分支，在每个分支中根据分类规则产生新的分支形成决策树，最后对决策树进行修剪，从而产生对空间实体进行分析的规则(李德仁等, 2006)。

常用的决策树算法有 CHAID 算法、ID3 算法、C4.5 算法、两步决策分类法等。在空间数据挖掘中，还有基于未确知数的未确知数学(刘开弟, 1997)、基于灰色分析的灰色系统(邓聚龙, 1987)、基于信息无序互动的混沌理论(Awrejcewicz, 1989)等算法。

1.3 主要研究内容

当前大多数元胞自动机模型采用统一的元胞转换规则和统一的元胞演化速率驱动元胞空间的每一个元胞进行演化。在采用这类元胞自动机模型对地理现象的动态变化进行模拟时，一方面忽略了地理现象分布的空间异质性，忽略了研究区域内不同的子区域具有不同的地理演变规律这一事实；另一方面忽略了地理现象的演变速率存在着空间差异性。针对目前的元胞自动机模型存在的这些问题，本书提出了分区异步元胞自动机模型，旨在弥补当前的元胞自动机模型存在的上述缺陷，使元胞自动机模型对地理现象的模拟能更接近实际情况。具体而言，本书的主要内容分为如下六个方面。

(1)分区异步元胞自动机模型总体框架研究。在综合考虑地理现象分布的空间异质性和地理现象演变速率的空间差异性的基础上，提出分区异步元胞自动机模型的总体框架。通过对整个元胞空间进行分区，使得每一个分区的元胞具有相对一致的地理属性，从而保证分区内具有相对一致的元胞转换规则；通过用异步的局部演化速率替代相同的全局演化速率，使得元胞自动机模型对地理现象的模拟可以反映地理现象演变速率的空间差异性，从而获得更好的模拟效果。

(2)分区异步元胞自动机模型元胞空间分区方法研究。元胞空间分区是分区异步元胞自动机模型的重要内容，分区的好坏直接影响到元胞自动机模型的模拟结果。本书讨论了基于空间聚类和基于双约束空间聚类的元胞空间的分区方法，并对两种方法进行对比研究，为获取合理的元胞空间分区提供科学的方法。

(3)分区异步元胞自动机模型的元胞转换规则的定义与获取方法研究。元胞转换规则的定义与获取是元胞自动机模型的核心，元胞转换规则的定义直接影响到元胞自动机模型的模拟结果。同样的，在分区异步元胞自动机模型中，元胞转换规则的定义与获取也是至关重要的。本书探讨了基于C5.0决策树算法的元胞转换规则的获取方法。

(4)分区异步元胞自动机模型的异步速率的定义与获取方法研究。和元胞空间分区一样，异步演化速率的定义与获取是分区异步元胞自动机模型特有的研究内容，也是分区异步元胞自动机模型的重要内容。异步演化速率定义的合理与否会对元胞自动机模型的模拟结果产生较大的影响。本书在对异步演化速率进行定义的基础上，研究了异步演化速率的获取方法。

(5)分区异步元胞自动机模型的实现。讨论了分区异步元胞自动机模型的构成、软硬件环境，以及主要算法的实现。在此基础上，以杭州市土地利用变化的动态模拟为例，对本书提出的分区异步元胞自动机模型进行了实证研究，分析了分区异步元胞自动机模型的精度。

(6)分区异步元胞自动机模型的尺度敏感性研究。讨论了元胞尺度、异步速率格网的空间尺度和异步速率格网的速率尺度对分区异步元胞自动机模型模拟结果的影响。

主要参考文献

边馥苓. 2006. 空间信息导论. 北京: 测绘出版社.

邓聚龙. 1987. 灰色系统基本方法. 武汉: 华中工学院出版社.

何春阳. 2003. 北京地区城市化过程中土地利用/覆盖变化动力学研究. 北京: 北京师范大学博士学位论文.

何春阳, 陈晋, 史培军, 等. 2003. 大都市区城市扩展模型——以北京城市扩展模拟为例. 地理学报, 58(2): 294~304.

何春阳, 史培军, 陈晋, 等. 2005. 基于系统动力学模型和元胞自动机模型的土地利用情景模型研究. 中国科学,35(5): 464~473.

胡茂桂, 傅晓阳, 张树清, 等. 2007. 基于元胞自动机的莫莫格湿地土地覆被预测模拟. 资源科学,29(2): 142~148.

黎夏,叶嘉安. 2002. 基于神经网络的单元自动机 CA 及真实和优化的城市模拟. 地理学报, 57(2): 159~166.

黎夏,叶嘉安. 2005. 基于神经网格的元胞自动机及模拟复杂土地利用系统. 地理研究, 1:19~27.

李德仁, 王树良, 李德毅. 2002. 王新洲. 论空间数据挖掘和知识发现的理论和方法. 武汉大学学报(信息科学版), 27(6): 221~233.

李德仁, 王树良, 李德毅. 2006. 空间数据挖掘理论与应用. 北京: 科学出版社.

刘开第. 1997. 未确知数学. 武汉: 华中理工大学出版社.

刘小平, 黎夏, 彭晓鹃. 2007a. "生态位"元胞自动机在土地可持续规划模型中的应用. 生态学报,27(6): 2391~2402.

刘小平, 黎夏, 叶嘉安, 等. 2007b. 利用蚁群智能挖掘地理元胞自动机的转换规则. 中国科学, 37(6): 824~834.

刘耀林, 刘艳芳, 明冬萍. 2004. 基于灰色局势决策规则的元胞自动机城市扩展模型. 武汉大学学报. 信息科学版,29(1):7~13.

罗平, 杜清运, 何素芳. 2003. 人口密度模型与 CA 集成的城市化时空模拟试验研究. 测绘科学,4: 18~22.

罗平, 杜清运, 雷元新, 等. 2004a. 城市土地利用演化 CA 模型的扩展研究. 地理与地理信息科学, 20(4): 318~322.

罗平, 杜清运, 雷元新, 等. 2004b. 地理特征元胞自动机及城市土地利用演化研究. 武汉大学学报(信息科学版),29(6): 504~512.

田剑, 胡月明, 王长委, 等. 2007. 聚类支持下决策树模型在耕地评价中的应用. 农业工程学报, 23(12): 58~62.

万幼. 2008. K 邻近空间关系下的离群点检测和关联模式挖掘研究. 武汉: 武汉大学博士学位论文.

王春峰. 2002. 用遥感和单元自动演化方法研究城市扩展问题. 北京: 测绘出版社.

薛正平, 邓华, 杨星卫, 等. 2006. 基于决策树和图层叠置的精准农业产量图分析方法. 农业工程学报, 22(8): 140~144.

杨青生, 黎夏. 2007. 多智能体与元胞自动机结合及城市用地扩张模拟. 地理科学, 27(4): 542~548.

杨小雄, 刘耀林, 王晓红, 等. 2007. 基于约束条件的元胞自动机土地利用规划布局模型. 武汉大学学报(信息科学版), 32(12): 1164~1167.

张显峰, 崔伟宏. 2001. 集成 GIS 和元胞自动机模型进行地理时空过程模拟与预测的新方法. 测绘学报, 2: 148~155.

张志兵. 2004. 空间数据挖掘关键技术研究. 武汉: 华中科技大学博士学位论文.

赵晶. 2004. 上海城市土地利用与景观格局的空间演变. 上海: 华东师范大学博士论文.

赵晶, 陈华根, 许惠平. 2007. 元胞自动机与神经网络相结合的土地演变模拟. 同济大学学报(自然科学版), 35(8):1128~1132.

周成虎, 孙战利, 谢一春. 2001. 地理元胞自动机研究. 北京: 科学出版社.

Agrawal R, Arning A, Bullinger T, et al. 1998. Automatic Subspace Clustering of High Dimensional Data for Data Mining Applications. Proceeding of the ACM SIGMOD International Conference on Management of Data. Seattle, Washington, USA. June 2~4,1998. Atlantic City, NJ, USA: ACM Press,94~105.

Almeida C M D, Batty M, Monteiro A M V, et al. 2003. Stochastic cellular automata modeling of urban land use dynamics. Computer, Environment and Urban Systems,27:481~509.

Ambroise C, Dang M, Govaert G. 1997. Geostaticstics for Environmental Applications. Dordrecht, Norwell: Kluwer Academic Publisher, 493~504.

Ankerst M, Breuning M, Sander J. 1999. OPTICS: Ordering Points to Identify the Clustering Stucture. Proceedings of the ACM SIGMOD International Conference on Management of Data. Philadelphia, Pennsylvania, USA. June 1~3. Atlantic City, NJ, USA: ACM Press, 49~60.

Awrejcewicz J. 1989. Bifurcation and Chaos in Simple Dynamical Systems. Singapore: World Scientific.

Batty M, Longley P, Fotheringham S. 1989. Urban growth and form: scaling, fractal geometry, and diffusion~limited aggregation. Environment and Planning A, 21:1447~1472.

Batty M, Xie Y. 1994. From cells to cities. Environment and Planning B: Planning and Design, 21: 531~548.

Batty M, Xie Y. 1997. Possible urban automata. Environment and Planning B: Planning and Design, 24 (2) : 175~192.

Batty M, XieY C, Sun Z L. 1999. Modeling urban dynamics through GIS-based cellular automata. Computers, Environment and Urban Systems, 23:205~233.

Bays C. 1988. Classification of semitotalistic cellular automata in three dimensions. Complex System, 6 (2) : 235~254.

Benenson I, Torrens P. 2004. Geosimulation: Automata~based Modeling of Urban Phenomena. New York:John Wiley.

Bennett C , Grinstein G. 1985. Role of irreversibility in stabilizing complex and nonenergodic behavior in locally interacting discrete systems. Physical Review Letters, 55:657~660.

Bessusi E, Cecchini A, Rinaldi E. 1998. The diffused city of the Italian north-east: Identification of urban dynamics using cellular automata urban models. Computer, Environment and Urban Systems, 22 (5) : 497~523.

Bonfatti F, Gadda G, Monari P D. 1994. Cellular automata for modeling lagoon dynamics. Proceeding of Fifth European Conference and Exhibition on Geographical Information Systems.

Cao M, Tang G A, Shen Q, Wang Y. 2015. A new discovery of transition rules for cellular automata by using cuckoo search algorithm. International Journal of Geographical Information Science, 1~19.

Carpenter G A, Grossberg S. 1987. ART2: Self-orgnization of stable category recognition codes for analog input patterns. Applied Optics, (26) : 4919~4930.

Cecchini A. 1996. Approaching generalized automata with help on line (AUGH) . Besussi E, Cecchini, Artificial worlds and urban studies Venice: DAEST, 231~248.

Chen Q, Mynett A E. 2003. Effects of cell size and configuration in cellular automata based pre-predator modeling, Simulation Modeling Practice and Theory, 28: 428~438.

Chopard B, Luthi P O , Qucloz P A. 1995. Traffic models of 2D road network. Proceedings of the 3rd CM Users' Meeting, Parma, October.

Clark K C. 1998. Loose-coupling a cellular automaton model and GIS: Long-term urban growth prediction for San Francisco and Washingtom/Batimore. International Journal of Geographical Information Science, 12 (7) : 699~714.

Clarke K C, Hoppen S, Gaydos L. 1997. A self-modifying cellular automaton model of historical urbanization in the San Francisco Bay area. Environment and Planning B: Planning and Design, 24: 247~261.

Claudia M A, Batty M. 2003. Stochastic cellular automata modeling of urban land use dynamics: Empirical development and estimation. Computers Environment and Urban Systems, 27: 481~509.

Cortes C, Vapnik V. 1995. Support vector networks. Machine Learning, (20) : 273~297.

Couclelis H. 1985. Cellular worlds: A framework for modeling micro-macro dynamics. Environment and Planning A, 17: 585~596.

Couclelis H. 1988. Of mice and men: What rodent populations can teach us about complex spatial dynamics. Environment and Planning A, 20: 99~109.

Couclelis H. 1989. Macrostructure and micro behavior in a metropolitan area. Environment and Planning B, 16: 141~154.

Couclelis H. 1997. From cellular automata to urban models: New principles for model development and implementation. Environment and Planning B, 24: 165~174.
Culik II K, Hurd L P , Yu S. 1990. Computation theoretic aspects of cellular automata. Physica D, 45: 357~378.
Dahal K R. Chow T E. 2014. An agent-integrated irregular automata model of urban land-use dynamics. International Journal of Geographical Information Science, 28 (11) : 2281~2303.
Deadman P J, Brown R D, Gimblett H R. 1993. Modeling rural residential settlement patterns with cellular automata. Journal of Environmental Management, (37) : 147~160.
Dempster A P, Laird N M, Rubin D B, 1997. Maximum likelihood from incomplete data via the EM algorithm. Journal of the Royal Staticstical Society, Series B, 39: 1~22.
Dewdney A K. 1990. The cellular automata programs that create wireworld, rugworld and other diversions. Scientific American, 262: 1, 146~149.
Embutsu I, Goodchild M F, Church R, Takeyama M , Baba K. 1994. A cellular automaton modeling for urban heat island mitigation. Proceeding of GIS/LIS,'94: 262~271.
Engelen G, White R, Uljee I, Drazan P. 1995. Using cellular~automata for integrated modeling of socio~environmental systems. Environmental Monitoring and Assessment, 34: 203~214.
Ermentrout G B, Edelstein-Keshet L. 1993. Cellular automata approaches to biological modeling. Journal of Theoretical Biology, 160: 97~133.
Ester M, Kriegel H P, Sander J. 1996. A Density-Based Algorithm for Discovering Clusters in Large Spatial Databases with Noise. Proceedings of the 2nd International Conference on Knowledge Discovery and Data Mining. Porland, Oregon, USA. August 2~4,1996. Menlo Park, CA, USA: AAAI/MIT Press, 226~231.
Ester M, Kriegel H P, Sander J. 1997. Density-Connected Sets and their Application for Trend Detection in Spatial Databbases. Proceeding of the 3rd International Conference On Knowledge Discovery and Data Mining. Newport Beach, CA. USA. August 14~17,1997. Menlo Park, CA,USA: AAAI/MIT Press, 10~15.
Fang S, Gertner G Z, Sun Z L, et al. 2005. The impact of interactions in spatial simulation of the dynamics of urban sprawl. Landscape and Urban Planning, 73 (4) : 294~306.
Flache A, Hegselmann R. 2001. Do irregular grids make a difference. Relaxing the spatial regularity assumption, in cellular models of social dynamics. Journal of Artificial Societies and Social Simulation,4.
Gardner M. 1971. On cellular automata, self-reproduction, the garden of eden and the game "life". Scientific American, 224 (2) : 112~117.
Guha S, Rastogi R, Shim K. 1990. CURE: An Efficient Clustering Algorithm for Large Database. Proceeding of ACM SIGMOD International Conference on Management of Data. Seattle, USA. June, 1998. Atlantic City, NJ, USA: John Wiley & Sons, 30~66.
Gutowitz H A. 1990. A hierarchical classification of cellular automata. Physica D, 45: 136~156.
Hagerstrand T. 1965. A monte-carlo approach to diffusion. European Journal of Sociology, VI: 43~67.
Han J W, Kamber M. 2007. 数据挖掘概念与技术(第二版). 范明, 孟小峰等译. 北京: 机械工业出版社.
Hinneburg A, Keim D A. 1998. An efficient approach to clustering in large multimedia databases with noise. Proceedings of the 4th International Conference on Knowledge Discovery and Data mining. New York, New York, USA. August 27~31. Menlo Park, CA, USA: AAAI/MIT Press, 58~65.
Itami R M. 1994. Simulating spatial dynamics: cellular automata theory. Landscape and Urban Planning, 30: 24~47.
Jantz C A, Goetz S J. 2005. Analysis of scale dependencies in an urban land-use-change model. International Journal of Geographical Information Science,19:217~241.
Jenerette G D. 2001. Analysis and simulation of land-use change in the central Arizona-Phoenix region, USA. Landscape Ecology, 16:611~626.
Kaufman L, Rousseew P J. 1990. Finding Groups Data: An Introduction to Cluster Analysis. New York: John Wiley & Sons.
Kohonen T. 1989. Self Organization and Associative Memory, 3rd Edition. New York: Springer Verlag, 21~62.
Koperski K. 1999. A progress refinement approach to spatial data mining. Ph. D dissertation of SimonFraser University.

Li C, Biswas G. 1997. Unsupervised clustering with mixed numeric and nominal data——A new similarity based agglomerative system. Proceedings of the 1st Pacific-Asia Conference on KDD & Data Mining. Singapore. Feb, 35~48.

Li X, Liu Y, Liu X, Chen Y, Ai B. 2013. Knowledge transfer and adaptation for land-use simulation with a logistic cellular automaton. International Journal of Geographical Information Science, 27(10): 1829~1848.

Li X, Yeh A G O. 2000. Modelling sustainable urban development by the integration of constrained cellular automata and GIS. International Journal of Geographical Information Science, 14(2): 131~152.

Liu L, Stuart R P. 2003. Modeling urban development with cellular automata incorporating fuzzy-set approaches. Computers, Environment and Urban Systems, 27: 637~658.

Liu X H, Andersson C. 2004. Assessing the impact of temporal dynamics on land use change modeling. Computer, Environment and Urban Systems, 28: 107~124.

Liu X, Ma L, Li X, Ai B, Li S, He Z. 2014. Simulating urban growth by integrating landscape expansion index (LEI) and cellular automata. International Journal of Geographical Information Science, 28(1): 148~163.

Menard A, Marceau D J. 2005. Exploration of spatial scale sensitivity in geographic cellular automata. Environment and Planning B: Planning and Design, 32: 693~714.

Micalski R S, Chilausky R L. 1980. Learning by being told and learning from examples: An experimental comparison of two methods of knowledge acquisition in context of developing on expert system for soybean disease diagnosis. Policy Analysis and Information Systems, 125~150.

Moore K. 2000. Resel filtering to aid visualization within an exploratory data analysis system. Journal of Geographical Systems, 2: 375~398.

Murray A T , Shyy T K. 2000. Integrating attribute and space characteristics in choropleth display and spatial data mining. International Journal of Geographical Information Science, 14(7): 649~667.

Ng R, Han J. 1994. Efficient and Effective Clustering Methods for Spatial Data Mining. Proceeding of the 20th International Conference on VLDB. Santiago de Chile, Chile. September 12~15, 1994. San Francisco, California, USA: Morgan Kaufman, 144~155.

O'Sullivan D. 2001. Exploring spatial process dynamics using irregular cellular automaton models. Geographical Analysis, 33:1~18.

Perrier J Y, Sipper A G, Zahnd J. 1996. Toward a viable, self-reproducing universal computer. Physica D, 97: 335~352.

Phipps M. 1992. From Local to Global: The Lesson of Cellular Automata. In: Deangelis D, Gross L. Individual Based Models and Approaches in Ecology: Populations, Communities and Ecosystems. New York: Routledge, Chapman and Hall,165~187.

Quinlan J. 1986. Introduction of decision trees. Machine Learning, (5): 239~266.

Quinlan J R. 1993a. Combining Instance-Based and Model-Based Learning. Proceedings of the 10th International Conference on Machine Learning. San Mateo, CA. Morgan Kaufmann, 236~243.

Quinlan J R. 1993b. C4. 5: Programs for Machine Learning. San Mateo. CA:Morgan Kaufmann Publisher, 1~42.

Sheikholeslami G, Chatterjee S, Zhang A D. 1998. Wave cluster: A multi-resolution clustering approach for very large spatial databases. Proceedings of the 24th VLDB Conference. New York City, NY, USA. August 24~27,1998. San Francisco, California, USA: Morgan Kaufman, 428~439.

Shi W Z, Matthew Y, Cheung P. 2000. Development of Voronoi-based cellular automata: An integrated dynamic model for GIS. International Journal of Geographical Information Science, 14(5): 455~474.

Siebrug H B, McCutchan J A, Clay O K, Cabalerro L, Osrlund J J. 1990. Simulation of HIV infection in artificial immune system. Physica D, 45: 208~227.

Smith A. 1969. Cellular Automata Theory. Technical Report 2, Stanford Electronic Lab. , Stanford University.

Sternberg S R. 1980. Language and Architecture for Parallel Image Processing. In: Gelesma E S, Kanal L N. Pattern Recognition in Practice. North-Holland,Amsterdam, 35-44.

Takeshi A, Tetsuya A. 2004. Empirical analysis for estimating land use transition potential functions-case in Tokyo metropolitan region. Computer, Environment and Urban Systems, 28: 65~84.

Takeyama M, Couclelis H. 1997. Map dynamics: Integrating cellular automata and GIS through geo-algebra. International Journal of Geographical Information Science,11 (1) : 73~91.

Tobler W. 1984. Application of image processing techniques to map processing. In Proceedings of International Symposium of Spatial Data Handling (International Geographical Union, Zurich), 140~144.

Tobler W R. 1970. A computer movie simulating urban growth in the Detroit region. Economic Geography, 46: 234~240.

Tobler W R. 1979. Cellular Geography, In Philosophy in Geography. In: Gales S, Olsson G. Dordrecht, Holland: D. Reidel Publishing Company, 379~386.

Toffoli T, Margolus N. 1987. Cellular Automata Machines: A New Environment for Modeling. Cambridge, Massachusetts:The MIT Press.

Turing A M. 1936. On computable numbers with and application to the entscheidungs problem, Proc London Math Soc, 2:544~548.

Vichniac G. 1984. Simulating physics with cellular automata. Physica D, 10:96~115.

Victor J D. 1990. What can automaton theory tell us about the brain. Physica D, 45:205~207.

Wagner D. 1997. Cellular automata and geographic information systems. Environment and Planning B, (24) :219~234.

Wang W, Yang J, Muntz R. 1997. STING: A Statictical Information Grid Approach to Spatial Data Mining. Proceeding of the 23rd VLDB Conference. Athens, Greek. August 25~29. San Francisco, Califoornia, USA: Morgan Kaufman, 286~195.

Ward D P. 2000. A stochastically constrained cellular model of urban growth. Computer, Environment and Urban Systems,24: 383~400.

White R, Engelen G. 1993. Cellular automata and fractal urban form: A cellular modeling approach to the evolution of urban land-use patterns. Environment and Planning A, (25) : 1175~1199.

White R, Engelen G. 1997. Cellular automata as the basis of integrated dynamic regional modeling. Environment and Planning B, (24) :235~246.

Wolfram S. 1983. Statistical mechanics of cellular automata. Reviews of Modern Physics, 55 (3) : 601~644.

Wolfram S. 1986. Theory and Applications of Cellular Automata. Singapore:World Scientific.

Wu F L. 1998. Sim-land: A prototype to simulate land conversion through the integrated GIS and CA with AHP-drived transition rules. International Journal of Geographical Information Science,12 (1) : 63~82.

Xie Y. 1997. A generalized model for cellular urban dynamics. Geographical Analysis, 28: 350~373.

Zhang T, Ramakrishnan R, Livny M. 1996. BIRCH: An efficient data clustering method for very large databases. Acm Sigmod Record, 25 (2) : 103~114.

第2章　分区异步元胞自动机概念模型

元胞自动机模型是一种具有很强的时空动态演化能力的网格动力学模型，它具有从微观涌现宏观、从局部产生全局的自组织演化能力，因而，元胞自动机模型适用于复杂系统时空过程的动态模型与解释。在现实世界中，大量的地理现象具有自组织性、动态性、开放性、非平衡性等耗散结构特征，因而是典型的复杂系统(黎夏等, 2007)。因此，可以用元胞自动机模型对这些典型复杂系统的时空动态过程进行模拟和分析。近年来，学者们围绕元胞自动机模型在复杂地理现象时空动态过程模拟与分析中的应用开展了深入系统的研究，取得了一系列有重要意义的研究成果(Feng and Liu, 2013; Liu et al., 2014; Cao et al., 2015)。已有研究成果表明，元胞自动机模型在模拟和分析地理现象时空动态过程方面具有天然的优势。然而，当前大多数有关元胞自动机模型的研究中，地理现象时空动态演化规律和速率的空间异质性往往被忽视，使得在大多数元胞自动机模型中都采用统一的转换规则和相同的演化速率驱动所有的元胞进行深化，从而阻碍了元胞自动机模型对地理现象时空动态过程的模拟与表达能力。因此，有必要将现实的地理现象时空动态演化规律和演化速率的空间异质性引入元胞自动机模型之中，构建分区异步元胞自动机模型，从而使元胞自动机模型对现实地理现象的描述和模拟能力得到提升。

2.1　地理元胞自动机模型基本理论

元胞自动机模型是一种网格动力学模型，它具有离散的空间、状态和时间，并具有模拟和表达自组织复杂系统动态演化的能力。因此，元胞自动机模型特别适合用于模拟复杂时空过程的动态演化。和一般意义上的动力学模型不同，元胞自动机模型由一系列的模型构建规则组成，它只是一个模型框架。因此，可以认为，元胞自动机模型是指一类模型，而不是指一个具体的模型。只要满足元胞自动机模型构建规则的模型都可以被称为元胞自动机模型。在元胞自动机模型中，分散在元胞空间内的每一个元胞都有一个取值有限的离散状态，每一个元胞的演化均遵循相同的变化规则，并且根据确定的转换规则进行同步更新。散布于元胞空间内的大量元胞在遵循某一转换规则的前提下通过简单的相互作用从而实现复杂的动态系统演化过程(周成虎等, 2001)。

计算机之父、著名数学家 Von Neumann 于 1948 年提出元胞自动机模型的概念并设计了第一个二维元胞自动机模型(黎夏等, 2007)。此后，元胞自动机模型在各个领域得到了广泛的应用，有关元胞自动机模型的研究也日益增加。许多学者根据 Von Neumann 提出的元胞自动机模型思想，设计了各种各样的元胞自动机模型。其中，最有代表性的元胞自动机模型是 J.H.Conway 的“生命游戏”和 S.Wolfram 的初等元胞自动机模型。这一类模型为元胞自动机模型在各个领域的应用奠定了坚实的基础(Gardner, 1971; Portugali, 2000)。

2.1.1 元胞自动机模型构成

一般而言，元胞自动机模型由四个基本部分组成(周成虎等, 2001; 刘耀林等, 2004)：元胞、元胞空间、邻域和转换规则。如图 2-1 所示，元胞自动机模型实际上是由一个离散的空间和位于这一空间内具有离散状态的元胞及其转换规则共同构成。

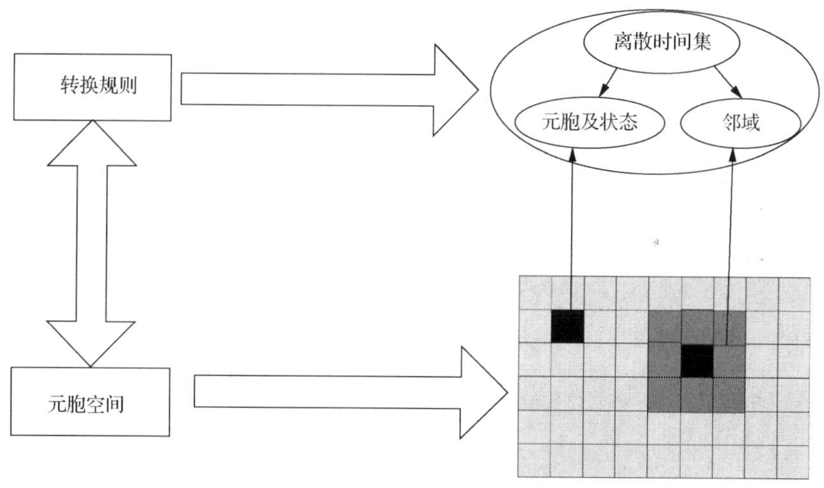

图 2-1　元胞自动机的组成

1. 元胞

元胞是元胞自动机模型的基础和最小单元，它是分布在整个元胞空间的离散单元格，并且具有自己的属性和状态。一般而言，每个元胞在特定的时刻都只有一个特定的状态变量。但是，在采用元胞自动机模型进行复杂现象的时空动态模拟时，为了适应研究的需求，往往会对元胞自动机模型中元胞的状态变量进行扩展，从而使每个元胞可以拥有多个状态变量。

2. 元胞空间

元胞空间在元胞自动机模型中代表的是研究区域，也是元胞所在的空间范围。在地理元胞自动机模型中，元胞空间对应的是研究区域的二维空间。在具体的元胞自动机模型的研究中，对元胞空间的划分有很多方式，可以得到不同形状的元胞划分方法。在地理学研究常用的二维元胞自动机模型中，比较常见的元胞空间划分方式有正方形划分、正六边形划分和等边三角形划分等(图 2-2)。

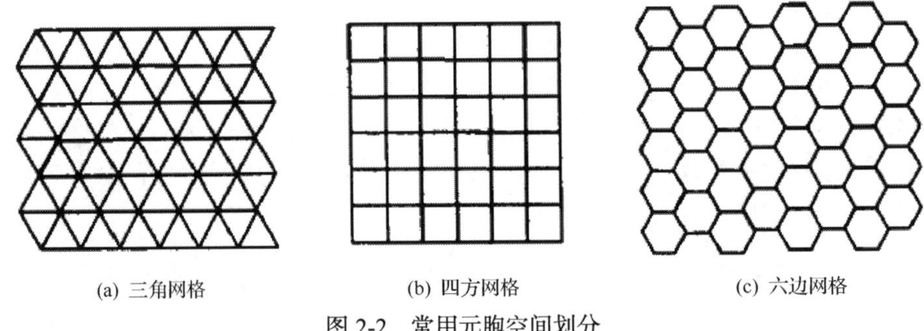

(a) 三角网格　(b) 四方网格　(c) 六边网格

图 2-2　常用元胞空间划分

不同的元胞空间划分方式有不同的特点。例如，等边三角形划分的最大优点是每个元胞的邻居数目只有三个，因此采用这种划分方式进行模拟比较简单。三角形划分的缺点在于在计算机中，三角形网格的存储、处理和分析均比较困难。正方形网格非常适合计算机的存储与管理方式，并且与栅格数据在计算机里的表达一致，因此，在地理元胞自动机模型的元胞空间划分中应用最为广泛。但正方形网格的不足是仅能模拟各向同性的地理现象，对各向异性的地理现象很难表达。六边形网格划分方式可以使元胞自动机模型较好地表达和模拟各向异性的地理现象。但美中不足的是，六边形网格的元胞空间划分方式在计算机内也很难表达、存储与分析。

3. 邻域

邻域是指某一元胞周边特定范围内的元胞。在元胞自动机模型中，某一元胞在某一时刻的状态由该元胞自身及其邻域范围内的元胞在上一时刻的状态决定。因此，邻域是元胞自动机模型的核心要素，邻域转换规则是元胞自动机模型转换规则的重要组成部分，对元胞自动机模型的运行起着重要的影响作用。因此，元胞自动机模型中邻域及邻域转换规则的定义对元胞自动机模型的模拟结果会产生显著的影响。因此，邻域及其转换规则的定义是元胞自动机模型研究的重要内容。

对于一维元胞自动机模型，邻域的定义较为简单，即给定一定的半径 r，则离某一元胞距离小于 r 的元胞则为该元胞的邻域。对二维元胞自动机模型而言，邻域要复杂得多，并且随着元胞空间划分方式的不同，二维元胞自动机模型的邻域也不一样。以正方形划分方式为例，常见的邻域形式有 Von Neumann 型邻域、Moore 型邻域、扩展的 Moore 型邻域（图 2-3）和马哥勒斯型邻域。

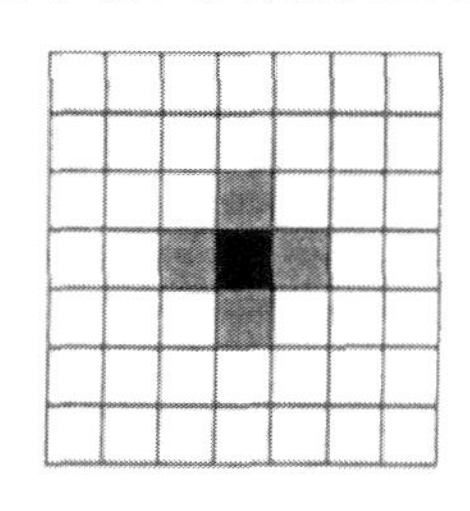

(a) Von Neumann 型

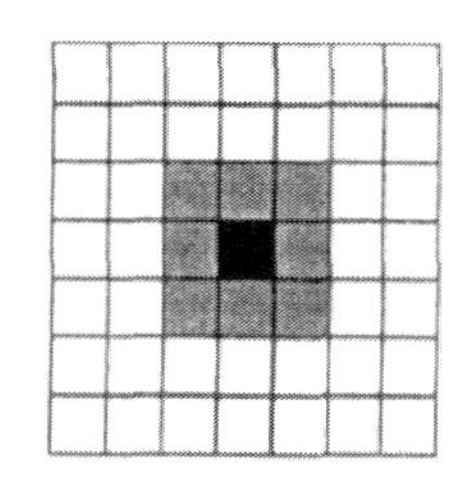

(b) Moore 型

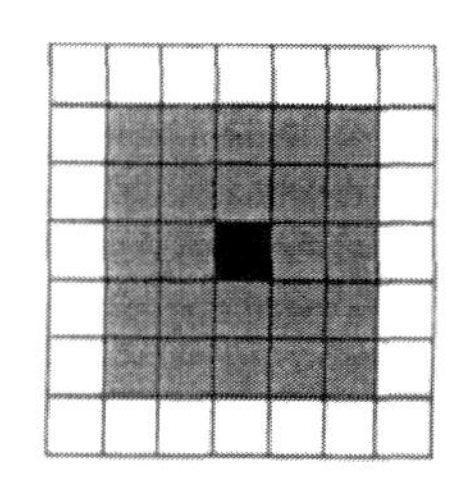

(c) 扩展的Moore 型

图 2-3 元胞邻域

(1) 冯·诺依曼（Von Neumann）型邻域：对于正方形元胞而言，与某一元胞以边相邻的元胞即为邻域半径为 1 的 Von Neumann 型邻域，即对于一个正方形元胞而言，位于其正上方、正左边、正下方和正右边的四个元胞为该元胞的邻域。当邻域半径为 1 时，Von Neumann 型邻域可以表示为

$$N_{\text{Neumann}} = \left\{ v_i = \left(v_{ix}, v_{iy}\right) \| v_{ix} - v_{ox} | + | v_{iy} - v_{oy} | \leqslant 1, \left(v_{ix}, v_{iy}\right) \in z^2 \right\} \tag{2-1}$$

式中，v_{ix} 和 v_{iy} 分别为位于邻域内的元胞的行号和列号；v_{ox} 和 v_{oy} 分别为中心元胞的行号和列号。对于正方形元胞而言，当邻域维数为 d 时，有 $2d$ 个元胞位于冯·诺依曼邻域内。

(2) 摩尔（Moore）型邻域：对于正方形元胞而言，以共边或者共点的形式与某一元胞相邻即为该元胞的邻域，即某一正方形元胞的正上、左上、正左、左下、正下、右下、正右、右上八个方向上与某一元胞相邻即为该元胞的邻域。Moore 型邻域可以表示为

$$N_{\text{Moore}} = \left\{ v_i = \left(v_{ix}, v_{iy}\right) \| v_{ix} - v_{ox} | \leqslant 1, | v_{iy} - v_{oy} | \leqslant 1, \left(v_{ix}, v_{iy}\right) \in z^2 \right\} \tag{2-2}$$

式中，v_{ix}、v_{iy}、v_{ox} 和 v_{oy} 分别为邻域元胞的行列号和中心元胞的行列号。一般情况下，摩尔型邻域的半径为 1。

(3) 扩展的摩尔（Moore）型邻域：当摩尔型邻域的半径大于或者等于 2 时，则该摩尔型邻域为扩展的摩尔型邻域。扩展的摩尔型邻域可以表示为

$$N_{\text{Moore}'} = \left\{ v_i = (v_{ix}, v_{iy}) \| v_{ix} - v_{ox} | + | v_{iy} - v_{oy} | \leqslant r, (v_{ix}, v_{iy}) \in z^2 \right\} \quad (2\text{-}3)$$

(4) 马哥勒斯(Margolus)型邻域：马哥勒斯型邻域的基本思想是将一个 2×2 的元胞块当成一个整体。因此，马哥勒斯型邻域与上述几种邻域完全不同，有别于上述各种类型邻域的处理方式。马哥勒斯型邻域在格子气模型中获得了巨大的成功，但是在地理元胞自动机模型中比较少见。

4. 转换规则

规则是指元胞的转换规则，是元胞从一个状态转换为另外一种状态的依据。元胞自动机模型正是采用一定的转换规则驱动元胞自动机模型对复杂系统的动态变化过程进行模拟的。因而，转换规则是元胞自动机模型的核心。一般而言，元胞自动机模型的转换规则由两部分共同决定：中心元胞的当前状态和邻域元胞的当前状态。在利用元胞自动机模型模拟和分析复杂地理现象时，需要结合邻域元胞状态和影响元胞状态的其他因素确定元胞自动机模型的转换规则。在元胞自动机模型的运行过程中，所有元胞都遵循这一转换规则进行演化。在演化的过程中，每一个元胞的空间位置和形状并不会发生改变，只是元胞的状态会不断发生变化。元胞转换规则可以表示为： $f: St+1 = f(S_i^t, S_N^t)$ ， S_N^t 表示邻域元胞在 t 时刻的状态，f 表示元胞自动机模型的元胞转换规则。采用元胞转换规则驱动元胞空间内所有的元胞状态进行改变，就可以实现对复杂过程时空演化的动态模拟。

2.1.2 地理元胞自动机模型

元胞自动机模型可以同时表达时间和空间的概念，它通过离散的元胞空间划分、离散的状态划分和离散的演化步骤来表达与模拟复杂系统的时空演化过程。地理系统是一个复杂的巨系统，复杂地理现象的时空动态演化过程可以用元胞自动机模型较好地表达与模拟。因此，在元胞自动机模型提出之后很快就被应用于地理学的研究之中，并且日渐成为地理学，尤其是复杂地理过程时空演化研究的前沿领域。在土地利用变化的动态模拟方面也得到了非常广泛的应用，并且取得了很好的效果。

地理元胞自动机模型就是用于解决复杂地理现象动态模拟与表达的元胞自动机模型(周成虎等, 2001)。因此，和通用的元胞自动机模型一样，地理元胞自动机模型也并不是一个具体的模型，而只是一个模型框架。在地理元胞自动机模型的框架之下，可以根据需要分析和模拟的具体地理问题对模型进行具体化，从而满足地理学分析的需要。

事实上，地理元胞自动机模型是一般元胞自动机模型的扩展与具体化，是用来模拟和分析复杂地理现象时空演化规律的有效手段。因此，地理元胞自动机模型的核心是元胞自动机模型。通过将元胞自动机模型与地理信息系统技术、多智能体模型、数据挖掘方法、概率推理方法和模糊逻辑等多种理论和方法进行融合和集成，可以对复杂地理现象的时空动态过程进行科学的分析和客观的模拟。因此，地理元胞自动机模型实质上是地理学的“虚拟实验室”，通过这一工具，可以探索复杂地理现象的时空演化规律，预测地理现象未来的发展趋势和格局。地理元胞自动机模型可以纳入“数字地球”的研究框架之下。地理元胞自动机模型最大的优势在于它对复杂地理现象的模拟能力，可以反演过去、预测未来(周成虎等, 2001; 刘小平等, 2009)。

为了使元胞自动机模型可以用来模拟复杂的地理现象，需要对元胞自动机模型进行扩展和完善，同时，需要将地理学概念的理论整合到元胞自动机模型之中，使之符合地理模拟的要求。具体而言，元胞自动机模型向地理元胞自动机模型的转化可以用图 2-4 表达。

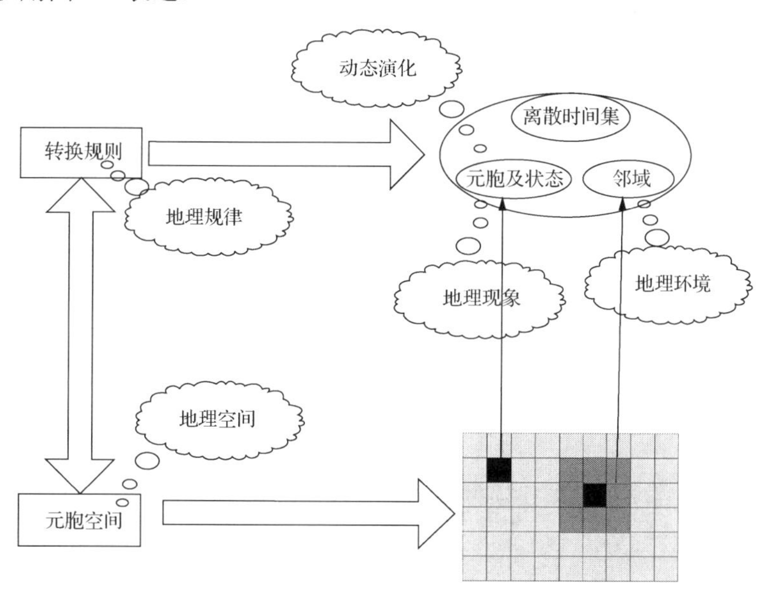

图 2-4　地理元胞自动机模型构成(周成虎等, 2001)

元胞自动机模型具有简单、直观和有效的特点。地理元胞自动机模型正是利用元胞自动机模型的这些特点，实现对复杂地理现象时空动态过程的有效模拟。然而，采用元胞自动机模型对复杂地理现象的时空动态过程进行模拟和分析时，还存在一些问题需要深入研究。这些问题的存在使得元胞自动机模型在地理学研究中的应用受到了一定的限制。这些限制主要包括以下五方面(周成虎等, 2001)。

1. 简单性与真实性的矛盾

和其他所有模型一样，元胞自动机模型是对现象世界的抽象和简化表达。不同的模型具有不同的抽象和简化程度，从而使模型表达和模拟的现象与现实世界的现象之间存在一定的差异。模型抽象和简化程度越高，模型越简单，也越易用，但是模型对现实世界表达的精度会受到影响。相反，模型的抽象和简化程度越低，模型越精确，但模型也会越复杂。这便是模型的简单性与真实性之间的矛盾。元胞自动机模型因其简单易用而得到了广泛的应用，尤其是在复杂地理现象的时空动态模拟方面取得了很好的效果。然而，元胞自动机模型是一类高度抽象和概括的模型，其简单性使得采用元胞自动机模型进行复杂地理现象时空动态过程模拟效果的精度受到质疑，尤其是对地理现象未来进行预测的真实性和可靠性受到了质疑。主要原因有：①元胞自动机模型的转换规则仅受该元胞自身以及邻域元胞的影响，没有考虑宏观因素的作用，难以表达地理环境对地理现象时空动态过程的影响。事实上，地理单元是否会发生转换，除了受该单元自身当前的状态和其周围地理单元当前状态影响之外，还会受社会经济因素和自然环境条件等多方面的综合影响。而一般的元胞自动机模型难以表达这些宏观要素对地理单元演化的影响。②元胞自动机模型中的元胞转换规则在整个元胞空间中所有的元胞都是一样，并且在元胞自动机模型的整个运行过程中都不发生变化。这与现实世界中，地理现象的时空动态演化规律在不同的区域和不同的时间段表现出不同的规律也是不相符的。

采用元胞自动机模型模拟复杂地理现象的时空动态演化过程时，需要在元胞自动机模型的简洁性和对现实地理现象演化过程表达的真实性之间找到平衡。一方面，要防止因为模型过于简单而造成模拟结果与实际的地理现象演化时空过程差异过大；另一方面，也要避免过分追求模拟结果与现实地理现象演化特征的契合，而丧失元胞自动机模型在模型简洁性方面的优势。

2. 空间划分问题

两个方面对元胞自动机模型的元胞空间划分具有重要的意义：一方面是元胞的形状，另一方面是元胞的大小。 元胞的形状一方面会影响到数据处理的便捷程度，另一方面也会影响到元胞自动机模型模拟结果的方向性。因此，在地理元胞自动机模型中，需要结合具体的研究目标选择元胞的形状。在当前大多数的研究中，正方形的元胞较为常见。在选择元胞大小时，一方面，要考虑所模拟和表达地理现象的特征尺度，通过特征尺度上的模拟揭示地理现象的演化规律与特征。另一方面，也要考虑元胞自动机模型实现的难易程度。随着元胞尺度的精细化程度提高，元胞自动机模型所需要处理的数据量会呈现几何级数上升。因此，合适的元胞尺度既要能体现地理现象的演化规律，也要能控制元胞自动机模型的复杂程度。

3. 时间对应问题

元胞自动机模型本身没有时间的概念。在采用元胞自动机模型对复杂地理现象的时空动态过程进行模拟时，元胞自动机模型的运行步数与现实地理现象的演化时间之间的对应关系是地理元胞自动机模型研究中的一个难题。通常，可以通过历史数据对元胞自动机模型的运行步数与现实地理现象的深化时间进行率定。但是，元胞自动机模型中的一次迭代运算代表现实世界中的多长时间，很难确定。在采用元胞自动机模型对复杂地理现象进行模拟和分析的过程中，每一次迭代运算所对应的现实地理现象的演化时间并不一定相同，这一点在地理元胞自动机模型中也很难表达。

4. 转换规则定义问题

元胞转换规则是地理元胞自动机模型研究的核心问题。元胞空间中所有的元胞均依据一定的转换规则进行演化。因此，转换规则对地理元胞自动机模型模拟结果会产生重要的影响。一般元胞自动机模型的转换规则主要由两部分组成：中心元胞的当前状态和邻域元胞的当前状态。然而，在地理元胞自动机模型中，除了上述两方面的因素之外，还有诸多因素会影响元胞转换规则。因此，需要将一般元胞自动机模型的微观元胞转换规则与宏观要素对元胞转换概率的影响结合起来从而率定地理元胞自动机模型最终的转换规则。

5. 与 GIS 集成问题

地理信息系统具有强大的空间分析功能，为地理学研究，尤其是地理学研究的定量化提供了强有力的工具。地理信息系统技术可以为元胞自动机模型提供空间数据存储、处理、管理与分析等功能，为地理元胞自动机模型提供方法基础。此外，地理信息系统技术还能为地理元胞自动机模型提供可视化功能。元胞自动机模型则可以弥补地理信息系统在时空动态过程表达方面的不足。因此，地理信息系统和元胞自动机模型的集成，有利于实现两者的优势互补，从而为地理学的研究提供方法支撑。然而，从目前的情况来看，地理元胞自动机模型和地理信息系统的集成还有很多难题有待解决。

2.2 空间分异规律

空间分异规律是指由于空间造成的隔离，从而促进个性的形成与发展，由此产生了人文和自然景观的区域差异性和多样性。空间分异规律是地理学的经典理论，是解释地理现象的基本规律之一。已有研究表明，空间分异规律存在于许多地理现象之中(陶海燕等, 2007；柯新利和边馥苓, 2010)。土地利用是一种非常典型的地理现象，在其演化和发展的过程中也存在着明显的空间分异规律。土地利用是在一定的社会经济条件下人类活动对自然界的改造和利用，因此土地利用的空间分异正是人类活动对自然界改造的过程在空间上表现出来的差异。因此，土地利用的空间分异不仅受到自然要素的影响，还会受到社会经济条件的影响。土地利用的空间分异往往表现为人口和产业在城市的聚集，以及由于城市的辐射作用和吸引力而造成的土地利用的圈层分布特点。

与此同时，土地利用变化由于受到不同的社会经济因素和自然条件的影响，也会呈现出显著的空间分异特征。众多学者对土地利用变化的空间分异规律进行了研究，尤其对城镇建设用地扩张的空间分异规律开展了大量的研究。例如，李云亮和谈俊忠利用 GIS 空间分析技术，对 1980~2005 年连云港城市土地利用扩展的时空演变特征及规律进行了分析，得出了连云港市的城市用地扩展在空间上以“E”形轴向式扩张为主的结论(李云亮和谈俊忠, 2008)；赵婷婷等则对北京市顺义区建设用地扩展进行了研究，认为顺义区建设用地扩展从“平均分散”向着“多中心集聚”变化，由中低水平扩展为主向着高低两个极端水平分化(赵婷婷等, 2008)；李晓文等则以多时段 TM 影像为依托，构建城市扩展度量指标，借助网格样方法等空间分析手段，剖析了上海地区城市扩展的空间分异规律，得出上海市各时期城市用地扩展相对集中于宝山—闵行、嘉定—浦东等方向(李晓文等,2003)。

地理元胞自动机模型是根据地理现象变化的规律来率定元胞转化规则，进而开展地理现象变化的动态模拟。因此，地理现象的变化规律是地理元胞自动机模型的基础和关键，会深刻影响地理元胞自动机模型的运算结果。当前的地理元胞自动机模型，大多采用统一的元胞转换规则来驱动元胞自动机模型的运算。然而，已有的研究表明，地理现象的变化规律往往会表现出明显的空间分异性。因此，若采用统一的元胞转变规则驱动地理元胞自动机模型运行会使得地理元胞自动机模型难以表达地理现象变化的空间分异性，从而导致地理元胞自动机模型的模拟结果与实际地理现象的演化出现偏差，如图 2-5 所示。

本书采用统一的转换规则驱动元胞自动机模型对杭州市土地利用变化进行了

模拟，模拟结果的误差如图 2-5 所示。为了论述方便，本书模拟误差分为两类，分别定义如下。

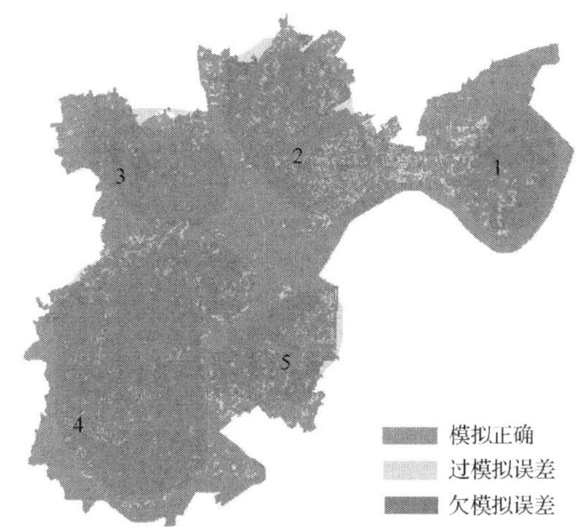

图 2-5　统一转换规则 CA 模拟结果误差图(彩图附后)

(1)过模拟误差：是指在实际土地利用变化过程中，某地块并没有由非城市用地演变为城市用地，但模拟结果却显示该地块由非城市用地转变为城市用地(如图 2-5 中的淡蓝色部分所示)。

(2)欠模拟误差：是指在实际土地利用变化过程中，某地块已经由非城市用地转变为了城市用地，但模拟结果却显示该地块并没有由非城市用地转变为城市用地(如图 2-5 中的灰色部分所示)。

从图 2-5 中可以看出，采用地理元胞自动机模型对杭州市土地利用变化的模拟误差可以分为五种类型。

(1)第一类误差(如图 2-5 中“1”所示)：过模拟误差和欠模拟误差这两种类型的误差都存在，并且两种误差的分布相对集中且相对独立聚集。

(2)第二类误差(如图 2-5 中“2”所示)：过模拟误差占主导地位并且呈现均匀分布，在均匀分布的过模拟误差中夹杂分布着少量的欠模拟误差。

(3)第三类误差(如图 2-5 中“3”所示)：欠模拟误差处于主导地位并且分布相对较为集中，过模拟误差散布于整个区域。

(4)第四类误差(如图 2-5 中“4”所示)：过模拟误差和欠模拟误差的空间分布呈现出随机分布的模拟，没有明显的空间特征。

(5)第五类误差(如图 2-5 中“5”所示)：过模拟误差和欠模拟误差均存在，并且在空间上呈均匀分布。

因此，可以推断，由于研究区域存在空间异质性，处于该区域的土地利用变化呈现出不同的时空演变规律。在传统的元胞自动机模型中，用统一的元胞转变规则驱动元胞自动机模型对该区域的土地利用变化进行模拟时，就会产生图 2-5 中呈现的有规律分布的模拟误差。因此，传统的元胞自动机模型采用统一的元胞转换规则开展土地利用变化的模拟，忽略了地理现象演化规律的空间异质性，是制约地理元胞自动机模型精度提高的重要原因。

2.3 地理过程及其空间差异性

地理过程是指地理现象随着时间推移而表现出的动态变化过程。地理过程主要包括地理演变过程、地理循环过程、地理扩散过程和地理波动性变化过程四个方面(牛文元, 1992; 罗平, 2004)。其中，地理扩散过程是指地理现象随着时间的推移由某一中心或扩散源向四周扩散的动态过程；地理循环过程是指地理现象随着时间的推移在一定空间范围内呈现出的周而复始地变化或者运动的动态过程；地理波动性变化过程是指地理现象随着时间的变化在一定时间尺度内呈现出的持续变化的动态过程；地理演变过程是指地理现象随时间的推移呈现出的盛衰消长、新旧更替等的动态变化过程。地理元胞自动机模型主要关注地理扩散过程与地理演变过程两种类型。

关于地理系统过程的动态模拟，经典地理学给出了四个基本概念：地理梯度、地理空间、地理流和空间关系(牛文元, 1992; 罗平, 2004)。其中，空间关系用于表达地理实体之间的联系，是地理过程演化的重要内容。地理空间是描述地理现象存在的基础，同时也是分析和识别地理现象的基本概念和单元。地理流则是地理梯度作用下地理单元相互之间的作用形式，它是地理过程演化的外在表现形式。地理梯度是表现地理现象空间非匀质性的形式，它是地理过程演化的内在动力。

从经典地理学研究中构成地理空间过程的四个基础要素来看，它们之间存在着有机的联系：地理过程由地理空间承载，发生在地理空间之内；地理过程由地理梯度驱动、由地理流表现，并且最终形成地物之间的空间关系。因此，从地理现象和地理过程的空间分异规律可知，地理现象在地理空间内的分布呈现非匀值性。而正是由于存在于地理现象之中的空间差异性，所以导致产生了地理梯度，进而推动了地理现象的演变或扩散。需要注意的是，地理梯度也呈现出空间非匀值性和空间异质性。因此，非匀值性的地理梯度可能会导致地理现象的演变或扩散呈现出空间异质性。在空间表现上，地理现象演变或扩散的非匀值性表现为地理现象在某些区域发生了变化，而在另外一些区域则没有发生变化；或者某一种地理过程出现在某一区域，而在另外一些区域则出现了另外的地理过程。在时间上，地理现象扩散或演变的异质性表现为有的区域地理现象变化得快一些，而另一些区域则呈现出较慢的地理现象变化过程。因此，在采用地理元胞自动机模型进行地理过程或地理现象的模拟时，一方面要考虑元胞空间内元胞转换规则的空间异质性；另一方面，还须考虑在元胞空间内各元胞的演化速率在整个模拟过程中存在着空间异质性。

2.4 分区异步元胞自动机概念模型

针对传统元胞自动机模型在进行地理现象或地理过程模拟时难以表达地理现象和地理过程演变规律和演化速率的空间异质性的不足，本书提出了分区异步元胞自动机模型，其原理如图 2-6 所示。采用分区异步元胞自动机模型进行土地利用变化模拟的基本原理是：通过对研究区域内研究期初和研究期末的土地利用数据进行叠加分析，可以得到研究区域在特定时段的土地利用变化情况；在此基础上，采用空间聚类分析的方法对研究区域的土地利用变化数据和其他影响土地利用变化的数据进行空间聚类，得到元胞空间分区；此外，在对期末的土地利用数据和土地利用变化的影响因子进行采样的基础上，将采样得到的土地利用及其影响因素数据和聚类分析的结果一同输入到决策树模块，挖掘各分区的元胞转换规则；与此同时，根据演化速率的空间异质性，将元胞空间划分成相对匀值的速率网络，并且根据土地利用变化数据计算得到每一个速率网格的土地利用变化速率

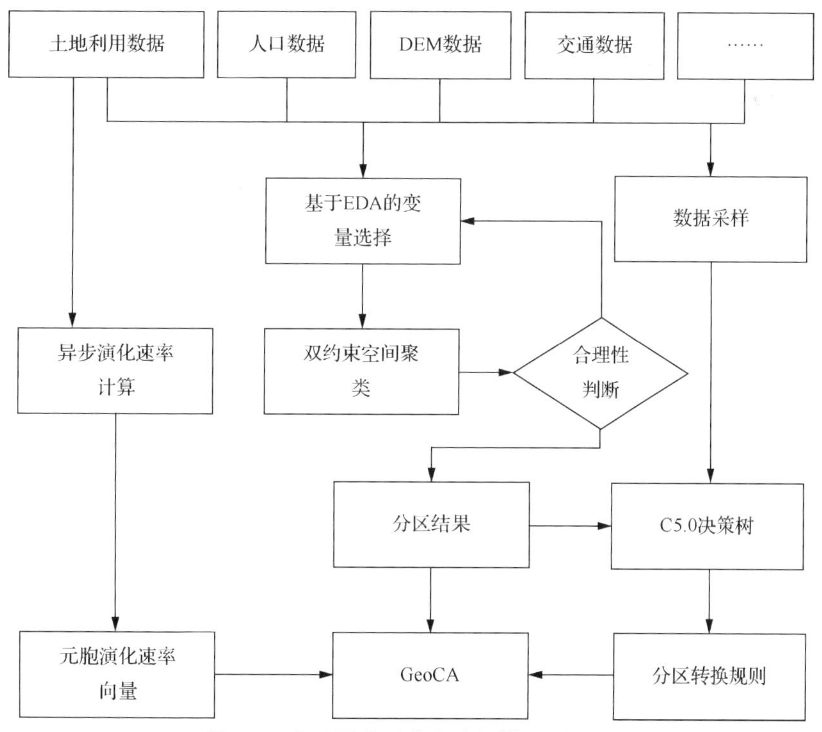

图 2-6 分区异步元胞自动机模型原理图

(即元胞演化速率)，然后将这些格网的元胞演化速率存入元胞演化速率向量；最后，将前述运算得到的元胞演化速率向量和元胞转换规则一起输入到分区异步元胞自动机模型进行研究区域的土地利用变化模拟，将模拟的结果和期末土地利用数据进行对比，可以得出元胞自动机模型的模拟精度。在此基础上，对元胞自动机模型的模拟精度进行评估。若精度能够达到要求，则可用该分区异步元胞自动机模型对研究区域未来的土地利用变化进行模拟和预测；否则，需要对期末的土地利用数据及各影响因子进行重采样，重新获取元胞转换规则驱动元胞自动机进行土地利用变化模拟，直到精度达到要求。

可以看出，分区异步元胞自动机模型具有两个方面的显著特点：一方面，分区异步元胞自动机模型根据地理现象的空间异质性原理，根据地理现象演变规律的空间异质性，将整个元胞空间划分成几个相对匀质的区域，然后对每个分区分别获取转换规则；另一方面，分区异步元胞自动机模型根据地理或地理过程演变速率的空间差异性提出异步演化速率的概念，即根据地理过程或地理现象演化的速率差异，将整个元胞空间划分为若干个子区域，分别对每一个子区域求取元胞演化的速率，利用各子区域的异步演化速率驱动分区异步元胞自动机模型按特定的演化速率进行演化。不难看出，根据地理过程或地理现象演变的空间异质性原理提出的分区使得分区异步元胞自动机模型在各个子区域内具有相对一致的元胞转换规则；根据地理过程或地理现象演化速率的空间异质性提出的异步演化速率则可以实现在同一个速率格网内的元胞具有相对一致的演化速率。通过这两个关键参数的引入，使得分区异步元胞自动机模型的模拟结果更接近实际的地理过程或地理现象的演化过程，具有较高的模拟精度。

2.4.1 元胞空间分区

元胞空间即元胞单元所存在的空间，是元胞所分布的空间网点集合。在应用地理元胞自动机模型开展地理现象演变的动态模拟时，元胞空间对应整个研究区域。由于空间异质性规律在地理现象或地理过程中广泛存在，所以在元胞自动机模型中，元胞转换规则的空间差异也因地理现象演变规律的空间异质性而客观存在。为了克服由于整个元胞空间采用统一的转换规则而造成的元胞自动机模型的误差，有必要对整个元胞空间进行分区，实现在每一个分区中，拥有相对一致的元胞转换规则。

空间分区的方式有很多，最常用的主要有以下两种。

1. 采用标准格网对空间进行分区

这种方式的分区如图 2-7 所示，将元胞空间划分为若干个规则的几何图形，每一个几何图形对应一个元胞空间分析。基于标准格网的元胞空间分析简单易行，并且能保证分区的一致性，在实践中得到了十分广泛的应用。然而，标准格网分区方法也存在明显的缺点：分区方法过于简单，不能保证在同一个分区里的空间对象具有相同或者相似的性质。

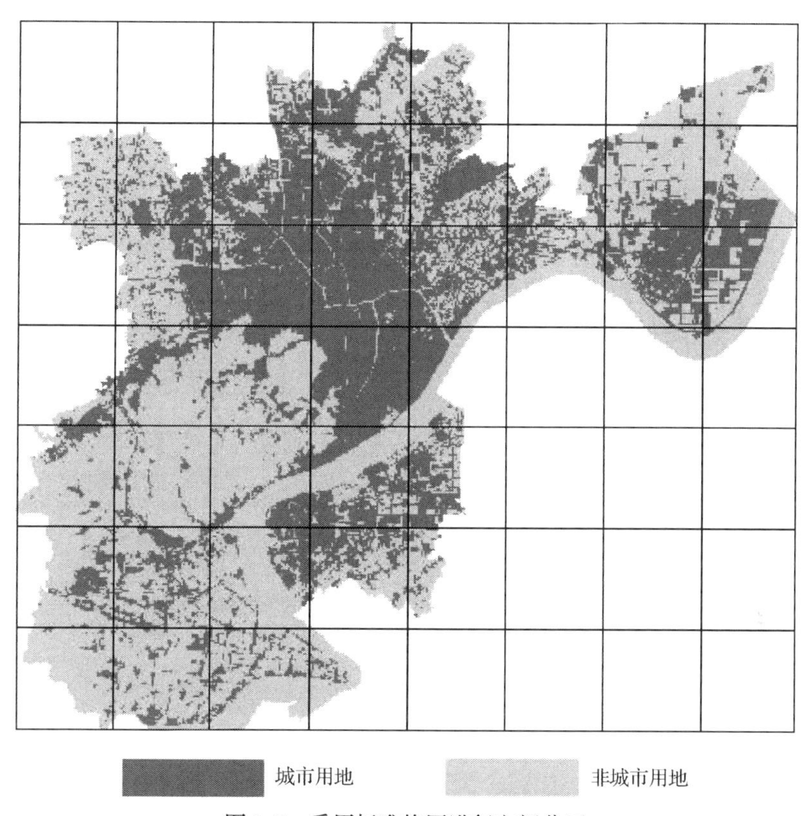

图 2-7 采用标准格网进行空间分区

2. 根据空间对象的关系对空间进行分区

通常，根据空间对象的关系对空间进行分区是以空间对象的性质为基础，将属性较为一致的空间对象划分在同一个区域，而将性质不一致的空间对象划分在不同的区域。在根据空间对象的关系进行分区时， 可以依据如下几个方面：空间对象的空间关系、非空间关系或者空间和非空间关系。以空间对象之间的相互关系为依托开展空间分区时，考虑的主要因素是空间对象相互之间空间位置的邻近程度，与采用标准格网进行空间分区较类似。但相对采用标准格网进行空间分区而言，根据空间对象的关系进行空间分区的方法摆脱了标准格网的限制，分区的大小和形状较为自由。如果仅根据空间对象的非空间关系进行空间分区，由于没有考虑空间的连续性，会使分区支离破碎，所以在空间分区中较少采用。考虑空间对象的空间和非空间关系进行空间分区既可以实现同一分区内空间对象非空间属性的一致性，又保证了分区结果的连续性和整体性，因此是一种较好的分区方式。图 2-8 是根据空间对象的关系对空间进行分区的示意图。图 2-8(a)是采用空间聚类方法在仅考虑对象之间空间距离时得到的元胞空间分区结果；图 2-8 (b)是采用双约束空间聚类的方法在既考虑对象之间的非空间属性信息的相似性又考虑空间位置的邻近性基础上得到的元胞空间分区结果。

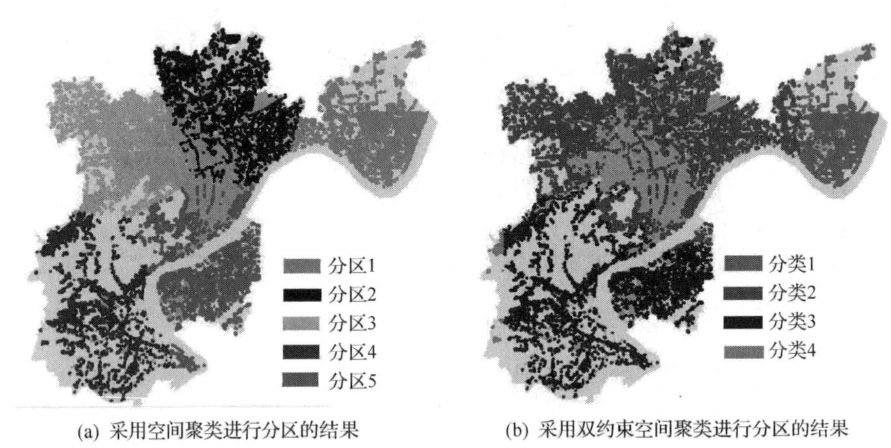

(a) 采用空间聚类进行分区的结果　　(b) 采用双约束空间聚类进行分区的结果

图 2-8　采用空间数据挖掘的方法进行元胞空间分区(彩图附后)

与采用标准格网对空间进行分区相比，根据空间对象的关系对空间进行分区可以保证分区内的空间对象具有相对一致的性质，而不同分区的空间对象又具有不一致的性质，并且在分区的过程中可以综合考虑空间对象的空间属性和非空间属性。因此，在元胞自动机模型元胞空间的分区时根据空间对象的关系对元胞空间进行分区具有较大的优势，能体现元胞空间划分的意义。

2.4.2　分区转换规则获取

元胞转换规则是元胞自动机模型的核心。在分区异步元胞自动机模型中，在获得元胞空间分区之后，对每一个分区需要分别求取元胞转换规则。一般而言，地理元胞自动机模型的转换规则由三部分组成(黎夏等, 2007)：分区转换概率、邻域开发密度以及单元约束条件。可以用下面的公式表示：

$$p^t_{d,ij} = \left[1 + (-\ln\gamma)^{\alpha}\right] \times P_g \times \mathrm{con}(s^t_{ij}) \times \Omega^t_{ij} \tag{2-4}$$

式中，$p_{d,ij}^{t}$ 为元胞的转换概率；γ 为值在(0，1)范围内的随机数；α 为控制随机变量影响大小的参数，取值范围是 1~10 的整数；P_g 为分区转换概率；$\mathrm{con}(s_{ij}^{t})$ 为单元的约束性条件；Ω_{ij}^{t} 为邻域函数，表示邻域对元胞转换概率的影响。

上述参数中，γ 和 α 的引入是为了在元胞自动机模型中加入随机因子，用来模拟土地利用过程中存在的各种政治因素、人为因素、随机因素和偶然事件的影响和干预。P_g 由空间数据挖掘的方法从地理现象变化数据和相关的影响因子中获取，在整个模拟过程中保持不变。Ω_{ij}^{t} 是一个非常重要的因素，因为它有时间符号，因此它在模拟过程中是不断变化的，可以用如下的公式来表示：

$$\Omega_{ij}^{t}=\frac{\sum_{3\times3}(s_{ij}=\text{目标值})}{3\times3-1} \tag{2-5}$$

$\mathrm{con}(s_{ij}^{t})$ 是单元的约束性条件，如水体、高山、基本农田保护区等为限制开发区域，因此不能发生转变，这时令 $\mathrm{con}(s_{ij}^{t})=0$ 。

根据上述公式求出元胞转换概率后，比较元胞的发展概率和给定的阈值就可以确定元胞是否发生转换，可用如下公式表示：

$$S_{t+1}(ij)=\begin{cases}\text{转变},(p^{t}(ij)>p_{\text{threshold}})\\ \text{不转变},(p^{t}(ij)\leqslant p_{\text{threshold}})\end{cases} \tag{2-6}$$

式中，$S_{t+1}(ij)$ 为元胞在 $t+1$ 时刻的状态；$p_{\text{threshold}}$ 为转换概率的阈值。

2.4.3 异步演化速率

异步演化是分区异步元胞自动机模型的两个主要特征之一，也是提高元胞自动机模型模拟精度的关键所在。为了获取元胞自动机模型的异步演化速率，首先也要对研究区域进行分区，然后对每一个分区分别获取演化速率。值得注意的是，此处的分区是为了求取分区异步元胞自动机模型的异步演化速率，与为了求取相对统一的元胞转换规则而对元胞空间进行的分区存在着明显不同的特点。求取异步演化速率的分区是为了获得地理过程在该分区的变化快慢情况，比较关注分区在空间位置的连续性，并且要求方便地对分区的数据进行处理和运算；为了求取相对统一的转换而对元胞空间进行的分区是为了获得该元胞分区的元胞转换规则，要求分区既在空间上是连续的，在非空间属性上也是相对一致的，因此，对分区的空间位置和非空间属性信息同样关注。通过比照两种空间分区方式以及求取异步演化速率的要求，不难看出，基于规则格网的分区具有一致规整的分区形状和大小，容易计算和比较分区内地理过程变化速率，因此，适合用在求取异步演化速率时的地理空间分区。

测算分区异步元胞自动机模型的异步演化速率时，首先对研究区域进行规则格网分区，在此基础上，分别求取各规则格网内地理现象或地理过程的演化速率。此处的演化速率表达的是元胞空间内元胞演化的相对快慢程度，因而是一种相对速率。元胞自动机的异步演化速率是本书提出的分区异步元胞自动机模型特有的概念，在其他的元胞自动机模型中并未涉及。因此，也没有对异步演化速率进行探讨的相关文献。本书在求取异步演化速率时，先求取各分区的地理现象的变化密度，然后对比各分区的地理现象变化密度以获取异步演化速率。因为在同一个时间段内，研究区域各个分区内的地理现象变化的密度越大则表示地理现象变化的速率越快，因此，通过比较每一个分区的地理现象变化密度，可以得到每一个分区的相对演化速率。在此基础上，将每一个分区的元胞相对演化速率放入到一个异步演化速率向量中，和分区元胞转换规则一起驱动元胞自动机模型进行地理现象变化的模拟。

2.5 小　　结

本章从地理元胞自动机模型的基本理论出发，探讨了地理元胞自动机模型的构成与工作原理。传统的元胞自动机模型在模拟地理现象或过程时，在整个元胞空间采用统一的转换规则和相同的演化速率驱动元胞自动机模型进行演化，忽略了地理现象和过程的空间异质性，也忽视了地理现象和过程的演化速率的空间异质性。这两方面问题的存在，制约了地理元胞自动机模型对地理现象的模拟精度。针对这两方面的问题，本书根据地理现象和过程演变规律的空间异质性和演化速率的空间异质性提出了分区异步元胞自动机模型，对该模型的原理进行了概述；讨论了元胞空间的分区问题，进而对各个分区的转换规则获取方法进行了讨论和阐述；对该模型的异步演化速率进行了探讨。

主要参考文献

柯新利, 边馥苓. 2010. 基于空间数据挖掘的分区异步元胞自动机模型. 中国图象图形学报, 15(6): 921~930.

黎夏, 叶嘉安, 刘小平, 等. 2007. 地理模拟系统: 元胞自动机与多智能体. 北京: 科学出版社.

李晓文, 方精云, 朴世龙. 2003. 上海城市用地扩展强度、模式及其空间分异特征.自然资源学报, 18(4): 412~422.

李云亮, 谈俊忠. 2008. 基于GIS的连云港市城市土地利用扩展分析. 河南科学, 26(2): 249~252.

刘小平, 黎夏, 陈逸敏, 等. 2009. 景观扩张指数及其在城市扩展分析中的应用.地理学报， 64(12): 1430~1438.

刘耀林, 刘艳芳, 明冬萍. 2004. 基于灰色局势决策规则的元胞自动机城市扩展模型. 武汉大学学报(信息科学版), 29(1): 7~13.

罗平. 2004. 地理特征元胞自动机及城市土地利用演化研究. 武汉: 武汉大学博士学位论文.
牛文元. 1992. 理论地理学. 北京: 商务印书馆.
陶海燕, 黎夏, 陈晓翔, 等. 2007. 基于多智能体的地理空间分异现象模拟——以城市居住空间演变为例. 地理学报, 62(6): 579~588.
赵婷婷, 张凤荣, 安萍莉, 等. 2008. 北京市顺义区建设用地扩展的空间分异. 资源科学, 30(10): 1517~1524.
周成虎, 孙战利, 谢一春. 2001. 地理元胞自动机研究. 北京: 科学出版社.
Cao M, Tang G A, Shen Q, Wang Y. 2015. A new discovery of transition rules for cellular automata by using cuckoo search algorithm. International Journal of Geographical Information Science, 1~19.
Cao M, Tang G A, Zhang F, Yang J. 2013. A cellular automata model for simulating the evolution of positive–negative terrains in a small loess watershed. International Journal of Geographical Information Science, 27(7): 1349~1363.
Feng Y, Liu Y. 2013. A heuristic cellular automata approach for modelling urban land-use change based on simulated annealing. International Journal of Geographical Information Science, 27(3): 449~466.
Gardner M.1970.The fantastic combinations of John Convoay's new solitaire game "Life" . Scientific American, 224: 112-117.
Liu X, Ma L, Li X, Ai B, Li S, He Z. 2014. Simulating urban growth by integrating landscape expansion index (LEI) and cellular automata. International Journal of Geographical Information Science, 28(1): 148~163.
Portugali J. 2000. Self-Organization and the City. Berlin: Springer.

第 3 章　基于空间聚类的元胞空间分区

空间分异规律是地理学的基本规律，多数地理现象或者地理过程都遵循这一规律。作为地理现象动态演变模拟的有力工具，地理元胞自动机模型的元胞属性在元胞空间也呈现出空间异质性，其演变规律也表现出空间分异规律。目前大多数地理元胞自动机模型在对地理现象进行动态模拟的过程中，采用统一的元胞转换规则驱动所有的元胞进行演化，忽视了元胞属性空间分异规律的存在(柯新利和邓祥征,2010)。为了克服传统地理元胞自动机模型忽略地理现象演化规律空间异质性的问题，需要对传统地理元胞自动机模型的元胞空间进行分区，使得每一个分区内的元胞具有相对一致的属性。在此基础上，对每一个分区分别获取元胞转换规则，使得每一个分区的元胞转换规则能较好地反映该分区的地理现象的演变规律，从而保证元胞自动机模型的模拟精度(柯新利和边馥苓，2010)。

在对元胞空间进行分区时，空间聚类方法提供了一种有力的工具。作为空间数据挖掘的重要技术，空间聚类能够发现空间数据隐含的知识和规律。因此，空间聚类可以用来对地理现象及其变化的相关数据进行分析，找出地理现象动态演化的空间分异规律，实现地理现象动态演化规律的空间聚类，为地理元胞自动机模型元胞空间分区提供方法。

本章讨论了仅根据元胞之间的空间距离进行聚类的元胞空间分区和既考虑元胞之间的空间距离又考虑元胞之间非空间属性信息的相似性进行元胞空间分区。

3.1　基于空间聚类的元胞空间分区

空间聚类是指将数据对象集分组成为由类似的对象组成的簇，这样在同一簇中的对象之间具有较高的相似度，而不同簇中的对象差别较大，即相异度较大(张志兵, 2004)。而元胞空间分区是一个典型的空间聚类问题，可以通过空间聚类算法实现。

3.1.1　常用空间聚类算法

常用的空间聚类方法可以分为划分方法、层次聚类方法、基于密度的方法、基于模型的方法、基于网格的方法等几种(Soman et al., 2009)。

1. 划分方法

划分方法的基本思路是：先随机或者根据给定的初始条件在数据空间产生初始的聚类；以初始的聚类结果为基础，采用迭代算法对初步聚类结果进行调整，直到聚类结果满足给定的条件，从而得到最终的聚类结果。经典的划分聚类方法有 K-Means (Kaufman and Rousseew, 1990)、CLARANS (Ng and Han, 1994)、CLARA (Ng and Han, 1994) 和 PAM (Ng and Han, 1994) 等方法。这些方法适用于中小规模数据的聚类分析。

2. 层次聚类方法

层次聚类方法的基本思想是：对较小的簇进行合并或者对较大的簇进行分裂从而产生聚类。一般而言，层次聚类法的聚类结果可以用树状图表示，而树状图实质上表现了对数据的层次分解。根据层次分解的方式不同，层次聚类方法可以分为自底向上、逐级合并的凝聚方法和自顶向下、逐级分解的分裂方法。采用层次聚类方法进行聚类具有不可逆性，即聚类完成生成聚类树后，便不能再恢复到原来的状态。为了克服层次聚类法存在的这一问题，在采用层次方法进行聚类时，可以将聚类过程中对象的关系记录下来，这样可以弥补层次聚类方法的僵硬性，改善聚类的效果。常用的层次方法有 BIRCH (Zhang et al., 1996)、CURE (Guha et al., 1998)、ROCK (Li and Biswas, 1997) 等。

3. 基于密度的方法

基于密度的聚类方法的基本思路是：根据数据集的密度相似性将数据集划分成簇。在采用基于密度的方法进行聚类时，划分簇的依据可以是特定的密度函数，也可以是邻域密度。常用的基于密度的方法有:DENCLUE、DBSCAN、OPTICS。

4. 基于模型的方法

基于模型的聚类方法的基本思路是：假设一个数学模型，在此基础上找出数据和模型之间的最佳拟合关系，从而实现聚类。常用的基于模型的方法包括统计方法(COBWEB、CLASSIT、AutoClass)和神经网络方法(竞争学习和自组织影射)。

5. 基于网格的方法

基于网格的聚类方法的基本思路是：将数据空间采用网格进行划分，并将数据投影到这一网格之上，然后在网格上实现聚类。常用的基于网格的方法有

STING(Wang et al., 1997)、小波聚类(Sheikholeslami et al., 1998)等。

3.1.2 空间聚类的距离

空间聚类分析是一种空间数据划分或分组处理的重要手段和方法。它是将空间数据按照距离指标的相似性划分到不同的聚类中，使得同一聚类中的各数据元素差别尽可能小，不同聚类中的各数据元素差别尽可能大。通常的空间聚类算法是建立在各种距离基础上的，如欧几里得距离、曼哈顿距离和明考斯距离等。其中，最常用的是欧几里得距离：

$$d(i,j)=\sqrt{\left[\left(x_i-x_j\right)^2+\left(y_i-y_j\right)^2\right]} \tag{3-1}$$

式中，$i=\left(x_i,y_i\right)$，$j=\left(x_j,y_j\right)$为空间中的两个数据对象。该方程满足的数学条件是：

(1) $d(i,j)\geqslant 0$；

(2) $d(i,i)=0$；

(3) $d(i,j)=d(j,i)$；

(4) $d(i,j)\leqslant d(i,v)+d(v,j)$。

根据空间聚类的一般原则，类别的划分应使得同一类(簇)的内部相似度最大、差异度最小，而不同类(簇)间的相似度最小、差异度最大。空间聚类一般使用距离作为划分准则，即任一空间对象与该对象所属簇的几何中心之间的距离比该对象到任何其他簇的几何中心的距离都小。

3.1.3 K-Means 空间聚类算法

K-Means 算法的基本原理是(杨善林等, 2006)：首先，给定要聚类的数目 K，并在数据空间随机选择 K 个数据对象，它们表示初始的 K 个簇的聚类中心，对除这 K 个对象以外的每个数据对象计算它们离聚类中心的距离，根据距离的远近将数据对象划分到某一个聚类簇中。根据上一轮的聚类结果，重新计算并调整每个聚类的聚类中心，重复上述过程，直到准则函数收敛为止：

$$E=\sum_{i=1}^{k}\sum_{p\in C_i}\left|p-m_i\right| \tag{3-2}$$

式中，E 为所有数据的平方误差总和；p 为空间点，即数据对象；m_i 为簇 C_i 的平均值。按照这个准则生成的结果簇趋向于独立和紧凑。

1. K-Means 算法的过程

(1)算法：K-Means。

(2)输入：欲产生的聚类数目 K 和 n 个数据对象。

(3)输出：误差平方和最小的 K 个聚类。

2. 方法

(1)随机选择 K 个数据对象作为初始的聚类中心；

(2)根据空间距离将所有的对象划分到各个聚类中；

(3)重新计算每个聚类的聚类中心，对所有对象进行重新聚类；

(4)重复以上过程，直到准则函数收敛。

K-Means 算法过程实质是一个逐步求精的迭代过程，首先随机选取 K 个数据对象作为初始的聚类中心，也可以把这 K 个数据对象称为种子，按照种子间中垂线原理将所有的数据对象分配给各个聚类形成初始聚类，在此基础上重新求取各个聚类的中心，然后以此作为新的种子，重新聚类，直到所有的新种子不再更新为止。

3.1.4 基于空间聚类算法的元胞空间分区

以土地利用变化数据的聚类为例，基于空间聚类算法的土地利用变化聚类过程如图 3-1 所示。具体的聚类过程如下：将期初的土地利用数据和期末的土地利用数据进行叠加分析，得到土地利用变化数据，计算土地利用变化数据中点与点之间的空间距离，然后采用 K-Means 空间聚类算法针对土地利用变化数据的空间距离进行聚类(Barcena et al., 2015)，得到聚类结果。

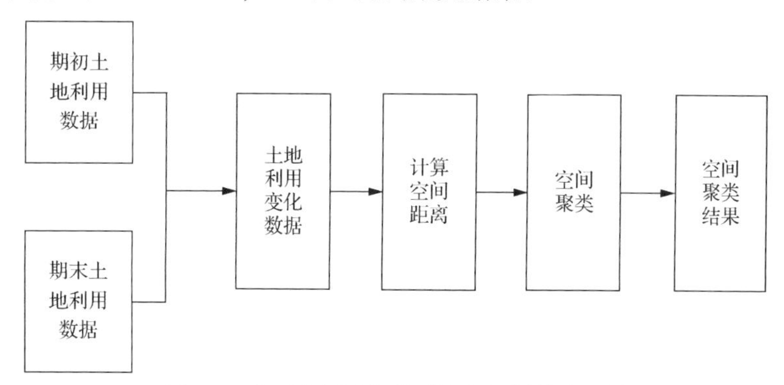

图 3-1 基于空间聚类的元胞空间划分流程图

以杭州市土地利用变化元胞自动机模型为例，首先对杭州市 2005 年的土地利用图和 2000 年的土地利用图进行叠加分析，得到 2000~2005 年杭州市土地利用变化情况，如图 3-2 所示。可以看出，杭州市 2000~2005 年的土地利用变化呈现出一定的空间差异性，有些地方的土地利用变化是集中连片的，有些地方的土地利用变化在空间上是均匀分散的。

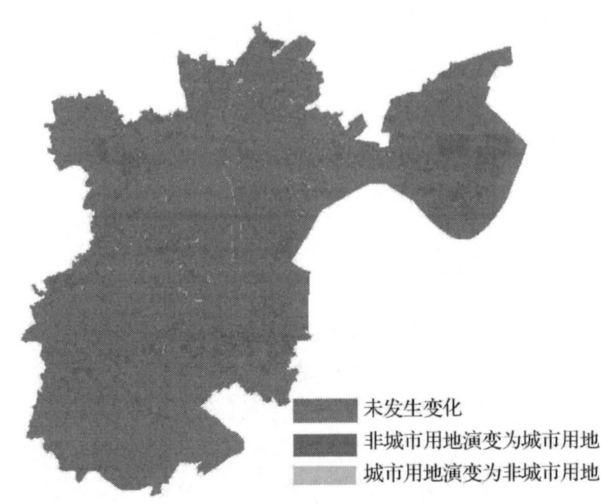

图 3-2　杭州市 2000~2005 年土地利用变化图（彩图附后）

在此基础上，将杭州市的交通图、水系图、DEM 和人口密度图等进行叠加，结果如图 3-3 所示。

从叠加结果可以看出，在研究范围内的不同子区域，土地利用变化与各影响因子之间的关系并不是一致的，这是因为各影响因子本身也存在空间差异性的原因。如果用统一的元胞转换规则来驱动元胞自动机模型对整个区域的土地利用变化进行模拟，则会抹杀掉各影响因子的空间差异性，从而使得各影响因子对土地利用变化产生的影响因为均匀化而产生误差。因此，有必要先对土地利用变化进行分区，然后对每一个分区求取元胞转换规则，以此来保证转换规则的有效性和科学性。

通过对统一规则元胞自动机模型的模拟误差进行分析，可以发现，根据元胞自动机模型误差的分布特点，可以将元胞自动机模拟误差分为 5 类，如图 2-5 所示。分类 1 中以欠模拟误差为主，中间夹杂着过模拟误差；分类 2 中过模拟误差比较集中，在空间上呈均匀分布；分类 3 以过模拟误差为主，与分类 1 相比，分类 3 的过模拟误差在空间上比较分散；分类 4 中的过模拟误差和欠模拟误差都是零星分布的；分类 5 同时存在过模拟误差和欠模拟误差，并且分布比较集中。

为了实现土地利用变化数据的分区，利用 K-Means 空间聚类算法对研究区域的土地利用变化数据进行聚类。由于对统一转换规则元胞自动机模型模拟误差的

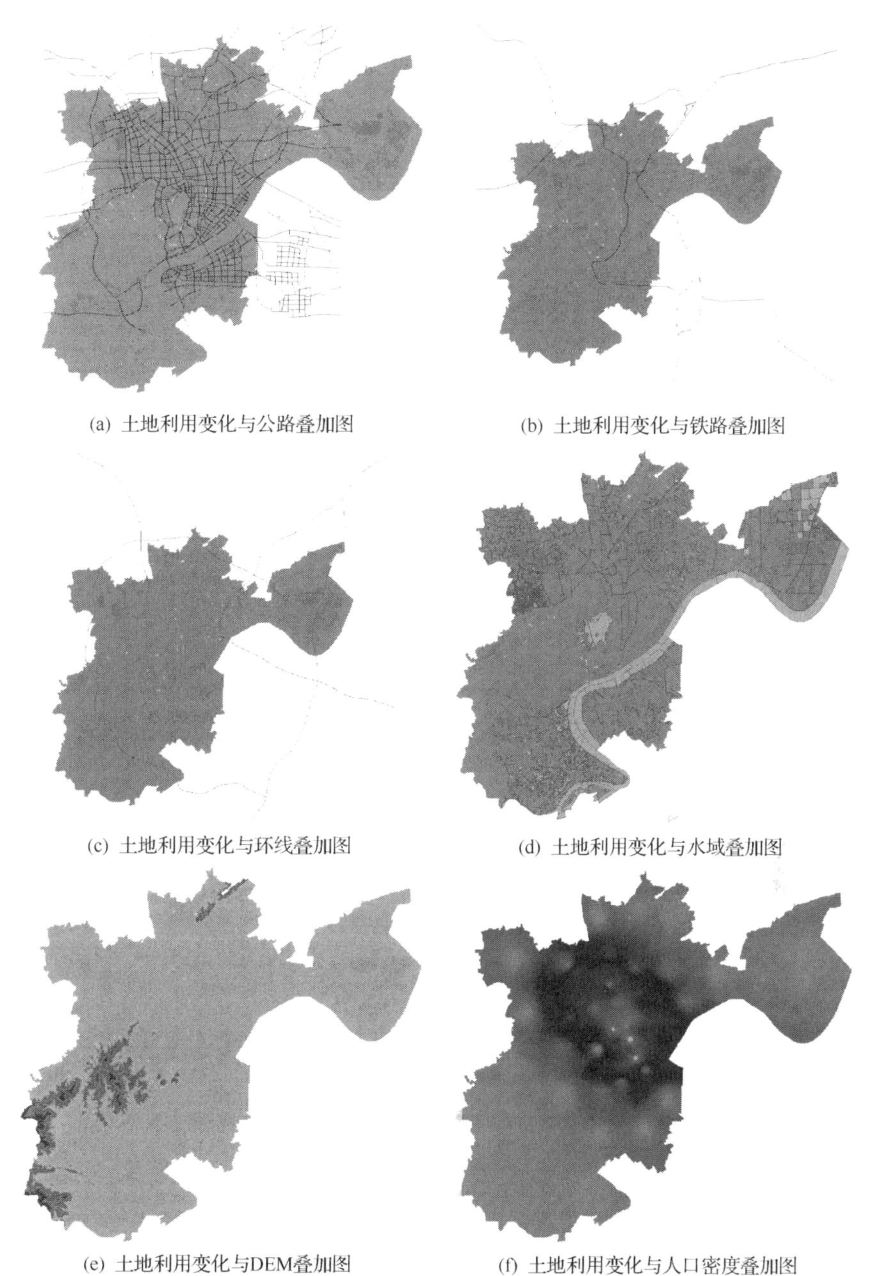

(a) 土地利用变化与公路叠加图　(b) 土地利用变化与铁路叠加图

(c) 土地利用变化与环线叠加图　(d) 土地利用变化与水域叠加图

(e) 土地利用变化与DEM叠加图　(f) 土地利用变化与人口密度叠加图

图 3-3　土地利用变化与各影响因子叠加图(彩图附后)

人工分类结果将模拟误差分为 5 类，因此，在采用空间数据挖掘的方法对元胞空间进行划分时，取 K=5,将研究区域的土地利用变化数据分成 5 个簇，聚类结果如图 3-4 所示。

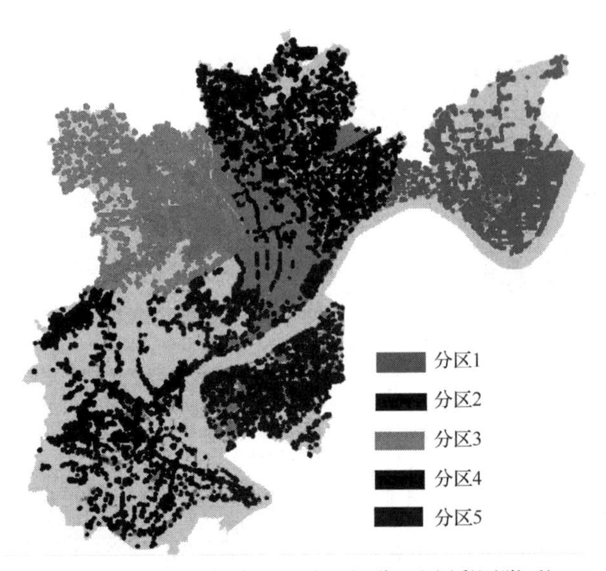

图 3-4　基于空间聚类的元胞空间分区图(彩图附后)

由图 3-5 可以看出，K-Means 空间聚类的结果与统一转换规则元胞自动机模型模拟结果误差图中的误差分类基本上可以对应起来。这就说明利用 K-Means 空间聚类算法对研究区域的土地利用变化数据进行聚类是有效的和合理的。

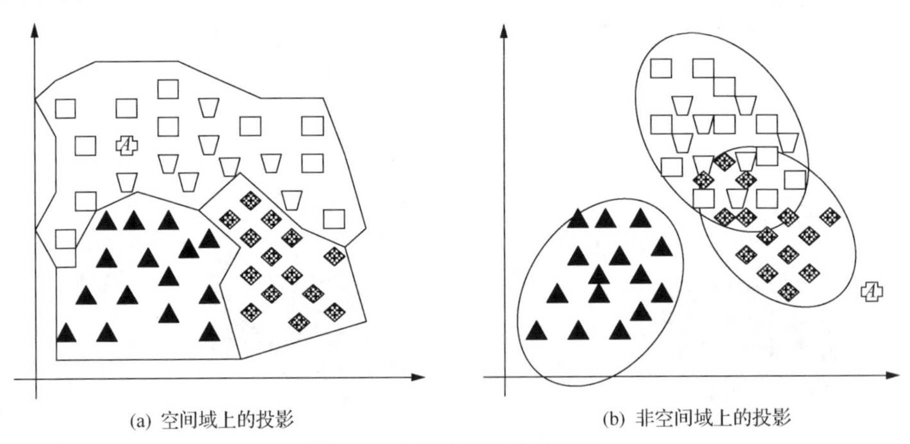

图 3-5　空间数据集的投影图

3.2　基于双约束空间聚类的元胞空间分区

3.2.1　双约束空间聚类

通常，地理现象包含空间属性和非空间属性两种属性。空间属性是指诸如空间位置、空间关系等的特性；非空间属性则是与空间无关的属性，如人口密度、人均 GDP、工农业总产值等。这两种属性分别属于空间域和非空间域(周脚根, 2007; 万幼, 2008; 焦利民等, 2008)。与一般的数据对象显著不同，空间对象具有自身的特征，即空间对象在空间域上的分布表现出其几何特征，而在非空间域上的分布也表现出独特性。采用传统的聚类算法对空间对象进行聚类分析时，往往仅从空间位置的接近性进行聚类，而空间对象的非空间属性则往往被忽略；或者仅依据空间对象的非空间属性进行聚类忽视空间对象在空间上的紧凑性。但是在实际的应用中，往往要求处于同一类中的空间对象不仅在非空间属性上具有较高的相似性，而且要求其在空间位置上具有较高的紧凑度。

图 3-5 中，(a)和(b)分别表示空间数据集在空间域和非空间域上的投影，其中共有 $C1$，$C2$，$C3$ 三个簇，用不同的形状表示。从图 3-5(b)中可以看出，在非空间域的投影上，点 A 的非空间属性更接近于簇 $C2$，按照传统的聚类方法，点 A 应该被划入到簇 $C2$ 中。然而，从图 3-6(a)可以看出，在空间域上，点 A 的空间位置更接近于簇 $C1$，若将点 A 划入簇 $C2$ 中，则破坏了簇 $C1$ 的空间连续性。由此可见，面对既考虑空间位置邻近性又考虑非空间属性相似性的空间聚类，传统的聚类方法存在明显的缺陷。针对这一问题，周脚根提出了双约束空间聚类的概念(周脚根, 2007)。

定义双约束空间聚类：给定一空间对象集 $S=\{O_1,O_2,\cdots,O_n\}$，任意对象 $O_i\in S$ 有空间域和非空间域两个属性域，双约束空间聚类就是将对象集 S 划分成不同的簇，满足每个簇在空间域上形成紧凑的区域而在非空间域上的相似性最大化。

地理现象或地理过程的聚类正是这样一种聚类应用，不仅要求聚类结果在空间上形成簇，也要求簇内各单元的属性具有较高的相似性。

从前面的分析可以看出，采用传统的空间聚类算法开展元胞空间分区可以获得比较好的分区结果，并且各分区在空间上较为连续、形成一个整体，分区内各元胞相互之间的几何距离较小，而分区之间各元胞的几何距离较大。然而，采用传统的空间聚类算法对元胞空间进行分区时，仅依据元胞相互之间的空间位置进行聚类，而缺少对元胞非空间属性的考虑。由空间分异规律可知，地理现象的空间分异是自然、社会和经济等多方面因素共同作用的结果。空间位置关系仅是导致空间分异的原因之一，也仅是空间分异的表现之一。空间位置接近但具有不同的属性或者空间位置相隔较远但却具有十分相似属性信息的现象在现实地理世界中也经常出现。在地理现象的动态变化中，空间位置接近的区域呈现不相同的演变规律或者空间位置不接近但呈现相同演变规律的情况在现实世界中也会经常出现。因此，在采用空间聚类的方法对研究区域进行分区从而获取元胞自动机转换规则时，有必要把各种属性信息考虑进来，不仅要根据空间距离进行聚类，而且要综合考虑空间距离和非空间的属性距离来进行聚类。因此，有必要引入双约束空间聚类算法对元胞空间进行划分，保证同一分区的元胞不仅在空间位置上相互邻近，而且在非空间属性方面彼此接近。

3.2.2 双约束空间聚类的距离

由上可知，双约束空间聚类和传统空间聚类的本质区别在于所使用的聚类统计量(即距离)不同。在传统的空间聚类中，将空间对象的空间距离作为聚类统计量；而在双约束空间聚类中，不仅关注空间对象的空间距离，同时也关注空间对象之间的属性距离。因此，可以通过重新定义聚类统计量(距离)来实现双约束空间聚类。显然，仅空间几何距离不足以进行双约束空间聚类。为了克服这一局限，本书采用广义 Euclid 距离替代空间几何距离作为双约束空间聚类的聚类统计量，广义 Euclid 距离的定义如下(焦利民等, 2008)：

$$D_{ij} = w_p\sqrt{\left(x_i - x_j\right)^2 + (y_i - y_j)^2} + w_a\sqrt{\sum_{k=1}^{m} w_k\left(z_{ik} - z_{jk}\right)^2} \tag{3-3}$$

$$w_p + w_a = 1$$

$$\sum_{k=1}^{m} w_k = 1$$

式中，D_{ij} 为点 i 和点 j 之间的广义 Euclid 距离；$\left(x_i, y_i\right)$ 和 $\left(x_j, y_j\right)$ 分别为点 i 和点 j 的空间坐标；z_{ik} 、z_{jk} 分别为点 i 和点 j 的第 k 个属性值；m 为点群的属性数目；w_p 、w_a 分别为空间距离和非空间属性相似性在广义 Euclid 距离的中相对重要性；w_k 为空间数据集中各个属性的相对重要程度。

3.2.3 双约束空间聚类的实现

以土地利用变化研究为例，双约束空间聚类的实现原理如图 3-6 所示。采用双约束空间聚类开展土地利用变化聚类的过程如下：首先将期初的土地利用数据与期末的土地利用数据进行叠加分析，得到土地利用变化数据；在此基础上，将影响土地利用变化的人口密度、DEM、公路距离栅格、水域距离栅格等数据进行标准化，将空间数据的值投影到 [0,1]区间；据此，结合空间距离和属性距离的权重，以及属性距离计算中各个属性的权重计算 Euclid 距离，然后采用 K-Means 聚类算法对 Euclid 距离进行聚类得到聚类结果。

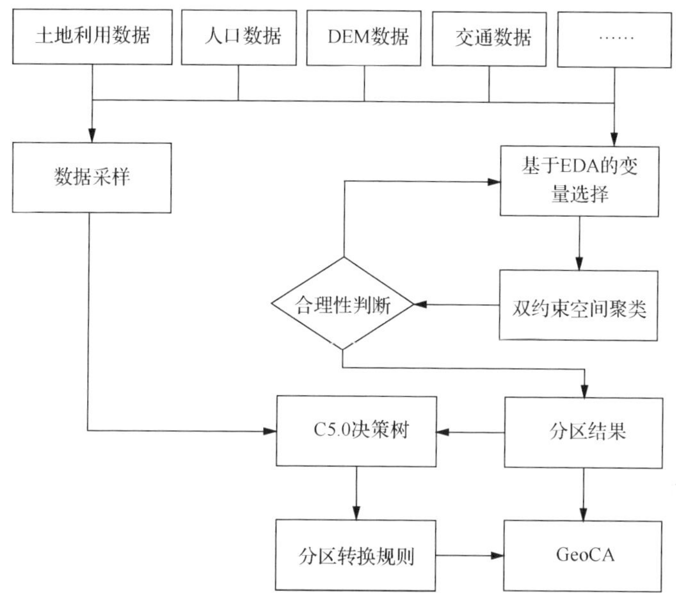

图 3-6 基于双约束空间聚类的元胞空间分区流程图

在采用双约束空间聚类开展土地利用及其影响因素空间聚类时，各影响因素的值存在着较大的差异。为了减小这种差异，保证各特征分量之间的相对一致性，提高聚类的精度，保证聚类结果的准确性，应该使各特征分量的特征值在相同或者相近的范围内变化。因此，在聚类之前，先要对输入数据进行标准化处理，标准化处理的方法是

$$x_i = \frac{x_i' - x_{\min}}{x_{\max} - x_{\min}} \tag{3-4}$$

式中，x_i，x'_i 分别为标准化前后的特征分量；$x_{\min}, x_{\max}$ 分别为该分量的最小值和最大值。

采用上述方法定义双约束空间聚类统计量后，就可以扩展传统的空间聚类方法进行双约束空间聚类了。在本章中，通过改进 K-Means 空间聚类算法来进行双约束空间聚类。聚类的过程如下：

(1) 对各空间对象的每一个特征变量进行标准化处理，使所有空间对象的特征变量投影在［0，1］区间内；

(2) 确定广义 Euclid 距离中空间距离和属性距离的权重，以及属性距离计算中各个属性的权重；

(3) 随机选取 K 个对象作为初始的 K 个聚类中心；

(4) 计算剩余各个样本对每一个聚类中心的广义 Euclid 距离，把该样本归到

离它最近的那个聚类中心所在的类；

(5) 对调整后的新类使用平均值的方法计算新的聚类中心；

(6) 如果相邻两次的聚类中心没有任何变化，说明样本调整结束且聚类平均误差准则函数已经收敛。

3.2.4 基于双约束空间聚类的元胞空间分区

仍然以杭州市土地利用变化元胞自动机模型为例，首先对杭州市 2000 年和 2005 年的土地利用数据进行叠加运算，得到杭州市 2000~2005 年的土地利用变化图层。然后将杭州市的土地利用变化图层与杭州市的人口密度图、杭州市交通数据集(包括铁路、公路和环线)，以及杭州市水域数据集等一起输入到双约束空间聚类模型进行空间聚类，得到如图 3-7 所示的聚类结果。

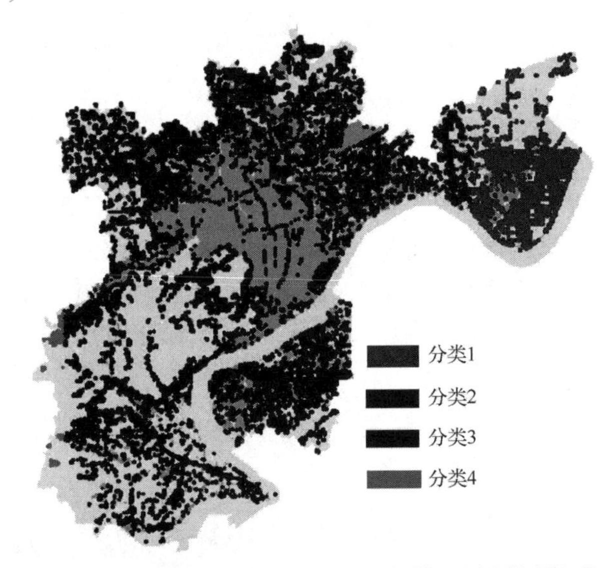

图 3-7　基于双约束空间聚类的元胞空间分区图(彩图附后)

由于统一转换规则元胞自动机模型的模拟误差可以分为 5 类(图 2-5)。因此在采用双约束空间聚类对元胞空间进行分区时理应设定聚类数为 5。然而，在实验过程中，当聚类数为 5 时，得到的聚类结果中，有一个聚类中只有一个数据实体，所以在实际操作的过程中，取双约束空间聚类的聚类数为 4。

值得注意的是，由于交通数据集和水域数据集等是以距离栅格表示的，即用每个栅格离交通线路或水域的距离表示，这些数据集本身已经包括了空间信息，但由于单纯的元胞与元胞之间的距离并不能很好地反映每一个元胞与交通线路或水域之间的关系。因此，这里仍然把这些包含了空间信息的数据集当成属性数据集来对待，以更好地反映每一个元胞与交通线路和水域的关系，得出更为合理的聚类效果。

为了更好地观察双约束聚类的结果与要素层之间的关系，把聚类结果与要素层进行叠加，可以很直观地看出双约束聚类结果的优点。叠加的结果如图 3-8 所示。

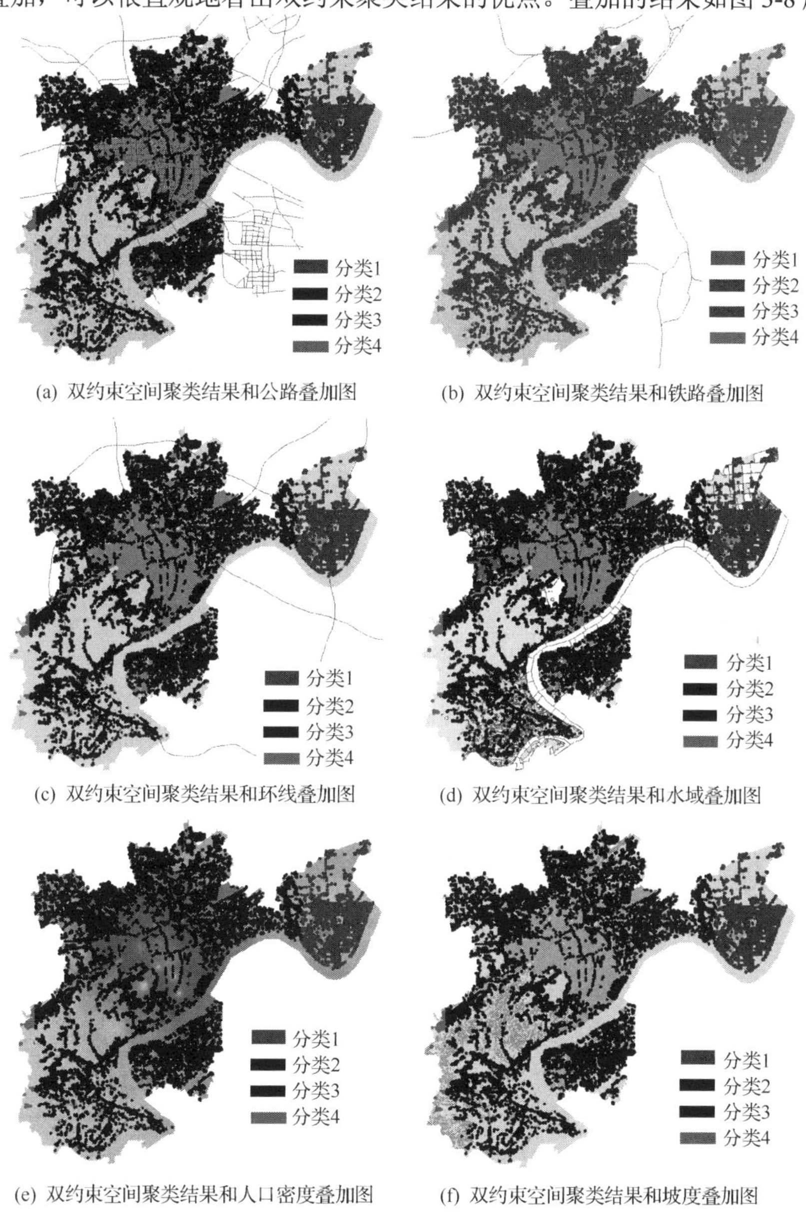

图 3-8　双约束空间聚类结果和各影响因素的叠加图(彩图附后)

由图 3-8 可以看出，与基于单纯空间几何距离的空间聚类相比，双约束空间聚类所得到的分区(簇)内的各空间对象之间不仅在空间上相互邻近，而且簇内具有相对一致的属性信息。因此，双约束空间聚类可以更好地反映由空间属性和非空间属性共同作用产生的空间分异规律，可以获得更为科学和合理的分区。

3.3 小　结

由于受到自然、社会和经济等各种因素的影响，大多数地理现象都存在一定的空间分异规律。同一区域的不同子区域由于自然、经济和社会条件的不同，地理现象变化也呈现出不同的规律。传统的地理元胞自动机模型整个元胞空间内所有元胞均按统一的转换规则进行深化，以此驱动地理元胞自动机模型进行地理现象变化的动态模拟，用一种平均化的元胞转换规则替代所有元胞的转换规则，会在一定程度上抹杀掉地理现象动态变化的空间分异规律，因此模拟结果在空间整体结构和形态上会与实际情况存在一些差距。

本章根据地理现象的空间分异规律，提出了采用分区转换规则替代统一转换规则的观点，并且采用空间聚类的方法将研究区域划分成不同的子区域(簇)，使分区更加科学合理。

地理现象的空间异质性是受自然、社会和经济等多种因素影响，这些因素可以分为空间因素和非空间属性因素。因此，地理现象的空间异质性一方面表现在空间位置邻近的空间对象具有相同或相近的特征，而不在同一空间位置上的空间对象具有不同的特征；另一方面还表现在位置相邻的空间对象具有不同的非空间属性特征，但是位置不相邻的空间对象却具有相同或者相似的非空间属性特征。因此，在进行空间聚类时，不仅要考虑空间位置的相邻，也要考虑非空间属性的一致性，从而保证聚类结果的簇不仅在空间上是集中连片，而且在非空间属性上也具有相同或者相似的特征。基于此，本章提出了采用双约束空间聚类的方法对元胞空间进行划分的思路，保证元胞空间的每一个分区既能在空间上连成一片，也能具有相对一致的非空间属性信息。

结果表明，传统的空间聚类对元胞空间的分区可以得到在空间上连续的若干个分区，分区的空间连续性强，但是没有考虑到空间对象的非空间属性信息，因而分区内的地理现象的演变规律可能会存在差异；基于双约束的空间聚类对元胞空间进行分区既考虑了空间对象空间位置的邻近性，又考虑了空间对象非空间属性信息的相似性，因而得到的分区不仅在空间上是集中连片的，而且各分区内也具有相对一致的地理演变规律。但从图 3-8 中也可以看到，基于双约束的空间聚类方法所产生的分区有可能会出现少量的在空间上并不是连续分布的点（如分类

3在最北端有少量分布），可以通过调整双约束空间聚类方法中空间距离和非空间距离的权重来消除这种不合理的分区。

主要参考文献

焦利民，刘耀林，任周桥. 2008. 基于自组织神经网络的空间点群聚类及其应用分析.武汉大学学报(信息科学版)，33(2)：168~171.

柯新利, 边馥苓. 2010. 基于空间数据挖掘的分区异步元胞自动机模型.中国图象图形学报, 15(6): 921~930.

柯新利, 邓祥征. 2010. 内嵌空间聚类算法的分区地理元胞自动机建模与应用.地球信息科学学报, 12(3): 365~371.

万幼. 2008. K邻近空间关系下的离群点检测和关联模式挖掘研究.武汉: 武汉大学博士学位论文.

杨善林, 李永森, 胡笑旋,等. 2006. K-means算法中的k值优化问题研究.系统工程理论与实践, (2): 97~101.

张志兵. 2004. 空间数据挖掘关键技术研究.武汉: 华中科技大学博士学位论文.

周脚根. 2007. 双约束和粒度可变空间聚类以及分布式离群点检测研究.武汉: 武汉大学博士学位论文.

Barcena J F, Camus P, Garcia A, Alvarez C. 2015. Selecting model Scenarivs of real hydrodynamic forcings on mesotidal and macrotidal estnariesinfluenced by river discharges using K-means clusfering. Envinonmehtal Modolling & Software, 68, 70~82.

Guha S, Rastogi R, Shim K. 1998.CURE: An Efficient Clustering Algorithm for Large Database. Proceeding of ACM SIGMOD International Conference on Management of Data. Seattle, USA. 1990. Atlantic City, NJ, USA: John Wiley & Sons:30~66.

Kaufman L, Rousseew P J. 1990. Finding Groups Data: An Introduction to Cluster Analysis. New York: John Wiley & Sons.

Li C, Biswas G. 1997. Unsupervised clustering with mixed numeric and nominal data——A new similarity based agglomerative system. Proceedings of the 1st Pacific-Asia Conference on KDD & Data Mining. Singapore. Feb: 35~48.

Ng, Han J. 1994.Efficient and effective clustering methods for spatial data mining. Proceeding of the 20th International Conference on VLDB. Santiago de Chile, Chile. September 12~15. San Francisco, California, USA: Morgan Kaufman, 144~155.

Sheikholeslami G, Chatterjee S, Zhang A D. 1998. WaveCluster: A Multi-Resolution Clustering Approach for Very Large Spatial Databases. Proceedings of the 24th VLDB Conference. New York City, NY, USA. August 24~27. 1998. San Francisco, California, USA: Morgan Kaufman, 428~439.

Soman K P, Diwakar S, AjayV. 2009.范明，牛常勇译. 数据挖掘基础教程.北京：机械工业出版社.

Wang W, Yang J, Muntz R. 1997. STING: A Statictical Information Grid Approach to Spatial Data Mining. Proceeding of the 23rd VLDB Conference. Athens, Greek. August:25-29. 1997. San Francisco, Califoornia, USA: Morgan Kaufman:286~195.

Zhang T, Ramakrishnan R, Livny M. 1996. BIRCH: An efficient data clustering method for very large databases. Acm Sigmod Record, 25(2):103~114.

第 4 章　基于 C5.0 决策树算法的元胞转换规则获取

4.1　元胞转换规则

4.1.1　概述

元胞转换规则的获取是元胞自动机模型的核心问题，也是近年来元胞自动机模型研究的焦点问题。元胞自动机模型最大的优点就是可以通过局部简单的转换规则模拟出宏观上复杂的现象和空间格局。转换规则在元胞自动机模型的整个模拟过程中起着控制作用，是元胞自动机模型的核心组成部分，它决定了从 t 时刻到 t+1 时刻元胞的状态是否发生改变以及如何改变(黎夏等, 2007)。在地理元胞自动机模型中，传统元胞自动机模型严格的转换规则定义很难实现对复杂地理现象的模拟，因此需要根据地理现象演变的规律对传统元胞自动机模型的转换规则进行改进和调整。采用启发式(heuristic)方法和比较随意(relaxed)的方式来定义转换规则是对地理元胞自动机转换规则进行改进的常用方法(Batty and Xie, 1994)。例如，采用元胞自动机模型对城市扩张进行动态模拟时，可以选择与城市扩张相关的一些变量，如离铁路的距离、离公路的距离、人口密度、地形等，构成元胞自动机模型转换规则的决策函数来确定元胞状态的转换规则。

目前地理元胞自动机模型转换规则的确定并没有公认的统一方法，需要根据模拟的地理现象的不同选择合理的方法确定元胞自动机的元胞转换规则，从而使模拟结果与真实的地理现象更加接近，并揭示这种变化的内在规律。元胞自动机模型转换规则参数的选择对其模拟结果有着重要的影响(Wu, 2002)，如何有效地定义或获取这些参数是模拟真实对象演变的关键。

分区异步地理元胞自动机模型的转换规则由三部分组成。

(1) 分区转换概率：分区转换概率是在整个分区内起作用的元胞转换概率。在空间上，它对整个分区内的每一个元胞都是相同的；在时间上，它在整个模拟过程中都不会发生变化。分区转换概率影响范围为整个分区，作用周期为整个模拟过程。因而，其影响范围广、作用周期长，在地理元胞自动机模型也具有比较重要的地位。本章阐述的元胞转换规则主要是指分区转换概率。

(2) 邻域影响概率：邻域影响概率是指邻域元胞对中心元胞转换概率的影响，通常用邻域函数来表示。在元胞自动机模型的运行过程中，元胞空间内所有元胞的状态都有可能发生改变。因而，对某一个元胞而言，其邻域元胞的状态在整个模拟过程中有可能会不断变化，所以该元胞的邻域影响概率也是不断变化的。此外，元胞空间内的每一个元胞的邻域影响概率仅受到其邻域元胞的影响，因而影响范围比较小。所以，与分区转换概率相比，邻域影响概率作用范围小，在整个模拟过程中是动态变化的。但邻域影响概率可以由邻域函数明确定义，因而本章并不讨论这一部分转换规则。

(3) 单元约束条件：单元约束条件是针对某一个具体的元胞而言的，它是指元胞本身在转换过程中受到的限制性条件，它是由元胞自身的属性决定，通常可以理解为元胞适合于某一种状态的适宜性程度，在地理学的研究中可以用适宜性评价结果来表示。本章也不对这一部分转换规则进行讨论。

4.1.2 常用转换规则获取方法

1. 马尔可夫(Markov)模型

在有限的时序 $t_1 < t_2 < t_3 < \cdots < t_n$ 中,如果随机过程在时刻 t_n 的状态 a_n 仅取决于该过程 t_{n-1} 时刻的状态 a_{n-1},则称这种随机过程具有马尔可夫性或者称为无后效性,这种过程则被称为马尔可夫过程。在地理学的研究中，可以认为地理现象的变化过程是马尔可夫过程，某一时刻的地理现象所处的状态可以看作是马尔可夫过程中可能的状态，这一状态只与该地理现象前一时刻的状态有关，地理现象状态之间相互转换的面积或者比例则可看作是状态转移概念(杨国清等, 2007; 侯西勇等, 2004)。因此，可以用下面的公式对地理现象进行预测：

$$S_{(t+1)} = P_{ij} \times S_{(t)} \tag{4-1}$$

式中，$S_{(t)}$、$S_{(t+1)}$ 分别为 t、$t+1$ 时刻地理现象的状态；P_{ij} 为状态转移矩阵。

可见，马尔可夫模型适合用来表达地理现象的变化，因而可以用来确定元胞自动机模型的元胞转换规则。在 GIS 软件的支持下，可以将两者有机地接合起来，发挥各自的优势，模拟地理现象的演变过程。

2. Logistic 回归模型

在采用元胞自动机模型对地理现象进行模拟的过程中，经常会遇到所模拟的地理现象具有二值性，如在模拟城市用地的演变过程中，元胞状态可以用演变和不演变来表示，这种因变量可以称为二分类变量，这种变量在统计意义上并不满足正态分布，因而很难用一般统计学的方法得到这种变量与其影响因素之间的关系。对于二分类变量，可以利用 Logistic 回归模型求取因变量和自变量之间的关系，从而确定元胞自动机模型的元胞转换规则(Wu, 2002)。

一般多元回归模型可以用如下公式表示：

$$P = b_0 + b_1 \cdot x_1 + b_2 \cdot x_2 + \cdots + b_k \cdot x_k \tag{4-2}$$

式中，P 为概率；$x_1, x_2, \cdots, x_k$ 为自变量；$b_0, b_1, \cdots, b_k$ 为回归模型的系数。

采用上述多元回归模型求取元胞转换概率 P 时，有可能会出现 $P>1$ 或 $P<0$ 的情况，很显然这是不合理的。为了克服这种现象，可以用 P 进行对数转换，即

$$\log P = \ln\left(\frac{P}{1-p}\right) \tag{4-3}$$

经过这种转换得到的回归模型就称为 Logistic 回归模型。

在地理元胞自动机模型中，可以通过 Logistic 回归模型求取元胞转换概率(Ke and Bian, 2008)，如下式所示：

$$P_g(S_{ij}) = \frac{\mathrm{e}^{z_{ij}}}{1+\mathrm{e}^{z_{ij}}} = \frac{1}{1+\mathrm{e}^{(-z_{ij})}} \tag{4-4}$$

式中，P_g 为元胞的分区转换概率；S_{ij} 为元胞 (i, j) 的状态；z 为多元回归模型的运算结果，是对元胞 (i, j) 演化特征的描述，z 值的求取如下式：

$$z = a + \sum_k b_k x_k \tag{4-5}$$

式中，a 为回归模型的常数项；b_k 为回归模型中各自变量的系数；x_k 为回归模型的自变量。

3. 神经网络

神经网络又称为人工神经网络(Li and Yeh, 2002)，它是利用计算机算法对人脑功能的模拟。神经网络具有强大的运算能力，它由很多相互联系的神经元组成，这些神经元的结合可以对一系列复杂的问题进行求解，很适合于解决非线性，以及难以用传统的数学方法进行求解的复杂问题，因而神经网络在很多领域得到了广泛的应用。在地理学的研究中，神经网络也被广泛应用于求解复杂的地理问题(Openshaw, 1998)。

在地理元胞自动机模型中，可以利用神经网络来求取地理现象的演变规律，从而求取元胞自动机模型的转换规则。通常用于求取元胞转换规则的神经网络可以由输入层、隐蔽层和输出层三层组成，如图 4-1 所示。

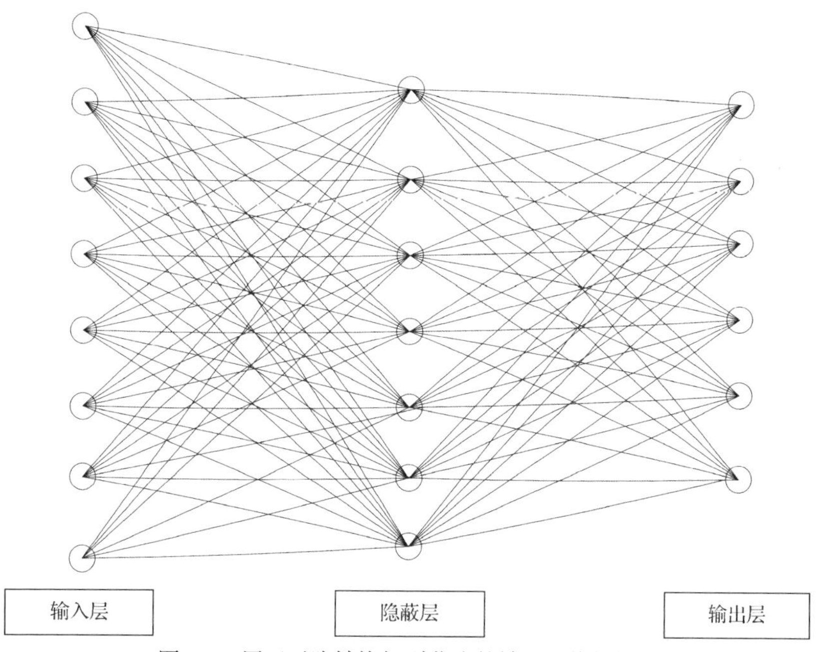

图 4-1　用于元胞转换规则获取的神经网络结构图

在地理元胞自动机模型中，采用神经网络获取元胞转换规则时，首先根据影响元胞状态的因素，确定神经网络的输入层。在输入层中，有 n 个神经元分别对应于元胞自动机模型中影响元胞状态的 n 个因素。这个过程可用下列公式表示：

$$X(k,t)=[x_1(k,t),x_2(k,t),x_3(k,t),\cdots,x_n(k,t)]^{\mathrm{T}} \tag{4-6}$$

式中，$x_i(k,t)$ 为时刻 t 时元胞 k 的第 i 个影响因素。一般而言，为了消除各影响因素的单位和取值范围不同对运算结果的影响，需要对这些影响因素进行标准化处理，将各影响因素的值投影到［0, 1］区间。

将经过标准化处理的影响因素赋予输入层的各个神经元以后，经过神经网络的处理，输出一定的信号到神经网络的隐蔽层中，其中隐蔽层中神经元 j 所接收到的信号可以下式表示：

$$\mathrm{net}_j(k,t)=\sum_i w_{i,j}x_i'(k,t) \tag{4-7}$$

式中，$\mathrm{net}_j(k,t)$为隐蔽层神经元j接收到的信号；$w_{i,j}$为输入层神经元i和隐蔽层神经元j之间的关系(权重值)。

隐蔽层在接收到这些信号后对这些信号进行处理，并产生一定的响应，将响应的结果值输出到输出层。响应的函数可以表示为

$$\frac{1}{1+\mathrm{e}^{-\mathrm{net}_j(k,t)}} \tag{4-8}$$

输出层输出的结果即为元胞自动机模型的转换概率，可以用下式表示：

$$P(k,t,l)=\sum w_{j,l}\frac{1}{1+\mathrm{e}^{-\mathrm{net}_j(k,t)}} \tag{4-9}$$

式中，$P(k,t,l)$为时刻t时元胞k从现状转变为状态l的转换概率；$w_{j,l}$为隐蔽层神经元j和输出层神经元l之间的关系(权重值)。

4. 支持向量机

支持向量机(support vector machine，SVM)通过向量的内积进行待分向量与训练数据集中的支持向量的比较，根据它们的相似程度开展待分向量的分类(杨青生和黎夏，2006；邓乃扬和田英杰，2004；Huang et al.，2009)。例如，对向量$x=([x]_1,[x]_2,\cdots,[x]_n)^{\mathrm{T}}$和$x'=([x']_1,[x']_2,\cdots,[x']_n)^{\mathrm{T}}$，它们的内积$(x\bullet x')$为

$$(x\bullet x')=\sum_{i=1}^{n}[x]_i\bullet[x']_i \tag{4-10}$$

当采用支持向量机开展待分向量的分类时，可以用向量的内积度量向量属于哪一类。例如，用距离对待分向量进行分类时，方法为：若$\|x-x_+\|<\|x-x_-\|$，则$x\in x_+$，否则$x\in x_-$。其中：x_+属于正类，x_-属于负类。若令$\omega=(x_+-x_-),m=(x_++x_-)/2$，则$\|x-x_+\|>\|x-x_-\|$与$\omega$和$x-m$呈钝角是等价的。据此可以得出采用支持向量机进行分类的决策函数：

$$y=\mathrm{sgn}\left[(x-m)\bullet\omega\right] \tag{4-11}$$

其中

$$\begin{aligned}[(x-m)\bullet\omega]&=[(x-\frac{1}{2}x_+-\frac{1}{2}x_-)\bullet(x_+-x_-)]\\&=(x\bullet x_+)-\frac{1}{2}(x_+\bullet x_+)-\frac{1}{2}(x_-\bullet x_+)-(x\bullet x_-)+\frac{1}{2}(x_+\bullet x_-)+\frac{1}{2}(x_-\bullet x_-)\end{aligned}$$

上式表明，决策函数 y 仅依赖于 x_+,x_-,x 之间的内积，也就是说，这些内积可以确定 x 的分类。

5. 遗传算法

遗传算法(genetic algorithm)是一种模拟自然选择和生物进化过程的计算模型(杨青生和黎夏, 2006; García et al., 2013)，也是一种模拟生物机制搜索最优解的方法。和很多启发式算法一样，遗传算法也是一种迭代方法。遗传算法是从初始解出发，通过迭代运算对初始解进行优化，从而得到最优解或满意解。在遗传算法的迭代运算过程中，模仿生物体的进化过程，从初始解出发，采用类似生物体进化过程中的自然选择和有性繁殖的机制，保留初始解的优良基因，对初始解进行优化，从而产生性能更好的下一代解(李敏强等, 2002)。

传统的优化算法一般直接对决策变量本身的实际值进行优化，而遗传算法则以决策变量的编码作为运算对象，通过决策变量的编码，引入生物学中染色体和基因的概念，模仿自然界生物进化机理，根据基因编码的适应度对决策变量进行优化。在遗传算法中，决策变量的编码、初始解的设定、适应度函数的设计、遗传操作的设计和控制参数的设定是遗传算法的五大要素。

采用遗传算法获取元胞自动机模型的转换规则时，首先需要对元胞自动机模型的自变量进行编码，将这些自变量定义为染色体，可以用下式表示：

$$\mathrm{CM}=[a_0,a_1,\cdots,a_m] \tag{4-12}$$

式中，$0<a_0<1; -0.1<a_1,\cdots,a_m<-0.0001$。

染色体采用实数编码。适应度函数定义如下：

$$f(x)=\sum_{i=1}^{n}(\widehat{f_i}-f_i)^2 \tag{4-13}$$

$$\widehat{f_i}(x_1,x_2\cdots,x_m)=\frac{1}{1+\mathrm{e}^{-(a_0+a_1x_1+a_2x_2+\cdots+a_mx_m)}} \tag{4-14}$$

4.2 C5.0 决策树算法

上述这些常用的地理元胞自动机模型里元胞转换规则的获取方法中，马尔可夫模型和 Logistic 回归模型等方法受主观因素影响很大(Liu et al., 2008; Liu, 2012; Moghadam and Helbich, 2013)。此外，这些转换规则大多数是通过数学公式来表达，公式中参数的确定比较困难；神经网络、遗传算法、支持向量机等这些智能算法中，神经网络可以较好地实现对非线性复杂现象的分析。但遗憾的是，该方法的物理机制不明确，分类结果不易解释，模型的表达方法也不明确；支持向量机通过向量的内积进行待分向量与训练数据集中的支持向量的比较，根据它们的相似程度开展待分向量的分类，可以获取非线性的元胞转换规则，能较好地反映复杂地理系统演变的非线性特征。然而，支持向量机受参数的影响很大，并且所获取的转换规则表达不够明确。

决策树(decision tree)是数据挖掘分类方法中较为典型的算法，它可以揭示隐藏在数据中的结构化信息，分类结果直观、易于理解，广泛用于处理各种分类问题(Akkas et al., 2015; Friedl and Brodley, 1997)。因此，决策树模型可以用于元胞自动机模型转换规则的挖掘。

根据数据的不同特征，决策树用树型结构表示分类或决策集合，产生规则和发现规律。C5.0 决策树算法由 C4.5 算法改进而成,它分类的依据是信息增益(information gain)，根据信息增益最大的字段对样本数据进行分割。此外，为了提高分类精度，需要对决策树各叶子进行裁剪或合并，最后确定各叶子的最佳阈值。一般而言，决策树算法具有效率高、结果易于理解和解释等优点。与 C4.5 决策树相比，C5.0 决策树为了提高分类精度，在分类的过程中增加了 Boosting 算法。Boosting 算法依次建立一系列决策树,后建立的决策树重点考虑以前被错分和漏分的数据,最后生成更准确的决策树(温兴平等, 2007)。

通常可以用如下的方法计算 C5.0 决策树算法中的信息增益：设训练样本数据集S中有m个独立的类$c_i, i=1,2,\cdots,m$，R_i为数据集S中属于类c_i的子集，子集R_i中元组的数量用r_i表示，则集合S在分类中的期望信息量可以用以下公式表示：

$$I(r_1, r_2, \cdots, r_m) = -\sum_{i=1}^{m} p_i \log_2(p_i) \tag{4-15}$$

式中，p_i为任意样本属于类c_i的概率，$p_i = r_i / |S|$，$|S|$为训练样本数据集中的元组数量。设属性A共有v个不同的取值$\{a_1, a_2, \cdots, a_v\}$,则可以根据属性$A$把数据集划分为$v$个子集。令$s_j$为在数据集$S$中属性$A$的取值为$a_j$的子集，$j=1,2,\cdots,v$。在分类的过程中，如果$A$被选为决策属性,则根据属性$A$可以将数据集划分到不同的分枝中。如果用$s_{ij}$表示$s_j$子集中属于类$c_i$的元组的数量,则属性$A$对于分类$c_i, i=1,2,\cdots,m$的熵可由下式计算：

$$E(A) = \sum_{j=1}^{v} \frac{s_{1j} + \cdots + s_{mj}}{|S|} I(s_{1j} + \cdots + s_{mj}) \tag{4-16}$$

令 $w_j = \dfrac{s_{1j} + \cdots + s_{mj}}{|S|}$,则 w_j 为子集 s_j 在数据集 S 中的比重，可以看作是子集 s_j 的权重。式(4-16)中，属性 A 的每个取值对分类 c_i 的期望信息量 $I(s_{1j},\cdots,s_{mj})$,可由下式给出：

$$I(s_{1j},\cdots,s_{mj}) = -\sum_{i=1}^{m} p_{ij} \log_2(p_{ij}) \tag{4-17}$$

式中,$p_{ij} = s_{ij} / |s_j|$,它表示子集 s_j 中属于类 c_i 的比重。

由上述计算,可以得到对属性 A 作为决策分类属性的度量值(称为信息增益)：

$$\text{Gain}(A) = I(r_1, r_2, \cdots, r_m) - E(A) \tag{4-18}$$

由于信息增益在把数据集划分为更小的子集时,对于变量的取值存在一定的偏差。为了减少这种偏差,利用以下公式计算得到：

$$\text{SplitInfo}(S,v) = \sum_{i=1}^{m} \frac{|S_i|}{|S|} * \log_2 \frac{|S_i|}{|S|} \tag{4-19}$$

从而可以得到增益率(GrainRatio)：

$$\text{GrainRatio} = \frac{\text{Grain}(S,v)}{\text{SplitInfo}(S,v)} \tag{4-20}$$

4.3 基于 C5.0 决策树算法的元胞转换规则获取

4.3.1 获取流程

本章仍以杭州市的土地利用变化模拟为例，采用 C5.0 决策树算法求取地理元胞自动机模型的元胞转换规则，计算过程如图 4-2 所示。

基于 C5.0 决策树算法的元胞转换规则的获取过程为：首先将期末的土地利用数据和影响土地利用变化的人口密度数据、DEM、公路距离栅格、水域距离栅格等进行裁剪，使这些数据具有相同的空间范围。在此基础上，用随机采样的方法对土地利用数据及其影响因素数据进行抽样，获取转换规则挖掘所需要的样本点数据。然后，将这些采样数据输入 C5.0 决策树算法中进行分类挖掘元胞转换规则。最后，对元胞转换规则进行精度检验，如果精度能满足要求，则可以用于驱动地理元胞自动机进行土地利用变化的模拟；否则，需要进行重新采样以获取新的转换规则，直到精度满足要求为止。

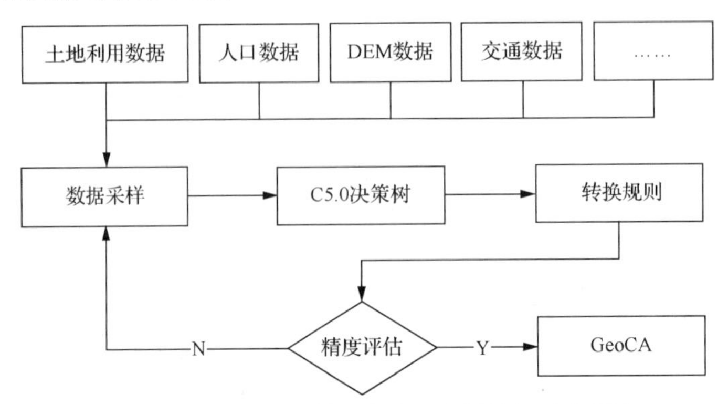

图 4-2　C5.0 决策树算法获取元胞转换规则流程图

值得注意的是，大多数情况下，转换规则的获取是对变化数据进行处理得到的。例如，对土地利用变化数据和影响土地利用变化的因素进行采样然后获取元胞转换规则。但本书中，是对期末的土地利用数据和影响土地利用变化的因素进行采样来获取元胞转换规则的。作者认为，存在即合理，已经存在的地理现象就可能蕴含着地理过程演变的规律。因此，直接从期末的土地利用数据中挖掘出来的土地利用状态和各影响因素之间的关系就蕴含着土地利用演变的规律。基于此，本书中采用了与大多数土地利用模拟元胞自动机模型不一样的思路，直接从期末的土地利用数据中挖掘出元胞转换规则。

4.3.2　采样率的确定

采样率的大小对数据挖掘的精度会有一定的影响。因而，本书中，采样率对转换规则的精度也会产生一定的影响。一般而言，采样率越高则获取的转换规则精度越高。但过高的采样率也使得运算的速度明显下降。此外，过高的采样率会使得预测结果与训练数据过度拟合。当训练数据带有噪声时，这种过度拟合反而会使得结果出现较大的误差。因此，确定合理的采样率十分重要。

本章以杭州市的土地利用变化为例，在没有对元胞空间进行分区的情况下，测试了采样率与决策树精度，以及采样率与决策树产生的规则数之间的关系，如图 4-3 和图 4-4 所示。

由图 4-3 和图 4-4 可以看出，随着采样率的增加，决策树的精度也会相应地增加，生成的规则数也总体上呈上升趋势。值得注意的是，采样率由 10%增加到 15%时，精度由 78.61%提高到 78.83%，同时生成的规则数则由 5 个上升到 13 个，此

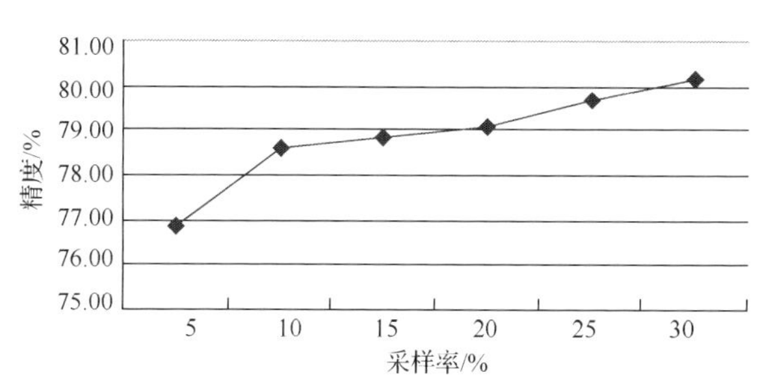

图 4-3　采样率与决策树精度的关系

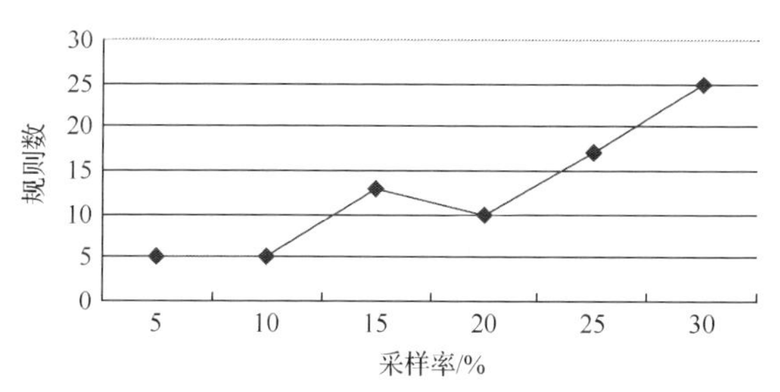

图 4-4　采样率与决策树规则数的关系

后精度平缓上升，而生成的规则数则迅速上升。可以看出，在这个实例中，选择10%的采样率对影响因子和预测数据进行采样是比较合理的。

4.3.3　分区方式对转换规则的影响

在确定了元胞自动机模型元胞转换规则的获取方法和流程以后，开展了元胞分区对转换规则影响的研究。结果表明：分区与不分区，以及采用不同的方式对元胞空间进行分区对元胞转换规则有较大的影响。下面列出了各种情形下的元胞转换规则。

1. 没有进行元胞空间分区的转换规则

规则 1
　　if 人口密度 > 16068
　　and 元胞行号 <= 311
　　then 城市用地

规则 2
　　if 离道路的距离<= 50
　　and 坡度 <= 5
　　and 离水域的距离> 0
　　then 城市用地

规则 3
　　if 离道路的距离<= 335.410
　　and 坡度 <= 5
　　and 离水域的距离> 0
　　and 离环线的距离> 538.516
　　and 元胞行号 <= 558
　　and 元胞列号 <= 529
　　then 城市用地

规则 4
if 坡度 <= 5
and 离环线的距离<= 1879.495
and 离水域的距离> 0
and 元胞列号 > 292
then 城市用地

规则 5
if 坡度 <= 5
and 离环线的距离> 3669.469
and 元胞行号 <= 235
then 城市用地

值得注意的是，在没有进行元胞空间分区的情况下，为了体现不同区域具有不同的转换规律，将元胞的坐标(即行列号)作为参数输入 C5.0 决策树模型中进行元胞转换规则的求解，所以在上面的元胞转换规则中出现了“元胞行号”和“元胞列号”这样的参数。

2. 采用空间聚类的方法对元胞空间进行分区后的转换规则

采用空间聚类的方法对元胞空间进行分区后，采用 C5.0 决策树算法分别对各个分区求取元胞转换规则。因此，每一个分区都具有相对独立的转换规则，各分区的转换规则如下。

分区 1 转换规则:

规则 1
if 坡度 <= 5
and 人口密度 > 3961
and 离水域的距离 > 254.951
then 城市用地

规则 2
if 离道路的距离 <= 738.241
and 坡度 <= 0
and 离铁路的距离 > 707.107
and 离铁路的距离<= 1104.536
and 离水域的距离> 0
and 离环线的距离 > 180.278
then 城市用地

规则 3
if 离道路的距离<= 223.607
and 坡度 <= 5
and 离水域的距离> 0
and 离环线的距离> 180.278
then 城市用地

规则 4
if 离道路的距离<= 424.264
and 坡度 <= 5
and 离铁路的距离<= 1555.635
and 离环线的距离> 1710.263
then 城市用地

规则 5
if 坡度 <= 5
then 城市用地

分区 2 转换规则:

规则 1

if 离道路的距离<= 710.634
and 坡度 <= 7
and 离铁路的距离<= 3578.058
and 离水域的距离> 0
then 城市用地

规则 2

if 离道路的距离<= 710.634
and 坡度 <= 4
and 人口密度 > 1998
and 离水域的距离> 158.114
and 离水域的距离<= 1059.481
then 城市用地

规则 3

if 离道路的距离<= 710.634
and 坡度 <= 4
and 离铁路的距离> 7771.904
and 离铁路的距离<= 8302.409
and 人口密度 > 971
and 人口密度 <= 1998
and 离水域的距离> 158.114
and 离水域的距离<= 1059.481
then 城市用地

规则 4

if 离道路的距离<= 710.634
and 坡度 <= 4
and 离铁路的距离<= 7103.872
and 人口密度 <= 1563
and 离水域的距离> 0
then 城市用地

规则 5

if 离道路的距离<= 710.634
and 坡度 <= 4
and 离铁路的距离> 10183.319
and 离水域的距离> 158.114
and 离水域的距离<= 1059.481
then 城市用地

规则 6

if 离道路的距离<= 710.634
and 坡度 <= 4
and 离铁路的距离> 7771.904
and 人口密度 > 971
and 离水域的距离> 158.114
and 离水域的距离<= 1059.481
then 城市用地

规则 7

if 离道路的距离<= 710.634
and 坡度 <= 7
and 人口密度 > 971
and 人口密度 <= 1,034
and 离水域的距离> 0
and 离水域的距离<= 158.114
then 城市用地

规则 8

if 离道路的距离<= 710.634
and 坡度 <= 7
and 离水域的距离> 0
then 城市用地

分区 3 转换规则：

规则 1
if 人口密度 > 18066
and 离水域的距离> 0
then 城市用地

规则 2
if 离铁路的距离<= 1118.034
and 人口密度 > 18066
then 城市用地

规则 3
if 离道路的距离<= 200
and 坡度 <= 6
and 人口密度 > 10706
and 离水域的距离> 0
and 离环线的距离<= 8804.118
then 城市用地

规则 4
if 离道路的距离<= 200
and 坡度 <= 6
and 人口密度 > 6045
and 离水域的距离> 291.548
and 离环线的距离<= 8804.118
then 城市用地

规则 5
if 离道路的距离<= 0
and 坡度 <= 6
and 离铁路的距离<= 2557.831
and 人口密度 > 5308
then 城市用地

规则 6
if 离道路的距离<= 200
and 坡度 <= 6
and 离铁路的距离<= 943.398
and 离水域的距离> 0
then 城市用地

规则 7
if 离道路的距离<= 538.516
and 坡度 <= 0
and 离水域的距离> 0
and 离环线的距离<= 5912.910
then 城市用地

规则 8
if 离道路的距离<= 538.516
and 坡度 <= 0
and 离铁路的距离<= 2782.984
and 离水域的距离> 0
then 城市用地

规则 9
if 离道路的距离<= 200
and 坡度 <= 6
and 离铁路的距离> 943.398
and 人口密度 > 6045
and 人口密度 <= 12391
and 离水域的距离> 0
and 离环线的距离> 8804.118
then 城市用地

规则 10
if 离道路的距离<= 111.803
and 人口密度 <= 5308
then 城市用地

规则 11
if 离道路的距离> 538.516
and 坡度 <= 0
and 离铁路的距离> 1711.724
and 离铁路的距离<= 1952.562
and 人口密度 <= 5869
and 离水域的距离> 0
then 城市用地

分区 4 转换规则：

规则 1

if 离道路的距离<= 2015.564
and 离铁路的距离<= 5510.445
and 人口密度 <= 4436
and 离水域的距离> 0
and 离水域的距离<= 200
then 城市用地

规则 2

if 离道路的距离<= 0
then 城市用地

规则 3

if 离道路的距离> 471.699
and 离道路的距离<= 2015.564
and 离铁路的距离<= 6365.925
and 人口密度 <= 4436
and 离水域的距离> 0
and 离水域的距离<= 200
then 城市用地

规则 4

if 离铁路的距离> 8012.022
then 城市用地

规则 5

if 离道路的距离<= 471.699
and 离铁路的距离> 6262.787
and 离水域的距离> 0
and 离水域的距离<= 200
then 城市用地

分区 5 转换规则：

规则 1

if 离道路的距离<= 364.005
and 坡度 <= 4
and 人口密度 > 7629
and 离环线的距离> 4917.570
then 城市用地

规则 2

if 离道路的距离<= 364.005
and 坡度 <= 4
and 人口密度 > 7629
and 离水域的距离> 0
then 城市用地

规则 3

if 人口密度 > 9122
and 离环线的距离> 1656.804
and 离环线的距离<= 5751.956
then 城市用地

规则 4

if 离道路的距离<= 0
and 坡度 <= 4
then 城市用地

规则 5

if 离道路的距离<= 364.005
then 城市用地

从以上各分区的转换规则可以看出，经过对元胞空间进行分区后，针对各个分区所获取的转换规则存在着较大的差别，这从另一个方面说明了对元胞空间进行分区的必要性。此外，还可以看出，虽然各个分区的转换规则存在着较大的差别，但每一个分区的转换规则所涉及的参数基本相同，即基本上在每个分区中都包含了所有的参数。这是因为在基于空间聚类的元胞自动机模型分区时仅考虑了元胞空间中各空间对象的空间位置的接近性，而没有考虑属性相似性，因而各分区虽然在空间上集中连片，但在属性上并没有得到聚类。

3. 基于双约束空间聚类的元胞空间分区转换规则

在采用双约束空间聚类方法对元胞空间进行分区后，利用 C5.0 决策树算法对各个分区求取元胞转换规则可以得到各个分区的转换规则。各分区的转换规则如下。

分区 1 转换规则：

规则 1
if 离道路的距离> 0.276
and 离道路的距离<= 0.355
and 坡度 <= 0.098
and 人口密度 > 0.014
and 人口密度 <= 0.025
and 离水域的距离> 0
and 离水域的距离<= 0.034
and 离环线的距离> 0.153
and 离环线的距离<= 0.336
and 离铁路的距离> 0.337
then 城市用地

规则 2
if 离道路的距离<= 0.020
and 坡度 <= 0.085
and 人口密度 <= 0.082
and 离铁路的距离<= 0.190
then 城市用地

规则 3
if 离道路的距离<= 0.102
and 坡度 <= 0.037
and 离水域的距离> 0.007
and 离环线的距离<= 0.048
and 离环线的距离<= 0.385
then 城市用地

规则 4
if 离道路的距离<= 0.102
and 坡度 <= 0.037
and 人口密度 > 0.015
and 离水域的距离> 0
and 离环线的距离> 0.048
then 城市用地

规则 5
if 离道路的距离<= 0.102
and 坡度 <= 0.085
then 城市用地

分区 2 转换规则：

规则 1

if 人口密度 >0.229
and 离水域的距离> 0
then 城市用地

规则 2

if 离道路的距离<= 0.071
and 人口密度 >0.249
and 离环线的距离<= 0.666
then 城市用地

规则 3

if 离道路的距离<= 0.072
and 人口密度 >0.170
and 离水域的距离> 0
and 离铁路的距离<= 0.246
then 城市用地

规则 4

if 离道路的距离<= 0.142
and 人口密度 >0.115
and 离水域的距离> 0
and 离环线的距离> 0.328
and 离铁路的距离<= 0.052
then 城市用地

规则 5

if 离道路的距离<= 0.042
and 离水域的距离> 0.008
and 离铁路的距离<= 0.125
then 城市用地

规则 6

if 离道路的距离<= 0.142
and 人口密度 >0.139
and 离水域的距离> 0
and 离环线的距离> 0.156
and 离环线的距离<= 0.328
then 城市用地

规则 7

if 离道路的距离> 0
and 离道路的距离<= 0.062
and 人口密度 <= 0.249
and 离环线的距离> 0.396
and 离铁路的距离> 0.343
then 城市用地

规则 8

if 离道路的距离<= 0.072
and 人口密度 >0.115
and 离水域的距离> 0
and 离环线的距离<= 0.554
then 城市用地

规则 9

if 离道路的距离<= 0.404
and 离水域的距离> 0.009
and 离环线的距离> 0.027
and 离铁路的距离<= 0.098
then 城市用地

规则 10

if 离道路的距离<= 0.042
and 离水域的距离> 0
and 离环线的距离> 0.087
and 离铁路的距离<= 0.258
then 城市用地

规则 11

if 人口密度 >0.115
and 离水域的距离> 0
and 离铁路的距离> 0.246
then 城市用地
环线的距离> 0.157
and 离环线的距离<= 0.616
and 离铁路的距离<= 0.102
then 城市用地

规则 12
if 离道路的距离> 0.058
and 离道路的距离<= 0.404
and 坡度 <= 0
and 人口密度 > 0.055
and 人口密度 <= 0.115
and 离水域的距离> 0.015
and 离铁路的距离<= 0.234
then 城市用地

规则 13
if 离道路的距离<= 0.062
and 离规则 14
if 人口密度 > 0.055
and 离水域的距离> 0
and 离环线的距离> 0.027
and 离环线的距离<= 0.126
and 离铁路的距离> 0.234
then 城市用地

规则 15
if 离道路的距离<= 0.058
and 坡度 <= 0
and 离水域的距离> 0
and 离环线的距离> 0.027
then 城市用地

规则 16
if 离道路的距离<= 0
and 离环线的距离<= 0.616
then 城市用地

规则 17
if 离道路的距离> 0.042
and 离道路的距离<= 0.404
and 人口密度 <= 0.099
and 离水域的距离> 0
and 离环线的距离> 0.161
and 离铁路的距离<= 0.077
then 城市用地

分区 3 转换规则：

规则 1
if 离水域的距离> 0
and 离铁路的距离> 0.680
then 城市用地

规则 2
if 人口密度 <= 0.047
and 离水域的距离> 0.010
and 离铁路的距离> 0.563
then 城市用地

规则 3
if 人口密度 > 0.052
and 离水域的距离> 0
and 离水域的距离<= 0.007
and 离环线的距离<= 0.278
and 离环线的距离<= 0.438
then 城市用地

规则 4
if 人口密度 > 0.041
and 离水域的距离> 0
and 离铁路的距离> 0.438
and 离铁路的距离<= 0.496
then 城市用地

规则 5
if 离水域的距离> 0
then 城市用地

规则 6
if 人口密度 > 0.052
and 离水域的距离> 0
and 离环线的距离<= 0.278
and 离铁路的距离<= 0.438
then 城市用地

分区 4 转换规则：
规则 1
　　if 离道路的距离<= 0.097
　　and 人口密度 >0.023
　　then 城市用地

以上获取的分区转换规则有两点需要注意的地方。

(1) 所有的转换规则中的数值均是经过标准化处理以后的数值，因此所有的参数值都落在区间［0，1］中。在用这些转换规则驱动元胞自动机模型进行土地利用变化模拟时，需要将这些经过标准化后的值恢复为真实值，可采用如下公式计算：

$$x_i' = x_{\min} + x_i \cdot (x_{\max} - x_{\min}) \tag{4-21}$$

式中，x_i, x_i' 分别为标准化前后的特征分量；$x_{\min}, x_{\max}$ 分别为该分量的最小值和最大值。

(2) 从获取的转换规则不难发现，不同分区的元胞转换规则有较大的差别，分区 2 的转换规则要明显比其他两个分区的转换规则复杂得多。此外，尤其值得注意的是分区 3 的转换规则中并没有出现“离道路的距离”这一参数。通过对比双约束空间聚类结果与公路的叠加图可以看出，在整个分区 3 中是没有公路的，所以这一方面说明了双约束空间聚类结果的正确性，另一方面也证明了通过双约束分类可以较好地反映真实地理现象中的空间分异规律。

4.4 小　　结

元胞转换规则的定义与获取是元胞自动机模型研究的核心问题。本章首先阐述了元胞自动机模型的元胞转换规则定义和构成，在此基础上梳理了当前地理元胞自动机模型研究中常用的元胞转换规则的获取方法，主要包括马尔可夫模型、Logistic 回归模型、神经网络、支持向量机及遗传算法等。这些方法可以较好地解决地理元胞自动机模型中的元胞转换规则的获取问题，尤其是后面三种智能方法在获取元胞转换规则方面具有较好的性能。但是这些方法普遍存在一个问题：模型内部物理机制不易理解和解释，模型表达不够明确。针对这一问题，本章论述了基于 C5.0 决策树算法的元胞转换规则的获取方法。

C5.0 决策树算法可以获得数据中的结构化信息，所获取的决策树结构清晰，易于理解，很适合用来挖掘地理元胞自动机模型的元胞转换规则。本章在介绍C5.0算法的基础上，讨论了用 C5.0 算法获取元胞转换规则的原理和流程。在用 C5.0决策树算法获取元胞转换规则时，采样率对结果会产生较大的影响，本章对采样率的确定方法进行了探讨，结果表明，采样率为 10%左右时可以获取较高的精度。

最后，本章讨论了元胞空间的分区方式对元胞转换规则的影响，结果表明，分区与不分区、分区方式的不同都会对元胞转换规则产生较大的影响；结果也从另一个方面表明，采用双约束空间聚类的方法对元胞空间进行分区由于综合考虑了空间对象的空间位置关系和非空间属性的相似性，因而比基于空间聚类的元胞空间分区可以获得更为合理的元胞转换规则。

主要参考文献

邓乃扬，田英杰. 2004. 数据挖掘中的新方法——支持向量机.北京：科学出版社.

侯西勇，常斌，于信芳. 2004. 基于 CA-Markov 的河西走廊土地利用变化研究.农业工程学报，20(5)：286~291.

黎夏，叶嘉安，刘小平,等. 2007. 地理模拟系统：元胞自动机与多智能体.北京：科学出版社.

李敏强，寇纪淞,林丹,等. 2002. 遗传算法的基本理论与应用.北京：科学出版社.

温兴平，胡光道，杨晓峰. 2007. 基于 C5.0 决策树分类算法的 ETM+影像信息提取.地理与地理信息科学，23(6)：26～29.

杨国清，刘耀林，吴志峰. 2007. 基于CA-Markov模型的土地利用格局变化研究.武汉大学学报(信息科学版)，32(5)：414~418.

杨青生，黎夏. 2006. 基于支持向量机的元胞自动机及土地利用变化模拟.遥感学报，10(6)：836~846.

杨青生，黎夏. 2007. 基于遗传算法自动获取 CA 模型的参数——以东莞市城市发展模拟为例.地理研究，26(2)：229~237.

Akkas E, Akin L, Cubukcu H E, Artuner H. 2015. Application of decision tree algorithm for classification and identification of natural minerals using SEM-EDS. Computers & Geosciences, 80: 38~48.

Batty M, Xie Y. 1994. From cell to cities. Environment and Planning B, 21:531~548.

García A M, Santé I, Boullón M, Crecente R. 2013. Calibration of an urban cellular automaton model by using statistical techniques and a genetic algorithm. Application to a small urban settlement of NW Spain. International Journal of Geographical Information Science, 27(8): 1593~1611.

Friedl M A, Brodley C E. 1997. Decision tree classification of land cover from remotely sensed data. Remote Sensing of Environment, 61: 399~409.

Huang B, Xie C, Tay R, Wu B. 2009. Land-use-change modelling using unbalanced support-vector machines. Environment and Planning B: Planning and Design, 36: 398~416.

Ke X L, Bian F L. 2008. A logistic-CA model for the simulation and prediction of cultivated land change by using GIS and RS. International Conference on Earth Observation Data Processing and Analysis(ICEODPA), 7285: 72853F.

Li X, Yeh A G O. 2002. Neural-network-based cellular automata for simulating multiple land use changes using GIS. International Journal of Geographical Information Science, 16(4):323~343.

Liu X, Li X, Shi X, Wu S, Liu T. 2008. Simulating complex urban development using kernel-based non-linear cellular automata. Ecological Modelling, 211:169~181.

Liu Y. 2012. Modelling sustainable urban growth in a rapidly urbanising region using a fuzzy-constrained cellular automata approach. International Journal of Geographical Information Science, 26(1):151~167.

Moghadam H S, Helbich M. 2013. Spatiotemporal urbanization processes in the megacity of Mumbai, India: A Markov chains-cellular automata urban growth model. Applied Geography, 40:140~149.

Openshaw S. 1998. Neural network, genetic, and fuzzy logic models of spatial interaction. Environment and Planning A, 30: 1857~1872.

Wu F. 2002. Calibration of stochastic cellular automata: The application to rural-urban land conversions. International Journal of Geographical Information Science, 16(8): 795~818.

第 5 章　分区异步元胞自动机模型演化速率获取

传统的元胞自动机模型在整个模拟过程中，元胞空间内所有的元胞都以相同的速率演变(Akkas et al., 2015; Angel et al., 2011; Barredo et al., 2004; Cao et al., 2015; Dahal and Chow, 2014; Friedl and Brodley, 1997; Huang et al., 2009; Li et al., 2013; Liu et al., 2008; Liu, 2012)，因而元胞演化速率对应于元胞自动机模型运行的步长。所以，在传统的元胞自动机模型中，元胞演化速率的概念被淡化了(Almeida et al., 2008; Arsanjani et al., 2013; Barcena et al., 2015; Cao et al., 2015; Dahal and Chow, 2015; Feng and Liu, 2013; García et al., 2013; Kasanko et al., 2006; Li et al., 2012; Liao et al., 2014; Liu et al., 2014; Moghadam and Helbich, 2013)。

本书针对地理过程在空间上表现出来的速率差异性，提出了异步元胞自动机模型，用异步的元胞演化速率代替传统元胞自动机模型中同步的元胞演化速率，使得在元胞空间的不同区域，元胞具有不同的演化速率。因而本书提出了异步演化速率的概念，成为异步元胞自动机模型的另外一个重要参数。

5.1　元胞演化速率

5.1.1　元胞演化

元胞演化是指在采用元胞自动机模型对地理现象进行模拟的过程中，元胞状态发生的变化，是指元胞状态由状态空间的一种状态转变为另外一种状态的过程。就元胞状态空间的某一种状态而言，元胞演化可以指元胞状态由该状态变化为另一种状态，也可以指元胞状态由另一种状态演化为该状态。比如说城市土地利用变化模拟中，就城市用地这一种元胞状态而言，元胞演化可以指元胞由城市用地转变为非城市用地，也可以指元胞由非城市用地转变为城市用地，如图 5-1 所示。

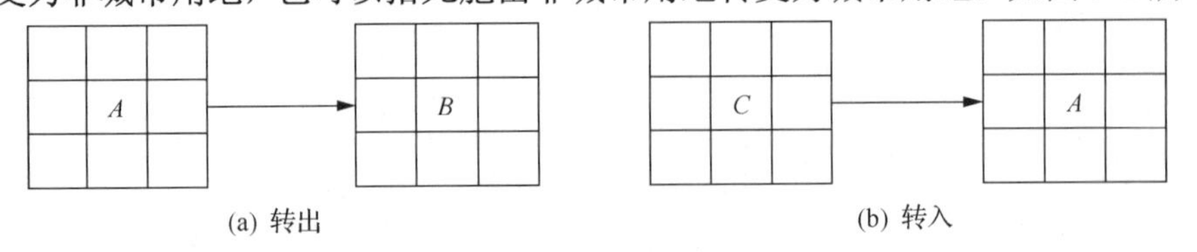

图 5-1　元胞转换类型

对状态 A 而言，图 5-1(a)表示转出的情况，图 5-1(b)表示转入的情况。此处研究的重点是元胞的演化速率，在这里对这两种情况作简化处理，无论转入还是转出，在这里统称为元胞演化。

5.1.2 元胞演化速率

1. *元胞演化速率的定义*

定义：元胞演化速率是指异步元胞自动机模型中，元胞空间中每一个元胞在模拟过程中演化的快慢程度。由于地理过程的演变速率存在空间差异性，作为地理过程模拟工具的地理元胞自动机模型，其元胞空间中的元胞演化速率也存在空间差异性，元胞速率正是这种差异性的量化表达。

元胞演化速率具有如下四个方面的特点。

(1)元胞演化速率是针对元胞空间中的每一个子空间而言的，在同一子空间的各个元胞具有相同的演化速率。因此，首先要把元胞空间划分为若干个子空间，然后对每一个子空间求取元胞演化速率，并且将这一演化速率赋给该子空间的所有元胞。

(2)元胞演化速率是相对量。由于元胞自动机模型的时间尺度并不是确定的，也就是元胞自动机模型的一次运行所对应的实际时间并不明确，因此元胞的演化速率是一个相对量，而不是绝对量。某一个元胞的演化速率是该元胞与其他元胞相比演化的快慢程度。

(3)元胞演化速率与子空间的划分密切相关。同一个元胞，在不同的子空间划分方法中，具有不同的元胞转换速率，有时候这种差别是很大的。

(4)元胞演化的速率与给定的元胞最大演化速率和元胞最小演化速率有关。因为元胞演化速率是一个相对量，因此要对各元胞子空间的元胞演化速率进行标准化，使它们都投影到元胞最小演化速率和元胞最大演化速率之间。

2. *元胞演化速率计算*

可以从图 5-2 中获得元胞演化速率的直观认识，并且可以从中得到计算元胞自动机模型元胞演化速率的计算方法。图 5-2 中，(a)是待模拟的地理现象模拟期初在空间上的分布情况，(b)是待模拟的地理现象模拟期末在空间上的分布情况。从图 5-2(a)、(b)并不能直观地判断出图中四个区域哪一个演化速率快，哪一个演化速率慢。这两幅图都是所研究的地理现象在某一时刻的静态状态，而速率是一个反映动态过程的变量，因而仅从图 5-2(a)或(b)中是不能获得地理现象演化的速率的。为了获得地理现象的演化速率，将图 5-2(a)、(b)进行叠加分析，用(b)减去(a)，得到(c)。图 5-2(c)显示出了从(a)到(b)的过程中，地理现象所发生的变化，它是动态地理过程的反映，因而可以通过(c)得到地理现象演化速率的直观认识，从而启发我们计算元胞自动机模型的元胞演化速率。

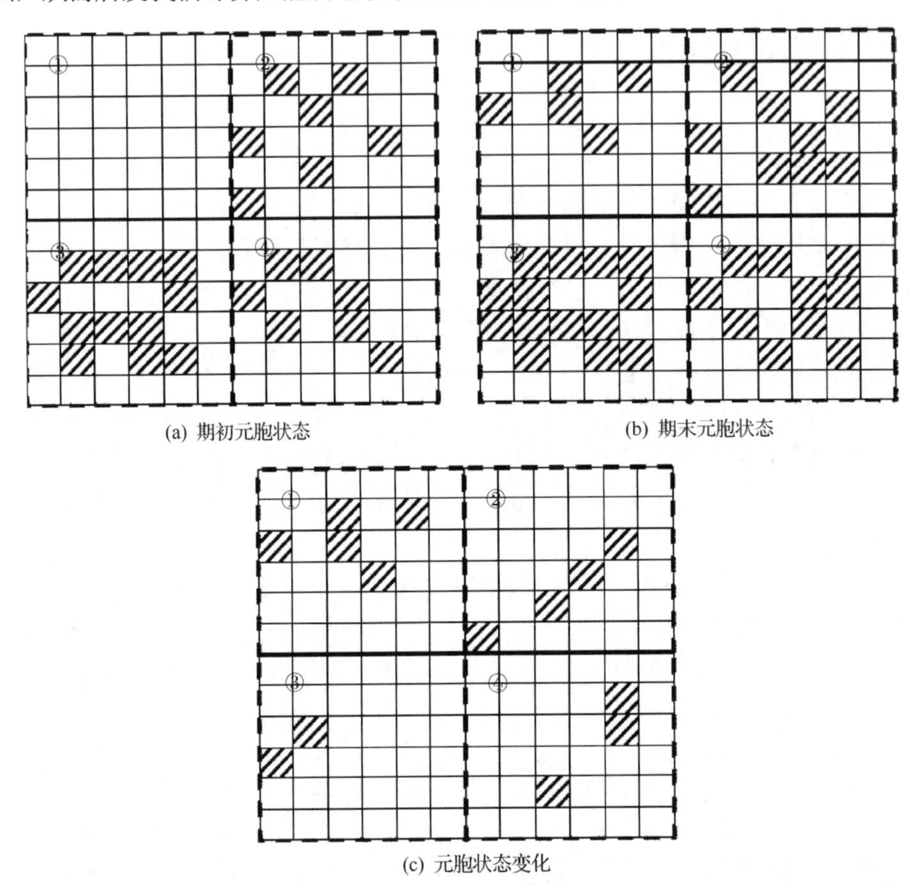

图 5-2 元胞演化速率示意图

从图 5-2(c)不难看出，在四块大小相同的子区域①、②、③、④内，在相同的时间段，地理现象的状态改变情况不一，其中①号区域有五个栅格单元的状态发生了改变，②号区域有四个栅格单元的状态发生了改变，③号区域有三个栅格单元的状态发生了改变，④号区域有两个栅格单元的状态发生了改变。直观来看，①号区域的演化速率最快，②号区域和③号区域其次，演化速率最慢的是④号区域。

从上面的分析可以看出，在同一个时间段内，对于大小相同的子区域而言，状态发生变化的栅格单元越多则表明地理现象的演化速率越快，反之亦然。

状态发生变化的栅格单元数据是从两个时段的栅格数据上获得的，因而可以保证在同一研究区域的不同子区域上得到的栅格单元的变化数目是在同一时段内的(柯新利和边馥苓, 2010; 柯新利等, 2010)。

前述已及，在求取元胞自动机模型的元胞转换速率时，先要将整个研究区域划分为若干个子区域，然后得到不同子区域的元胞演化速率。为了保证各子区域大小的一致性，选择采用标准格网划分的方法将研究区域划分为很多标准格网，得到一个速率格网，如图 5-3 所示。

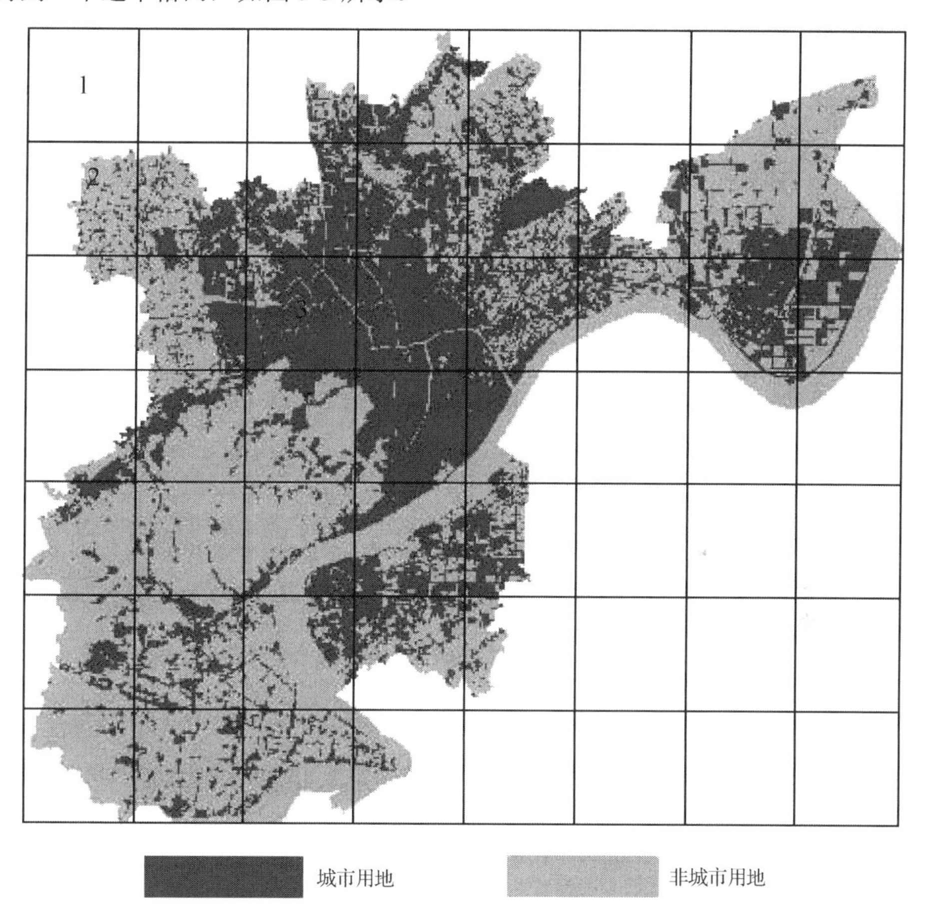

图 5-3 采用标准网格进行元胞空间划分结果图

从图 5-3 中可以看出，虽然用标准的速率格网对整个研究区域进行了划分保证了每个格网的大小一致，但是却不能保证落在每个格网中的研究区域的范围大小一致，在研究区域的中间部分，研究区域可以填满整个速率格网。但是在研究区域的边缘部分，研究区域并不能填满整个格网，并且充填的程度存在着较大的差异。例如，在 1 号区域，整个速率格网都是空的，没有任何一个研究区域的栅格落于其中；而在 2 号区域，研究区域填充了速率格网的一部分；在 3 号区域，整个速率格网都被研究区域填满。因此，如果用每个标准速率格网内发生变化的栅格单元数目来表征该速率格网内的地理现象演化速率会产生与实际情况不符的结果。

为了使元胞转换速率更好地反映地理过程变化的快慢，这里采用下面的公式来求取元胞转换速率：

$$v_i = \frac{c_i}{s_i} \tag{5-1}$$

式中，v_i 为速率格网 i 中的元胞演化速率；c_i 为速率格网 i 中发生变化的栅格(元胞)数目；s_i 为速率格网 i 中所有非空栅格(元胞)的数目。

上式中的 v_i 虽然能反映速率格网 i 中元胞演变的快慢，但是 v_i 很难与元胞自动机模型结合起来驱动元胞自动机模型的演变。原因有如下几点：

(1) $0 \leqslant v_i \leqslant 1$，而元胞自动机模型演变的步长是整数；

(2)元胞自动机模型中元胞空间内所有的元胞在一次演化中是同时演变的，因而很难用 v_i 来控制某一个或某一群元胞的演化速率。

因此，有必要对 i 进行转换，使它能与元胞自动机模型结合起来，控制元胞自动机模型中某个或某些元胞的演化速率。

因为在元胞自动机模型的一次模拟中，元胞空间中所有的元胞都是按相同的速率进行演化的。为了将本书提出的元胞演化速率与元胞自动机模型结合起来，使不同子区域的元胞按不同的速率进行演化，需要对上面提出的元胞演化速率 v_i 进行改进，用元胞演化间隔的概念来替代元胞演化速率 v_i，可以用下式来计算元胞演化间隔：

$$\text{Interval}_i = \left[\frac{1}{v_i}\right] \tag{5-2}$$

式中，Interval_i 即为速率格网 i 中的元胞演化间隔。

这里值得注意的是，由于 $0 \leqslant v_i \leqslant 1$，所以 $1 \leqslant \text{Interval}_i \leqslant \infty$，如果直接采用 Interval_i 作为元胞演化间隔，则在元胞自动机模型的整个模拟过程中，可能出现某些元胞由于演化间隔过长而永远没有机会得到演化的情况；此外，除去 $\text{Interval}_i = \infty$ 情况后，也有一些元胞的演化间隔会远大于其他元胞的演化间隔。为了避免这种情况的发生，这里定义了最大的元胞演化间隔 $\max I$，然后将所有元胞的演化间隔都控制到[1，$\max I$]区间。为了消除异常值的影响，将演化间隔大于 $\max I$ 的情况全部用 $\max I$ 代替。可以用如下的公式表示：

$$\text{Interval}_i=\begin{cases}\text{Interval}_i,(\text{Interval}_i\leqslant \max I)\\ \max I,(\text{Interval}_i>\max I)\end{cases} \tag{5-3}$$

在与元胞自动机模型结合时，先计算元胞空间每一个元胞的演化间隔。在演化时，可以判断当前元胞自动机模型运行的次数是否为该元胞演化间隔 Interval_i 的整数倍，若是，则结合该元胞的转换规则判断该元胞是否发生演变；否则，该元胞不发生演化。

5.2 分区异步元胞自动机模型元胞演化速率获取

5.2.1 获取流程

从上面的分析可以看出，分区异步地理元胞自动机模型的元胞演化速率实际是用元胞的演化间隔来表示的。元胞演化间隔的获取流程如图 5-4 所示。

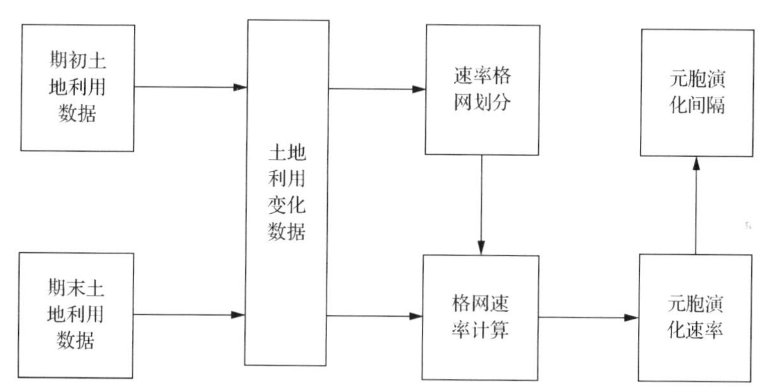

图 5-4 异步元胞演化速率获取流程图

元胞演化间隔的获取的具体过程是：将研究期初的土地利用数据与研究期末的土地利用数据进行叠加分析，得到研究期内的土地利用变化数据。根据叠加操作得到的研究期内的土地利用变化数据和输入的速率格网的尺寸对整个元胞空间进行规则格网划分，得到分区异步元胞自动机模型的速率格网。针对每一个速率网格，采用本章提出的速率格网的元胞演化速率的计算方法，可以计算出速率格网中每一个网格的元胞演化速率，进而计算出每一个速率网格的元胞演化间隔，结合给定的最大元胞演化间隔，对整个速率格网中所有的网格的元胞演化间隔进行规整化处理，就得到了规整后的元胞演化间隔。利用规整化后的元胞演化间隔，结合分区元胞转换规则，驱动元胞自动机模型进行模拟，实现分区异步元胞自动机模型。

5.2.2 实例

以杭州市土地利用变化模拟为例，采用本书提出的分区异步元胞自动机模型元胞演化间隔的求取方法，对杭州市 2000~2005 年土地利用数据进行计算，得到了杭州市 2000~2005 年土地利用演变间隔的栅格图，如图 5-5 所示。图 5-5 中显示的土地利用演变间隔栅格图是经过规整化后的栅格图。图中速率格网的大小为 10×10 个栅格单元(元胞)，每个元胞的尺度是 50m×50m，最大演化间隔为 100。

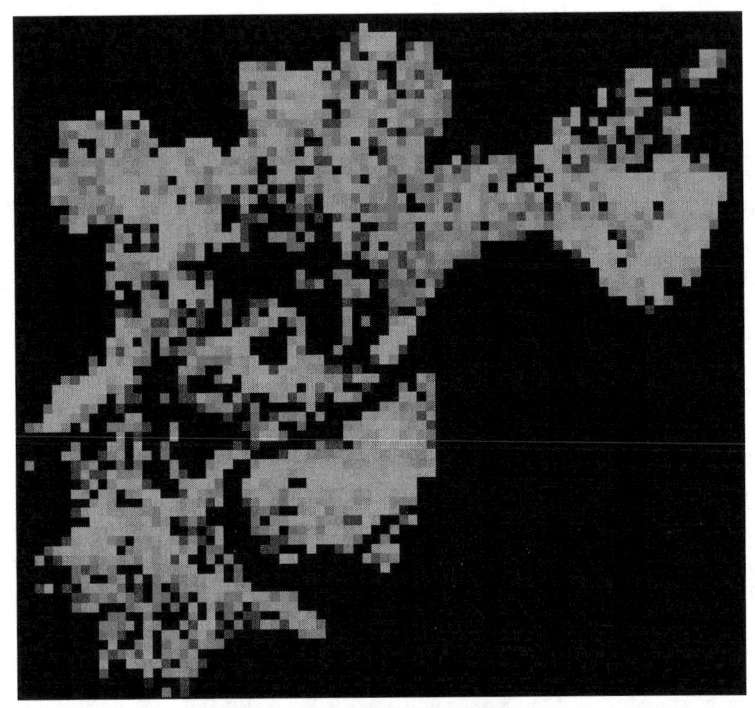

图 5-5 异步元胞演化间隔结果图

图 5-5 中，颜色越浅表示土地利用演化间隔越短，颜色越深则表明土地利用演化间隔越长。为了说明速率格网中每个网格中土地利用演化间隔和实际土地利用变化情况的一致性，这里将得到的土地利用演化间隔栅格与杭州市 2000~2005 年土地利用变化情况进行叠加，得到图 5-6。

从图 5-6 中可以很清楚地看到，在土地利用变化图层中，发生变化的点比较密集的区域对应的是土地利用演化间隔栅格中颜色比较浅的部分(低值区域)，也就是土地利用变化速率比较快的部分。很明显，在 2000~2005 年这一时段内，土地利用变化比较密集的区域就是土地利用变化速率比较快的区域。因此，可以证

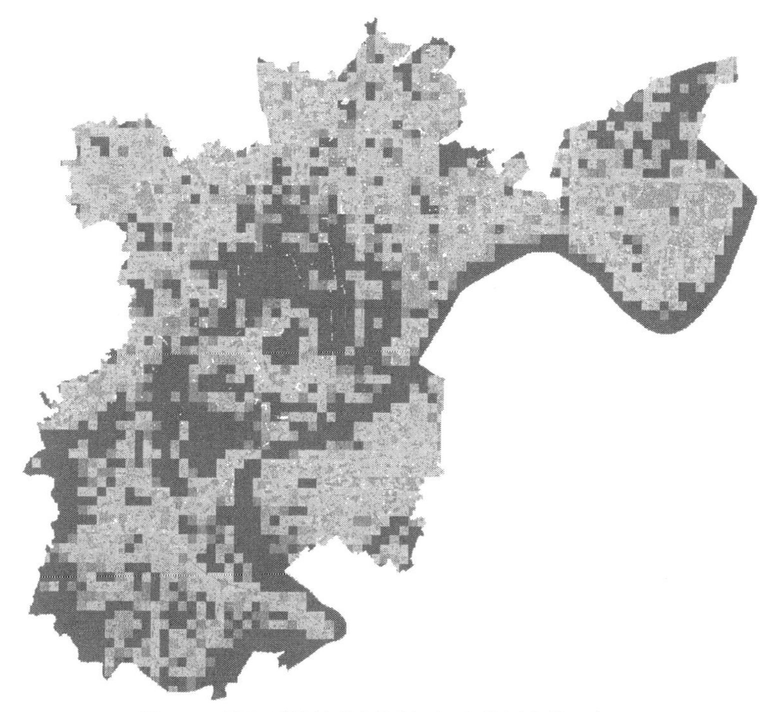

图 5-6　异步元胞演化间隔与土地利用变化叠加图

明本书提出的分区异步元胞自动机模型的元胞演化速率和元胞演化间隔的概念是合理和有效的。

5.2.3　速率格网参数对元胞演化间隔结果的影响

从前面的分析可以得知，速率格网有两个非常重要的参数：网格尺寸和最大演化间隔。这两个参数对元胞演化间隔会产生至关重要的影响。这里，还是以杭州市 2000~2005 年的土地利用变化模拟为例，给出不同网格尺寸和不同最大演化间隔情况下元胞演化间隔栅格，以便对这两个参数对元胞演化间隔计算结果的影响有一个直观的认识。

同一最大演化间隔、不同网格尺寸的元胞演化间隔栅格见图 5-7。

图 5-7 中，元胞演化间隔数据中的最大元胞演化间隔均为 50，(a) 中速率格网中网格的尺寸是 10×10 个栅格单元（元胞），(b) 中速率格网中网格的尺寸是 50×50 个栅格单元（元胞），(c) 中速率格网中网格的尺寸是 100×100 个栅格单元（元胞），(d) 中速率格网中网格的尺寸是 200×200 个栅格单元（元胞）。可以看出，随着网格尺寸的增加，元胞演化间隔栅格的概括程度越来越大，并且总体而言，同一区域的元胞演化间隔有变小的趋势。当网格尺寸增大到 200×200 个栅格单元的时候，

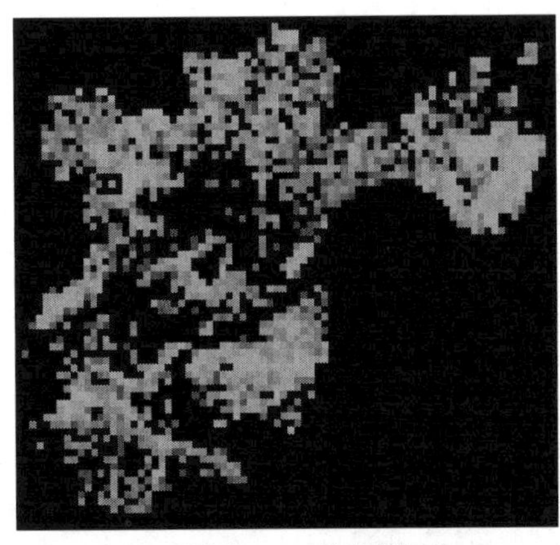

(a) 尺度为10×10的速率格网

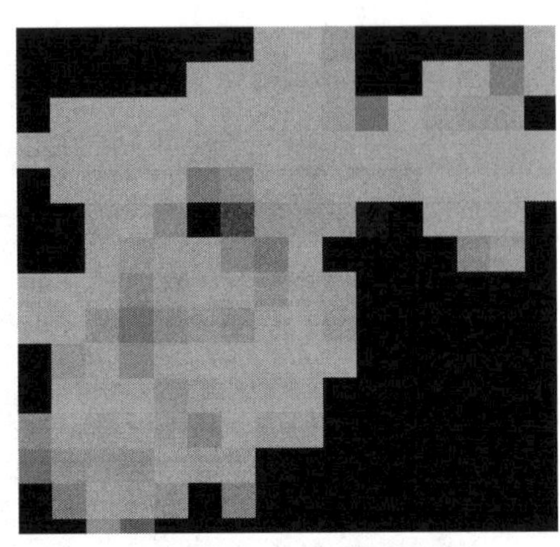

(b) 尺度为50×50的速率格网

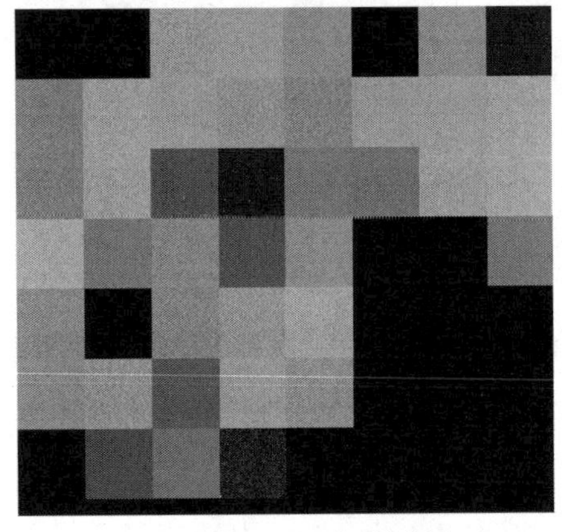

(c) 尺度为100×100的速率格网

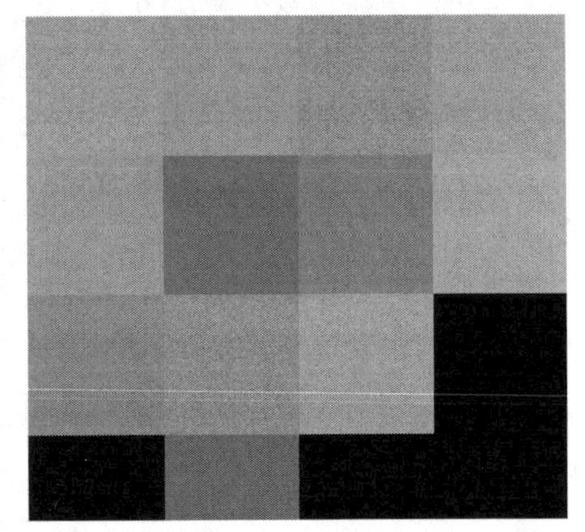

(d) 尺度为200×200的速率格网

图 5-7　不同格网尺度的速率格网

整个研究区域的元胞演化间隔的差别已经变得很小，并且大部分细节信息丢失。由此可见，速率格网的网格尺寸对元胞演化间隔栅格的结果会较生较大的影响。这也从另一个侧面说明了，在利用元胞自动机模型对地理过程进行模拟时，有必要对整个元胞空间进行分区，分别求取各个分区的元胞演化间隔，用不同的元胞演化速率驱动元胞自动机模型中的各个元胞进行演化。

同一网格尺寸，不同最大元胞演化间隔的元胞演化间隔的栅格数据如图 5-8 所示。

图 5-8 中，元胞演化间隔栅格中的速率格网的网格尺寸均为10×10个栅格单元(元胞)。(a)中的最大元胞演化间隔为 10，(b)中的最大元胞演化间隔为 50，(c)中的最大元胞演化间隔为 100，(d)中的最大元胞演化间隔为 200。从(a)和(b)可以明显看出，随着最大元胞演化间隔的增大，元胞演化间隔栅格中的细节信息逐

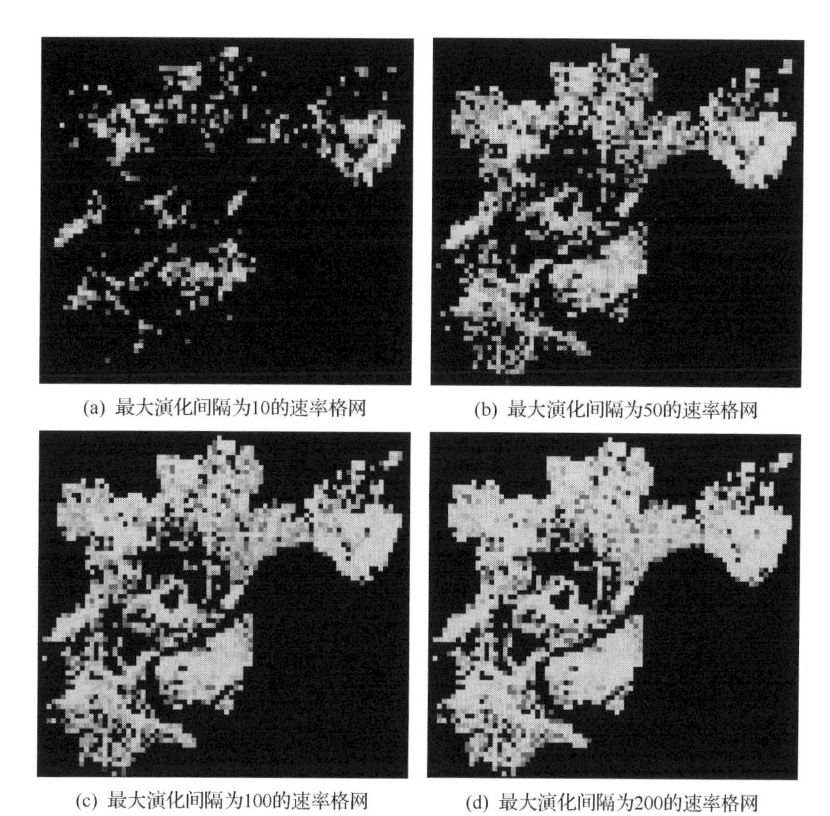

(a) 最大演化间隔为10的速率格网　(b) 最大演化间隔为50的速率格网

(c) 最大演化间隔为100的速率格网　(d) 最大演化间隔为200的速率格网

图 5-8　不同最大演化间隔的速率格网

渐增加。但是当最大元胞演化间隔增加到一定程度时，元胞演化间隔栅格中的细节信息增加将变得不再明显。(c)和(d)是最大元胞演化间隔从 100 增加到 200 的情况，从中可以看出，虽然(d)的细节信息比(c)增加了一些，但并不是特别明显。由此可以得到结论：随着最大元胞演化间隔的增大，元胞演化间隔栅格中的细节信息逐渐增加；但当最大元胞演化间隔增加到一定程度时，元胞演化间隔栅格中的细节信息增加将变得不再明显。

5.3　小　　结

地理现象在空间上的分布存在着空间异质性。同时，地理过程的变化(包括变化速率)也存在着空间差异性。由于作为地理过程内因的地理梯度存在着空间差异性，所以地理过程在表现形式上也存在着差异性。其中地理过程变化速率的空间异质性是地理过程空间异质性的重要方面。基于此，本章提出了利用异步的元胞演变速率驱动元胞自动机模型进行地理过程模拟的思路。并对异步元胞自动机模型中的元胞演化速率进行了深入的探讨。本章提出了异步元胞自动机模型元胞演化速率的定义以及计算方法，针对元胞自动机模型模拟地理过程的特点，进一步提出了元胞演化间隔的概念，并讨论了由元胞演化速率求取元胞演化间隔的方法。在此基础上，提出了分区异步元胞自动机模型中元胞演化速率及元胞演化间隔的获取流程和方法，并且以杭州市土地利用变化为例，分析了本章提出的元胞演化速率和元胞演化间隔计算方法的合理性和有效性。最后，本章还分析了速率格网的网格尺寸和最大元胞演化间隔两个参数对元胞演化间隔栅格结果的影响。结果表明：一方面，速率格网的网格尺寸对元胞演化间隔栅格的结果会产生较大的影响，随着网格尺寸的增加，元胞演化间隔栅格的概括程度越来越大，并且总体而言，同一区域的元胞演化间隔有变小的趋势；另一方面，随着最大元胞演化间隔的增大，元胞演化间隔栅格中的细节信息逐渐增加，但当最大元胞演化间隔增加到一定程度时，元胞演化间隔栅格中的细节信息增加将变得不再明显。

主要参考文献

柯新利，边馥苓. 2010. 基于空间数据挖掘的分区异步元胞自动机模型.中国图象图形学报，15(6)：921~930.

柯新利，邓祥征，刘成武. 2010. 基于分区异步元胞自动机模型的耕地利用布局优化：以武汉城市圈为例. 地理科学进展，29(11)：1416~1424.

Akkas E, Akin L, Cubukcu H E, Artuner H. 2015. Application of decision tree algorithm for classification and identification of natural minerals using SEM-EDS. Computers & Geosciences, 80:38~48.

Almeida C M, Gleriani J M, Castejon E F, Soare-Filho B S. 2008. Using neural networks and cellular automata for modelling intra-urban land-use dynamics. International Journal of Geographical Information Science, 22:943~963.

Angel S, Parent J, Civco D L, Blei A, Poetere D. 2011. The dimensions of global urban expansion: Estimates and projections for all countries, 2000-2050. Progress in Planning, 75:53~107.

Arsanjani J J, Helbich M, Kainz W, Boloorani A D. 2013. Integration of logistic regression, Markov chain and cellular automata models to simulate urban expansion. International Journal of Applied Earth Observation and Geoinformation, 21:265~275.

Barcena J F, Camus P, Garcia A, Alvarez C. 2015. Selecting model scenarios of real hydrodynamic forcings on mesotidal and macrotidal estuaries influenced by river discharges using K-means clustering. Environmental Modelling & Software, 68(2015):70~82.

Barredo J I, Demichelli L, Lavalle C, Kasanko M, McCormick N. 2004. Modelling future urban scenarios in developing countries: an application case study in Lagos, Nigeria. EnvironMent and Plannign B: Planning and Design, 31(1): 65~84.

Cao M, Tang G A, Shen Q, Wang Y. 2015. A new discovery of transition rules for cellular automata by using cuckoo search algorithm. International Journal of Geographical Information Science, 1~19.

Cao M, Tang G A, Zhang F, Yang J. 2013. A cellular automata model for simulating the evolution of positive–negative terrains in a small loess watershed. International Journal of Geographical Information Science, 27(7): 1349~1363.

Dahal K R, Chow T E. 2014. An agent-integrated irregular automata model of urban land-use dynamics. International Journal of Geographical Information Science, 28(11): 2281~2303.

Dahal K R, Chow T E. 2015. Characterization of neighborhood sensitivity of an irregular cellular automata model of urban growth. International Journal of Geographical Information Science, (ahead-of-print), 1~23.

Feng Y, Liu Y. 2013. A heuristic cellular automata approach for modelling urban land-use change based on simulated annealing. International Journal of Geographical Information Science, 27(3): 449~466.

Friedl M A, Brodley C E. 1997. Decision tree classification of land cover from remotely sensed data. Remote Sensing of Environment, 61:399~409.

García A M, Santé I, Boullón M, Crecente R. 2013. Calibration of an urban cellular automaton model by using statistical techniques and a genetic algorithm. Application to a small urban settlement of NW Spain. International Journal of Geographical Information Science, 27(8): 1593~1611.

Huang B, Xie C, Tay R, Wu B. 2009. Land-use-change modelling using unbalanced support-vector machines. Environment and Planning B: Planning and Design, 36:398~416.

Kasanko M, Barredo Cano J I, Lavalle C, McCormick N, Demichelli L, Sagris V, and Brezger A. 2006. Are European cities becoming dispersed. A comparative analysis of 15 European urban areas. Landsc. Urban Plan, 77(1-2): 111~130.

Li X, Liu Y, Liu X, Chen Y, Ai B. 2013. Knowledge transfer and adaptation for land-use simulation with a logistic cellular automaton. International Journal of Geographical Information Science, 27(10): 1829~1848.

Li X, Zhang Y, Liu X, Chen Y. 2012. Assimilating process context information of cellular automata into change detection for monitoring land use changes. International Journal of Geographical Information Science, 26(9): 1667~1687.

Liao J, Tang L, Shao G, Qiu Q, Wang C, Zheng S, Su X. 2014. A neighbor decay cellular automata approach for simulating urban expansion based on particle swarm intelligence. International Journal of Geographical Information Science, 28(4): 720~738.

Liu X, Li X, Shi X, Wu S, Liu T. 2008. Simulating complex urban development using kernel-based non-linear cellular automata. Ecological Modelling, 211:169~181.

Liu X, Ma L, Li X, Ai B, Li S, He Z. 2014. Simulating urban growth by integrating landscape expansion index (LEI) and cellular automata. International Journal of Geographical Information Science, 28(1): 148~163.

Liu Y. 2012. Modelling sustainable urban growth in a rapidly urbanising region using a fuzzy-constrained cellular automata approach. International Journal of Geographical Information Science, 26(1): 151~167.

Moghadam H S, Helbich M. 2013. Spatiotemporal urbanization processes in the megacity of Mumbai, India: A Markov chains-cellular automata urban growth model. Applied Geography, 40:140~149.

第 6 章　分区异步元胞自动机模型的实现

前面的章节中，根据地理现象分布的空间差异性和地理过程演化差异性提出了分区异步元胞自动机模型，在对模型总体框架进行论述的基础上，分别讨论了基于空间聚类和双约束空间聚类的元胞空间划分方法、基于 C5.0 决策树算法的元胞转换规则的获取方法、分区异步元胞自动机模型元胞演化速度和元胞演化间隔的概念及计算方法。本章根据前面讨论的理论，建立了一个完整的分区异步元胞自动机模型，并以杭州市土地利用变化为例，对该模型进行了实证研究。

6.1　模型总体架构

分区异步元胞自动机模型总体框架如图 6-1 所示。模型由五个模块组成：GIS 模块、双约束空间聚类模块、C5.0 决策树模块、异步演化速率模块和 CA 模块。其中，GIS 模块的主要功能是 GIS 数据处理、分析、转换和显示等，主要用于栅格数据的叠加分析、裁剪、GIS 数据预处理、数据转换、结果显示等；双约束空间聚类模块主要用于土地利用变化数据的双约束空间聚类及依托聚类结果进行元胞空间分区；C5.0 决策树模块用于元胞转换规则的挖掘，主要包括数据采样和 C5.0 决策树分析两个部分；异步演化速率模块的主要功能是获取元胞演化速率和元胞演化间隔，主要包括元胞自动机元胞演化速率格网划分、元胞演化速率的获取和元胞演化间隔的获取等；元胞自动机模型部分的主要功能是根据 C5.0 决策树模块获取元胞转换规则和异步演化速率模块获取的元胞演化间隔进行元胞自动机模型模拟，并对模拟结果进行精度评估。

分区异步元胞自动机模型的工作流程是，首先将研究区域的数据输入到 GIS 模块中进行数据预处理、数据剪裁、叠加分析、数据转换等操作。经过 GIS 模块处理和分析过的数据分成三路输出：第一路输出到双约束空间聚类模块中，双约束聚类模块采用空间聚类方法对 GIS 模块输出的空间和非空间属性数据进行双约束空间聚类分析，然后利用聚类结果对研究区域(元胞空间)进行分区，将每一个元胞归并到相应的聚类中，然后将聚类结果输出到 C5.0 决策树模块中进行数据采样，采用 C5.0 决策树算法对采样数据进行挖掘，获取各分区的元胞转换规则；GIS 模块的第二路输出将经过 GIS 模块分析处理过的数据输出到异步演化速率模块中，异步演化速率模块根据地理现象变化数据进行元胞自动机模型速率格网划分，

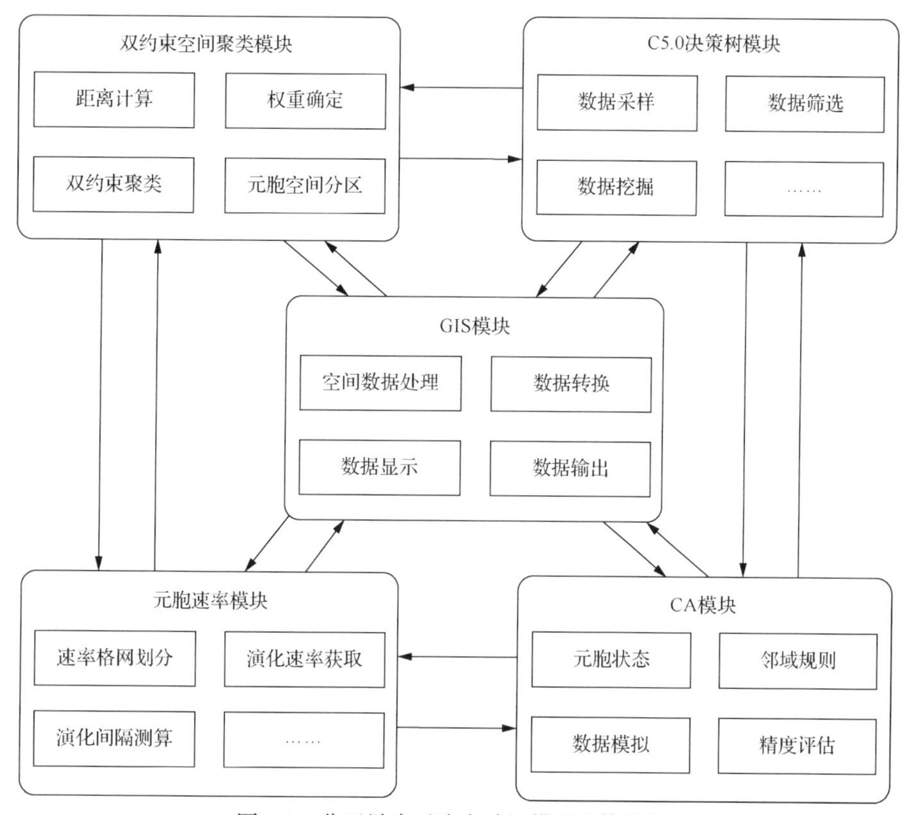

图 6-1　分区异步元胞自动机模型总体构架

然后对每一个速率网格计算元胞演化速率，再将这些元胞演化速率转换为元胞演化间隔，以便驱动元胞自动机模型进行模拟；第三路将经过 GIS 模块分析和处理的数据输出到元胞自动机模型模块，在这一模块中，元胞自动机模型结合 GIS 模块输出的各种空间和非空间属性数据、异步演化速率模块输出的元胞演化间隔数据和 C5.0 决策树模块输出的分区元胞转换规则进行模拟，并且对模拟结果进行精度评估和检验。作为各种结果输出和显示的平台，GIS 模块也接受三路数据输入：第一路是从双约束空间聚类模块输入的空间聚类结果，用于在 GIS 模块中实现空间聚类结果的显示与输出；第二路是从异步演化速率模块输出的速率格网及相关数据，在 GIS 模块中可以实现速率格网的显示与分析等功能；第三路是从元胞自动机模型输入的元胞自动机模拟结果及相关数据，在 GIS 模块中可以实现元胞自动机模型模拟结果的可视表达和动态显示。

6.2 模 型 实 现

在.net 环境下，采用 C#语言结合 SuperMap GIS 二次开发组件 SuperMap Objects 2008 实现本书提出的分区异步元胞自动机模型的各个功能模块。

6.2.1 元胞自动机迭代算法

元胞自动机模型的运行过程是一个迭代计算的过程，上一次运算的模拟结果是下一步模拟的输入，整个元胞自动机的运行可以表示为：

```
//CA 模拟过程
        public void CASimulation()
        {
        ……
            for (int i = 0; i < nSteps; i++)
            {
                //单次模拟
                    newRaster = SingleSimulation(oldRaster,i);
                //输出第 i 次模拟的结果
                OutPut(newRaster);
                //将第 i 次模拟的结果作为第 i+1 次模拟的输入
                oldRaster = newRaster;
            }
        }
```

其中，单次模拟的实现如下：

```
//一次模拟过程
//iTime 表示第几次模拟
private SingleSimulation()
{
    for (nRow = 0; nRow < nRows; nRow++)
        {
            for (nCol = 0; nCol < nCols; nCol++)
             {
               //判断元胞(nRow,nCol)是否在研究区域范围内
              if (XYInBoundArea(nRow, nCol))
```

```
{
  //计算全局发展适宜性
 Pg = GetGlobalProbabilityByXY(nRow, nCol);

//计算邻域开发密度
 Cigmar = GetNeighbourhoodValueByXY(nRow, nCol, oldRaster);
//获得单元的约束性条件
 Pc = GetCellConstraintByXY(nRow, nCol);
 //计算综合的发展概率
  Pt = Pg * Pc * Cigmar;
   //引入随机因子 RA
   Random rd = new Random();
  if (rndNum > 0.5)
       Pt = (1 + Math.Pow((-Math.Log(rndNum)), alpha)) * Pt;
  //判别这一步元胞是否应该发生演化
   if(异步演化间隔适合演化条件 && Pt > 阈值)
         //元胞发生演化
            }
            else
            {
       //元胞不发生演化
            }
         }
     }
}
```

6.2.2 异步速率格网算法实现

异步速率格网计算是本书提出的分区异步元胞自动机模型的重要内容，异步速率格网算法实现的主要内容如下：

```
//计算速率格网中各网格的元胞演化速率
public SpeedGrid()
{
//保存速率格网中各网格的元胞演化速率的数组
gridSpeeds = new double[nGridRows, nGridCols];
```

```
//计算速率格网中各网格的元胞演化速率
for (int nGridRow = 0; nGridRow < nGridRows; nGridRow++)
  {
     for (int nGridCol = 0; nGridCol < nGridCols; nGridCol++)
        {
          // 产生一个速率网格
         singSG = new CSingleSpeedGrid();
        //将速率网格 singSG 的速率存储到元胞演化速率数组中
          gridSpeeds[nGridRow, nGridCol] = singSG.speed();
          }
       }
}
```

将演化速率转变为演化间隔的算法如下：

```
public int ConvertSpeed2Interval()
{
//求最小演化间隔，当最高演化速率为 0 时，最小演化间隔为 1，否则，最小
//演化间隔为最高演化速率的倒数
minInterval = (maxSpeed == 0)?1:(1 / maxSpeed);
 //给定最大演化间隔的值
maxInterval = MAXINTERVAL;
//计算当前演化间隔，当前演化速率为 0 时，当前演化间隔为最大演化间隔，
//否则当前演化间隔为当前演化速率的倒数
double Interval = (speed == 0) ? maxInterval : (1 / speed);
//对当前演化间隔作规整化处理
//如果当前演化间隔大于最大演化间隔，则令当前演化间隔等于最大演化间隔
 Interval = (Interval > maxInterval) ? maxInterval : Interval;
}
```

单个速率网格演化速率的计算算法如下：

```
public double speed()
{
   for (int nRow = this.m_nStartRow; nRow <= this.m_nEndRow; nRow++)
     {
        for (int nCol = this.m_nStartCol; nCol <= this.m_nEndCol; nCol++)
          {
```

```
            double value = DATA_value[nRow, nCol];
        //判断当前的元胞值是否为空值
            if (value != noValue)
            {
                //所有不为空值的元胞总数
                    nCountOfCells++;
                //判断当前元胞值在研究期初到研究期末这段时间
//是否发生了变化
                    if (value == 1)
                    {
                        //发生变化的元胞总数
                            nCountOfChangedCells++;
                    }
                }
            }
        }
    //为避免出现被 0 除的错误，当当前速率网格内没有非空元胞，则令非空元胞//
总数为 1
        if (nCountOfCells == 0) nCountOfCells = 1;
        return nCountOfChangedCells / (nCountOfCells * 1.0);
    }
```

6.3 实证研究

6.3.1 研究区域与数据处理

杭州市是以上海为中心的长江三角洲南翼中心城市，位于杭嘉湖平原和浙西丘陵山地的连接地带。全市面积 16596km^2，其中市辖区 3068 km^2。辖上城、下城、拱墅、江干、西湖、滨江、萧山、余杭 8 个区，临安、富阳、建德 3 个县级市，桐庐、淳安 2 个县(柯新利等, 2010)。本书选择的研究范围如图 6-2 所示，主要包括杭州市城市规划的一主三副区域，即主城、下沙城、江南城，以及临平城，体现了杭州市未来发展的组团式格局。

本书的基础数据主要包括研究区域 2000 年及 2005 年两个时相的 Landsat TM/ETM+遥感影像、交通数据、地形图、人口数据、水域数据。具体处理过程如

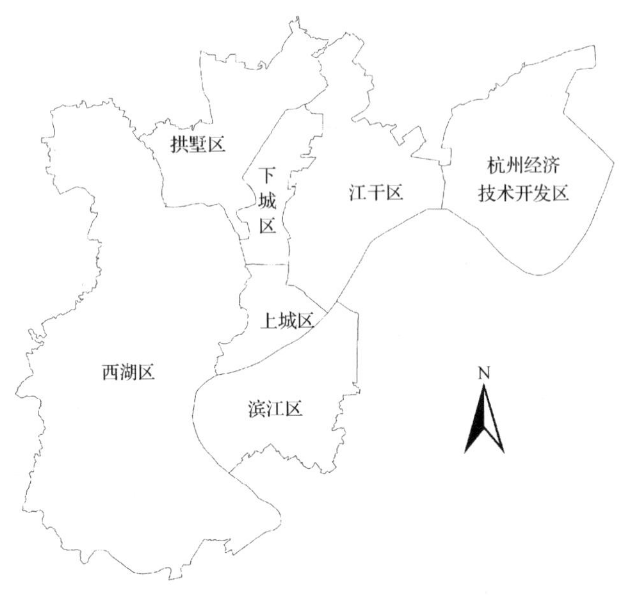

图 6-2　研究区域范围

下(柯新利等, 2010; 柯新利等, 2014)：利用 ERDAS Imagine8.7 软件对遥感影像进行几何校正、辐射校正、边界裁剪、监督分类及人工目视解译、精度检验，生成土地利用图层；利用 ArcGIS9.2 对地形图进行数字化并生成 DEM 数据，利用 ArcGIS9.2 对交通数据、水域数据和人口数据进行处理，生成交通图层、水域图层和人口密度图层，在此基础上生成道路距离栅格、铁路距离栅格及水域距离栅格等距离栅格数据。将这些图层一起输入到本书建立的 C5.0 元胞自动机模型中进行模拟运算。

6.3.2　模拟结果

以 2000 年杭州市城市用地为起点，采用本书提出的分区异步元胞自动机模型对杭州市 2000~2005 年的城市用地演变进行了模拟。为了对比分析分区与否、分区方式，以及是否采用异步的方式进行演化对元胞自动机模型模拟结果的影响，分别采用不分区的方式、采用空间聚类进行分区的方式、采用双约束空间聚类分区的方式，以及在双约束空间聚类分区的基础上采用异步演化的方式等情况下的元胞自动机模型对研究区域的土地利用情况进行了模拟，模拟结果如下。

1. 不分区的模拟结果

在不分区的情况下，采用 C5.0 决策树算法获取整个元胞空间的元胞转换规则，并用这一转换规则驱动元胞自动机模型对杭州市 2000~2005 年的土地利用变化进行了模拟，结果如图 6-3 所示。

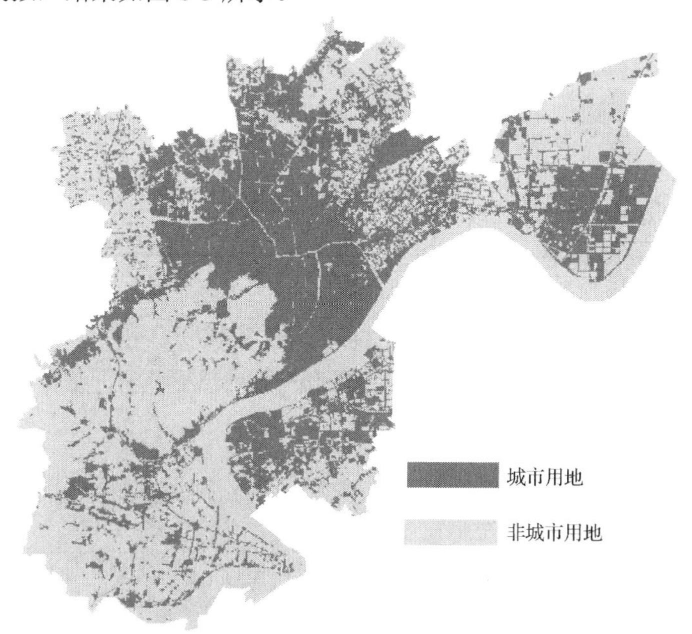

(a) 杭州市2005年实际城市用地

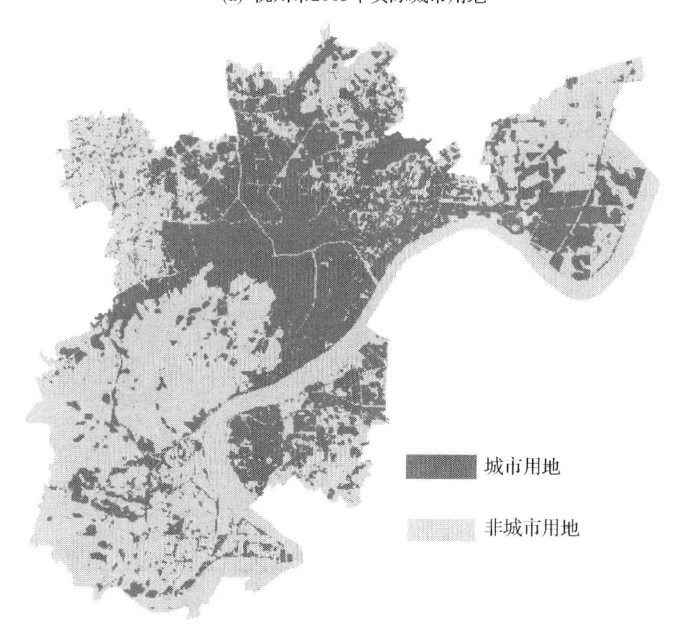

(b) 杭州市2005年城市用地模拟结果

图 6-3　杭州市城市用地实际情况与不分区同步 CA 模拟结果对比

通过对比分析杭州市 2005 年实际城市用地情况和模拟结果可以看出，与模拟结果相比，位于主城区边缘的江干区和滨江区城市扩张的速度低于整个杭州市的平均水平，而位于市区东面的经济技术开发区城市的扩张速度则明显高于杭州市城市扩张的整体水平。

2. 基于空间聚类的分区元胞自动机模型模拟结果

在仅考虑元胞相互之间空间距离的基础上，采用空间数据挖掘的方法对杭州市 2000~2005 年的土地利用变化情况进行分区，并采用 C5.0 决策树算法对每一个分区分别求取元胞转换规则，用获得的各个分区的元胞转换规则驱动相应分区的元胞进行演化，对杭州市 2000~ 2005 年的土地利用变化情况进行模拟，模拟的结果如图 6-4 所示。

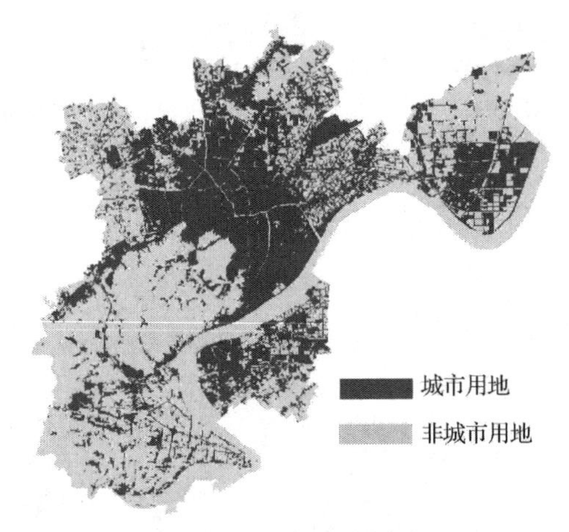

(a) 杭州市2005年实际城市用地

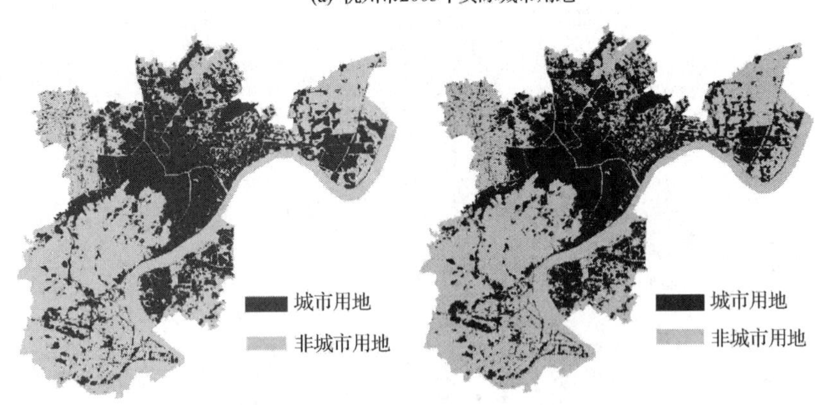

(b) 不分区CA模拟结果　(c) 空间聚类分区CA模拟结果

图 6-4　不分区 CA 模拟结果与空间聚类分区 CA 模拟结果

通过对比不分区的元胞自动机模型与分区元胞自动机模型的模拟结果，可以看出，分区元胞自动机模型的模拟结果具有更加真实的土地利用总体结构和形态，该模型的模拟结果在土地利用空间格局方面与真实的土地利用空间格局更为接近。

3. 基于双约束空间聚类的分区元胞自动机模型模拟结果

在对元胞空间进行分区时，不仅考虑元胞相互之间空间距离，而且考虑了元胞相互之间在非空间属性上的相似性，采用双约束空间聚类的方法对整个元胞空间进行分区，并采用 C5.0 决策树算法对每一个分区分别求取元胞转换规则，用获得的各个分区的元胞转换规则驱动相应分区的元胞进行演化，对杭州市 2000~2005 年的土地利用变化情况进行模拟，模拟的结果如图 6-5 所示。

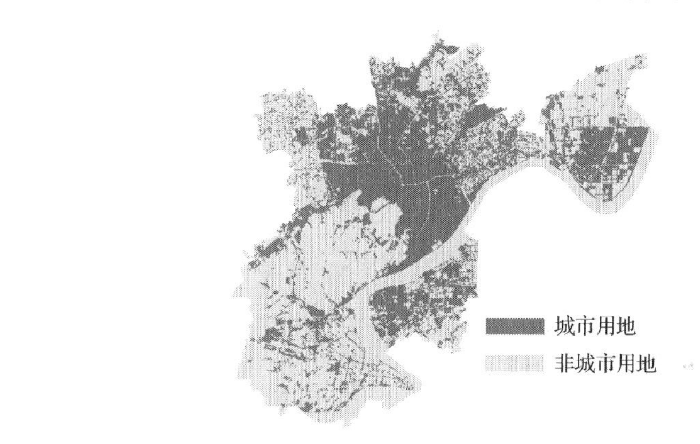

(a) 杭州市2005年实际城市用地

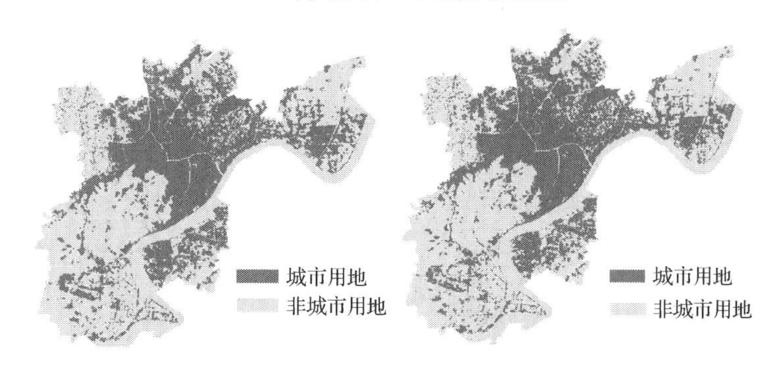

(b) 空间聚类分区CA模拟结果　(c) 双约束空间聚类分区CA模拟结果

图 6-5　空间聚类分区 CA 模拟结果与双约束空间聚类分区 CA 模拟结果

可以看出，基于双约束空间聚类的元胞自动机模型的模拟结果具有与实际土地利用状况比较接近的空间总体形态，能比较好地模拟土地利用变化情况。具体的精度以及与实际土地利用情况在空间总体形态上的相似性需要做进一步的精度评估和检验。

4. 基于双约束空间聚类的分区异步元胞自动机模型模拟结果

为了进一步提升元胞自动机模型的模拟效果，一方面采用双约束空间聚类的方法对元胞空间进行分区，并采用 C5.0 决策树算法对每一个分区求取元胞转换规则；另一方面，采用标准格网划分的方法将整个元胞空间划分为标准的速率格网，并对每一个速率格网采用本书提出的元胞演化速率计算方法求取元胞演化速率和元胞演化间隔。在此基础上，利用获得的各个分区的元胞转换规则和速率格网的元胞演化间隔驱动元胞自动机模型对杭州市 2000~2005 年的土地利用变化情况进行模拟，模拟结果如图 6-6 所示。

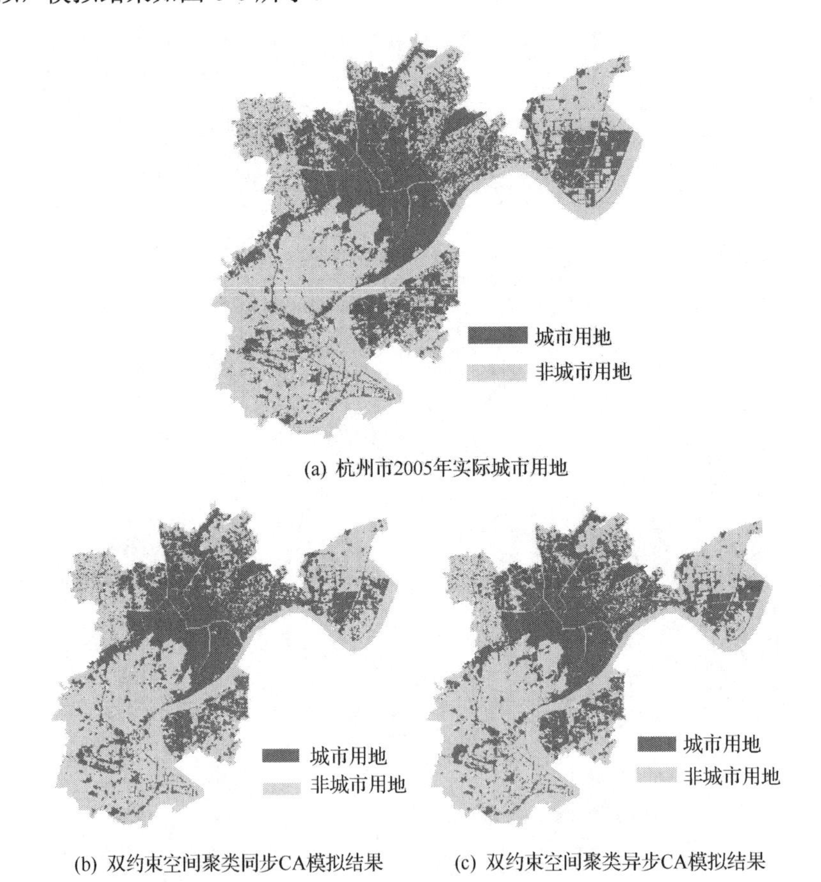

图 6-6　双约束空间聚类同步 CA 模拟结果与双约束空间聚类异步 CA 模拟结果

从模拟结果可以看出，与基于双约束空间聚类的同步元胞自动机模型相比，基于双约束空间聚类的异步元胞自动机模型的模拟结果与杭州市 2005 年土地利用情况更加接近。这就说明了采用异步的方式驱动元胞自动机模型进行土地利用变化模拟更加符合实际情况，可以获得更高的模拟精度。

6.3.3 精度检验

地理系统是一个复杂的巨系统，地理过程的演化过程十分复杂，其演变会受许多不确定因素的影响，完全准确地模拟地理现象的动态变化是不可能。所以，利用元胞自动机模型模拟地理现象演变过程时，需要对模拟结果与实际地理现象的空间分布的吻合程度进行检验和评估。比较通用的方法是逐点对比法和整体对比法(黎夏等, 2007; Barcena et al., 2015; Dahal and Chow, 2015; Feng and Liu, 2013; Huang et al., 2009; Li et al., 2012; Liao et al., 2014; Liu, 2012; Moghadam and Helbich, 2013)。

1. 逐点对比法

逐点对比法是元胞自动机模型精度检验的最直观有效的方法，也是最常用的元胞自动机模型精度评估方法之一。它直接将元胞自动机模型的模拟结果与实际的土地利用空间数据进行叠加，就可以直观地了解到元胞自动机模型的模拟精度(Angel et al., 2011; Barredo et al., 2004; Cao et al., 2013; Kasanko et al., 2006; Li et al., 2013; Liu et al., 2008; Liu et al., 2014)。

首先将元胞自动机模型的模拟结果与杭州市 2005 年真实的土地利用情况进行叠加分析，可以得到各种情况下的模拟误差分布图(图 6-7)。

图 6-7 中，(a)是没有对元胞空间进行分区情况下直接利用 C5.0 决策树算法得到的元胞转换规则驱动元胞自动机模型进行土地利用变化模拟的结果误差图；(b)是采用空间聚类方法对元胞空间进行分区后，对不同的分区采用 C5.0 决策树算法获取元胞转换规则，然后驱动元胞自动机模型进行土地利用变化模拟的结果误差图；(c)是采用双约束空间聚类方法对元胞空间进行分区后，对不同的分区采用 C5.0 决策树算法获取元胞转换规则，然后驱动元胞自动机模型进行土地利用变化模拟的结果误差图；(d)采用双约束空间聚类方法对元胞空间进行分区并利用 C5.0 决策树算法获取各分区转换规则的同时，采用本书提出的元胞异步演化速率和异步演化间隔的计算方法得到元胞演化速率格网，然后驱动分区异步元胞自动机模型对土地利用变化进行模拟得到的误差结果图。从图 6-7 中可以看出，(a)~(d)，误差图上的误差区域不断变淡，这就意味着元胞自动模型的模拟结果不断提高。为了定量地对各种情况下元胞自动机模型的精度进行检验，采用元胞自动机模型

的混淆矩阵来定量描述元胞自动机模型的模拟精度。

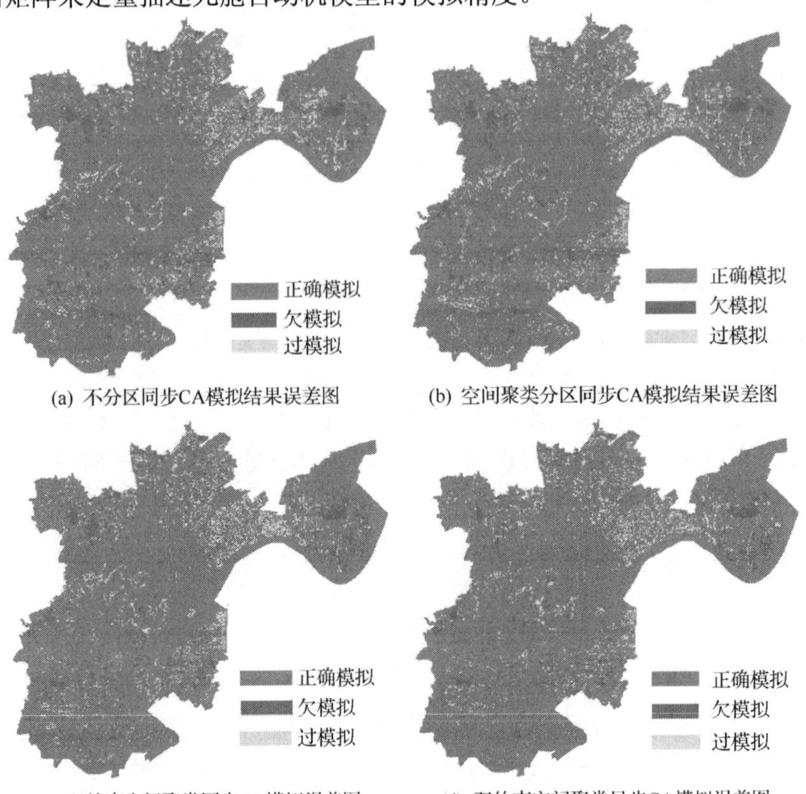

(a) 不分区同步CA模拟结果误差图　(b) 空间聚类分区同步CA模拟结果误差图

(c) 双约束空间聚类同步CA模拟误差图　(d) 双约束空间聚类异步CA模拟误差图

图 6-7　不同情况下的元胞自动机模型模拟结果误差图(彩图附后)

从表 6-1 可以看出，C5.0 决策树元胞自动机模拟结果中，城市用地的准确率为 85.16%，非城市用地的模拟准确率为 89.53%，总精度也高达 87.73%，可以满足城市用地变化的动态模拟。

表 6-1　不分区同步 CA 模拟结果与实际情况对比的混淆矩阵

		模拟结果		精度/%
		城市用地(元胞数)	非城市用地(元胞数)	
实际情况	城市用地(元胞数)	99250	17299	85.16
	非城市用地(元胞数)	17371	148571	89.53
总精度				87.73

从表 6-2 可以看出，分区转换规则元胞自动机模拟结果中，城市用地的准确率为 84.87%，非城市用地的模拟准确率为 89.27%，总精度也高达 87.45%，可以

满足城市用地变化的动态模拟。通过与基于 C5.0 决策树元胞自动机模型的模拟精度对比，发现分区转换规则元胞自动机模型模拟结果的逐点对比精度与基于 C5.0 决策树元胞自动机模型模拟结果的逐点对比精度相当。

表 6-2　基于空间聚类的分区同步 CA 模拟结果与实际情况对比的混淆矩阵

		模拟结果		精度/%
		城市用地（元胞数）	非城市用地（元胞数）	
实际情况	城市用地（元胞数）	98794	17617	84.87
	非城市用地（元胞数）	17827	148253	89.27
总精度				87.45

从表 6-3 可以看出，基于双约束空间聚类的元胞自动机模型模拟结果的精度要略高于基于空间聚类的元胞自动机模型的模拟精度。

表 6-3　基于双约束空间聚类的分区同步 CA 模拟结果与实际情况对比的混淆矩阵

		模拟结果		精度/%
		城市用地（元胞数）	非城市用地（元胞数）	
实际情况	城市用地（元胞数）	98776	17331	85.07
	非城市用地（元胞数）	17845	148539	89.28
总精度				87.55

从表 6-4 可以看出，基于双约束空间聚类的异步元胞自动机模型的模拟结果与前几种情况的元胞自动机模型相比，精度有明显的提高，城市用地的模拟精度高达 87.27%，非城市用地的模拟精度高达 91.04%，总精度也高达 89.49%。因此，我们可以得出结论，分区和异步可以很好地反映地理现象演变规律的空间异质性，以及地理过程演化速率的空间异质性，所以分区异步元胞自动机模型可以较大地提高元胞自动机模型进行土地利用模拟的精度。

表 6-4　基于双约束空间聚类的分区异步 CA 模拟结果与实际情况对比混淆矩阵

		模拟结果		精度/%
		城市用地（元胞数）	非城市用地（元胞数）	
实际情况	城市用地（元胞数）	101758	14840	87.27
	非城市用地（元胞数）	14863	151030	91.04
总精度				89.49

2. 整体对比法

整体对比法更关注模拟结果的总体结构和形态，可用紧凑度、分形维和 Moran I 指数来进行评价。在本章的精度评估中选择 Moran I 来进行空间格局相似性的度量。

Moran I 指数的定义为(王远飞和何洪林, 2007)：

设研究区域中存在 n 个面积单元，第 i 个单元上的观测值记为 y_i，观测变量在 n 个单元中的均值记为 $\bar{y}$，则 Moran I 指数可用下式来表示：

$$I = \frac{n}{\sum_{i=1}^{n}\left(y_i - \bar{y}\right)^2} \cdot \frac{\sum_{i=1}^{n}\sum_{j=1}^{n} W_{ij}\left(y_i - \bar{y}\right)\left(y_j - \bar{y}\right)}{\sum_{i=1}^{n}\sum_{j=1}^{n} W_{ij}} \tag{6-1}$$

式中，等号右边第二项 $\sum_{i=1}^{n}\sum_{j=1}^{n} W_{ij}\left(y_i - \bar{y}\right)\left(y_j - \bar{y}\right)$ 类似于方差，是最重要的项，事实上这是一个协方差，邻接矩阵 W 和 $\left(y_i - \bar{y}\right)\left(y_j - \bar{y}\right)$ 的乘积相当于规定 $\left(y_i - \bar{y}\right)\left(y_j - \bar{y}\right)$ 对相邻的单元进行计算。Moran I 指数的变化范围为(−1，1)。如果空间过程是不相关的，则 I 的期望接近于 0，当 I 取负值时，一般表示负自相关，I 取正值，则表示正的自相关。

Moran I 指数一般用来描述空间的自相关性。由于该指数也可以分析集中和分散的程度，它可以用来定量对比元胞自动机模拟结果和实际情况在空间格局方面的接近程度。Moran I 的最大值为 1，反映被描述现象呈最集中的情形。该值减小，反映现象分散程度增大。

这里，对杭州市 2005 年实际的土地利用情况，以及不同情况的元胞自动机模型模拟结果分别计算 Moran I 指数来对比它们的模拟结果在整体效果上的优劣。

从表 6-5 可以看出，随着元胞自动机模型从不分区同步、采用空间聚类进行分区、采用双约束空间聚类进行分区、双约束空间聚类异步的方式转换，模拟结果的 Moran I 指数与杭州市 2005 年实际土地利用情况的 Moran I 指数越来越接近，这说明，随着对元胞自动机模型的不断改进，元胞自动机模型对杭州市土地利用的模拟结果在整体形态和总体布局上也是逐步与杭州市 2005 年实际土地利用情况接近的。

表 6-5　Moran I 指数对比表

	杭州市2005年实际土地利用	不分区同步CA	基于空间聚类的分区CA	基于双约束空间聚类的分区CA	基于双约束空间聚类异步分区CA
Moran I	0.461	0.508	0.489	0.481	0.473

6.3.4　模型应用

从上面的分析可以看出，在不分区同步、基于空间聚类的分区同步、基于双约束空间聚类的分区同步，以及基于双约束空间聚类的分区异步等几种元胞自动机模型中，基于双约束空间聚类的分区异步元胞自动机模型具有最高的模拟精度，可以获得较好的模拟效果。因此，以杭州市2005年的实际城市用地为起点，利用本书提出的分区异步元胞自动机模型对杭州市2010年的土地利用情况进行了预测，预测结果如图6-8所示。

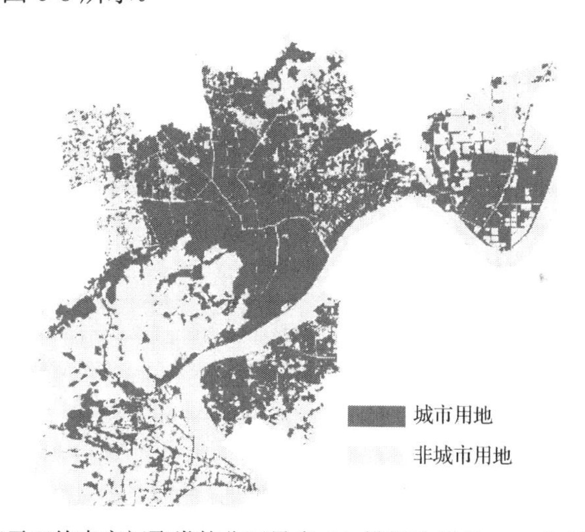

图 6-8　基于双约束空间聚类的分区异步 CA 模拟杭州市 2010 年城市用地结果图

6.4　小　　结

在前面几章对分区异步元胞自动机模型的总体框架、分区方法、转换规则获取方法，以及异步演化速率和异步演化间隔等问题进行讨论的基础上，本章讨论了分区异步元胞自动机模型实现的总体架构，给出了模型实现的软硬件环境，以及部分重要算法的实现思路。在此基础上，以杭州市2000~2005年的土地利用变化为例，采用本书提出的分区异步元胞自动机模型以杭州市2000年的土地利用情况为起点，模拟了杭州市2005年的土地利用情况，并且将模拟结果与杭州市2005年实际土地利用情况进行对比，对本书提出的元胞自动机模型进行精度评估。结果表明，随着元胞自动机模型从不分区同步到基于空间聚类的分区同步、基于双约束空间聚类的分区异步的改进，元胞自动机模型模拟结果的逐点对比精度和Moran I指数的准确性都是逐步提高的，尤其是引入元胞自动机模型的异步演化机制后，模型模拟结果的精度有明显的提高。

主要参考文献

柯新利, 邓祥征. 2010. 内嵌空间聚类算法的分区地理元胞自动机建模与应用. 地球信息科学学报, 12(3):365~371.

柯新利, 邓祥征, 刘成武. 2010. 基于分区异步元胞自动机模型的耕地利用布局优化——以武汉城市圈为例.地理科学进展, 29(11) : 1442~1450.

柯新利, 孟芬, 马才学, 等. 2014. 基于粮食安全与经济发展区域差异的土地资源优化配置——以武汉城市圈为例. 资源科学, 36(8):1572~1578.

黎夏, 叶嘉安, 刘小平, 等. 2007. 地理模拟系统：元胞自动机与多智能体.北京：科学出版社.

王远飞, 何洪林. 2007. 空间数据分析方法.北京：科学出版社.

Angel S, Parent J, Civco D L, Blei A, Poetere D. 2011. The dimensions of global urban expansion: Estimates and projections for all countries, 2000-2050. Progress in Planning, 75: 53~107.

Barcena J F, Camus P, Garcia A, Alvarez C. 2015. Selecting model scenarios of real hydrodynamic forcings on mesotidal and macrotidal estuaries influenced by river discharges using K-means clustering. Environmental Modelling & Software, 68: 70~82.

Barredo J I, Demichelli L, Lavalle C, Kasanko M, McCormick N. 2004. Modelling future urban scenarios in developing countries: an application case study in Lagos, Nigeria. EnvironMent and Plannign B: Planning and Design, 31(1): 65~84.

Cao M, Tang G A, Zhang F, Yang J. 2013. A cellular automata model for simulating the evolution of positive–negative terrains in a small loess watershed. International Journal of Geographical Information Science, 27(7): 1349~1363.

Dahal K R, Chow T E. 2015. Characterization of neighborhood sensitivity of an irregular cellular automata model of urban growth. International Journal of Geographical Information Science, (ahead-of-print), 1~23.

Feng Y, Liu Y. 2013. A heuristic cellular automata approach for modelling urban land-use change based on simulated annealing. International Journal of Geographical Information Science, 27(3):449~466.

Huang B, Xie C, Tay R, Wu B. 2009. Land-use-change modelling using unbalanced support-vector machines. Environment and Planning B: Planning and Design, 36: 398~416.

Kasanko M, Barredo Cano J I, Lavalle C, McCormick N, Demichelli L, Sagris V, Brezger A. 2006. Are European cities becoming dispersed. A comparative analysis of 15 European urban areas. Landsc. Urban Plan, 77(1-2): 111~130.

Li X, Liu Y, Liu X, Chen Y, Ai B. 2013. Knowledge transfer and adaptation for land-use simulation with a logistic cellular automaton. International Journal of Geographical Information Science, 27(10): 1829~1848.

Li X, Zhang Y, Liu X, Chen Y. 2012. Assimilating process context information of cellular automata into change detection for monitoring land use changes. International Journal of Geographical Information Science, 26(9):1667~1687.

Liao J, Tang L, Shao G, Qiu Q, Wang C, Zheng S, Su X. 2014. A neighbor decay cellular automata approach for simulating urban expansion based on particle swarm intelligence. International Journal of Geographical Information Science, 28(4): 720~738.

Liu X, Li X, Shi X, Wu S, Liu T. 2008. Simulating complex urban development using kernel-based non-linear cellular automata. Ecological Modelling, 211: 169~181.

Liu X, Ma L, Li X, Ai B, Li S, He Z. 2014. Simulating urban growth by integrating landscape expansion index (LEI) and cellular automata. International Journal of Geographical Information Science, 28(1): 148~163.

Liu Y. 2012. Modelling sustainable urban growth in a rapidly urbanising region using a fuzzy-constrained cellular automata approach. International Journal of Geographical Information Science, 26(1): 151~167.
Moghadam H S, Helbich M. 2013. Spatiotemporal urbanization processes in the megacity of Mumbai, India: A Markov chains-cellular automata urban growth model. Applied Geography, 40: 140~149.

第 7 章　分区异步元胞自动机模型尺度敏感性研究

7.1　地理元胞自动机的尺度问题

7.1.1　尺度问题的由来

尺度问题是地理学和生态学研究的关键问题，近年来受到了越来越多的关注。同时，尺度问题也是地理信息科学关注的重要问题，成为地理信息科学的优先研究领域之一(Mark et al., 1999)。地理信息是对地球表面及其现象的抽象与近似表达，由于研究对象的复杂性，这种近似表达不可能完整地表现地球表面及其现象的复杂性(UCGIS, 1996)。尺度是人们观察地理现象的窗口，所有的地理实体都是在特定的尺度范围内被观察和测量。因而，尺度不同，对地理现象的抽象和表达也会存在着差异。此外，由于很多地理现象以及地理规律只有在特定的尺度才会出现，因此，不同的尺度也会对地理信息的正确与否产生影响(Cao and Lam, 1997; 邬建国, 2000)。

虽然地理现象和地理规律都是客观存在的，是不以人的意志为转移的。但是人们对地理现象和地理规律的观测是依赖于一定的尺度的。因此，人们对地理现象和地理规律的认识也是依赖于地理尺度的。在某一尺度上可以观测到的地理现象在另外一个尺度上就可能无法观测到，在某一尺度上可以得到的地理规律在另外的尺度上可能就不适用了。因而，改变观测尺度，可能会使对有关地理现象和地理规律的表达出现不可预期的结果。因此，在对地理空间实体、地理现象、地理过程等进行观测、表达和分析时，应根据需要选择合适的尺度(黄慧, 2008; 张杰等, 2009)。

7.1.2　尺度效应

尺度效应是指在不同的空间或时间尺度下，事物表现出不同的规律，指某种现象在不同的空间/时间尺度下有着不同的规律性。地理现象是存在于特定的地理空间中的，它会随着时间的变化而发生变化。在不同的空间或时间尺度下，地理现象也会表现出一定的规律性。有研究表明，很多地理现象和地理规律都存在着明显的尺度依赖性，随着尺度的改变，这些地理现象或地理过程并非线性地变化(Goodchild and Quattrochi, 1997)。因此，在对地理现象或地理规律进行研究时，需要对其尺度效应进行分析，选择合理的尺度。

地理现象是复杂的，对地理现象的研究往往需要跨越很大的时间尺度和空间尺度。在时间尺度方面，有些地理现象的变化是瞬时的(如地震)，而有些地理现象的变化却是十分漫长的(如青藏高原的隆起)。在空间尺度方面，有些地理现象的变化涉及的空间范围很广(如土地利用/土地覆被变化)，而有些地理现象的变化在很小的空间尺度上发生(如土壤微生物对土壤性质的影响)。因此，对地理现象的研究要根据研究目的的不同选择不同的时间尺度和空间尺度。一般而言，可以通过概念、量纲和内容三个层次对地理现象进行表达和研究(王家耀, 2001)。因此，地理现象的多尺度特性也表现如下几方面(王家耀, 2001)：①概念尺度性，即对地理现象进行描述的概念是建立在一定的尺度基础之上的；②量纲多尺度，即对地理现象进行描述时所采用的测量单位具有尺度性，一般主要是指距离单位和时间长度单位；③内容多尺度，数据内容多尺度表现为属性变化的强弱幅度及内容的层次性。

7.1.3 地理元胞自动机模型的尺度问题

地理元胞自动机模型是元胞自动机模型在地理学中的应用，是复杂地理现象研究的有力工具。地理元胞自动机模型可以对复杂的地理现象进行模拟和预测，可以反演过去、预测未来(刘耀林等, 2004; 刘小平和黎夏, 2007; 张岩等, 2007; Batty et al.,1999)。借助地理元胞自动机模型，可以揭示复杂地理现象深层次的规律(Almeida et al., 2003; 罗平等, 2003; 黄光球等, 2007; 杨青生和黎夏, 2006)。一方面，由于借助地理元胞自动机模型可以对复杂的地理现象进行描述和模拟，因此，地理元胞自动机模型也被称作探索地理复杂现象的“虚拟实验室”。另一方面，由于地理实体自身的尺度特性以及人们观察问题和分析问题特有的尺度特征，地理元胞自动机模型在对地理现象或过程进行动态模拟时必然会受到尺度效应的影响和制约(周成虎等,1999; 黎夏等,2007; 黎夏和叶嘉安,2005; 邓祥征, 2008; 邓祥征等, 2009)。

地理元胞自动机模型中的尺度问题主要有两个方面。

1. 元胞尺度的划分

元胞是地理元胞自动机模型最基本的空间单元，元胞尺度是地理元胞自动机模型最基本的空间尺度。因此，元胞尺度的不同会对地理元胞自动机模型的模拟结果产生深刻的影响(尹长林等, 2008; 邓祥征和战金艳, 2004; 王远飞和何洪林,

2007)。元胞尺度的改变会引起元胞邻域、元胞转换规则等元胞自动机模型的重要参数发生变化，因而会产生完全不同的模拟结果。因此，元胞尺度的选择在地理元胞自动机模型中是至关重要的，它会直接影响到元胞自动机模型的运行效果。然而，当前对地理元胞自动机模型的元胞尺度问题的研究并不多见。对地理元胞自动机元胞尺度处理的比较常见的方法是直接采用数据的获取尺度作为地理元胞自动机的元胞尺度。例如，模拟数据从 TM 影像中获取，则元胞尺度就是 30m×30m。

2. 时间尺度

地理元胞自动机模型的时间尺度也就是元胞自动机模型的迭代步长与现实世界时间的对应关系。元胞自动机模型的时间尺度也会对元胞自动机模型的模拟结果产生影响，因而也是元胞自动机模型应该关注的问题之一。在目前的研究中，大多对时间尺度作近似的线性处理，也就是根据已知的数据确定元胞自动机模型迭代步长对应的真实时间，并将这一对应关系线性地外推到对未来地理现象的模拟之中。

本书主要讨论元胞自动机模型的前一种尺度问题，即分区异步元胞自动机模型的元胞尺度划分对模型模拟结果的影响，以及什么样的元胞尺度在地理现象变化模拟中是比较合理的。此外，本书还讨论了分区异步元胞自动机模型中异步演化速率求取速率格网划分对元胞自动机模型模拟结果的影响。

7.2 元胞尺度敏感性分析

采用地理元胞自动机模型进行土地利用变化等复杂地理现象演变的时空过程进行模拟时，空间尺度是一个非常重要的概念，模型的模拟结果会随着输入数据的空间尺度变化而发生变化。尹长林等以长沙市为例，基于 30m 分辨率的初始遥感影像土地利用解译数据及重采样后的 60m、90m、120m 分辨率的土地利用数据，分析了不同尺度下元胞自动机模型在城市增长模型的空间尺度特征及其尺度敏感性，发现在该研究区域元胞自动机模型仅在 30~60m 的尺度范围内城市增长模型才具有较高的模拟精度，并且在该范围内对尺度具有一定的敏感性(尹长林等, 2008)。

本书提出的分区异步元胞自动机模型先根据元胞之间的空间和非空间属性信息将元胞空间划分为相对匀值的若干个子区域，然后利用 C5.0 决策树方法对各个子区域求取元胞转换规则，在此基础上结合元胞异步演化间隔驱动元胞自动机模型对地理现象进行动态模拟。那么，在分区异步元胞自动机模型中元胞大小对元胞自动机模型的模拟结果会产生什么样的影响？是否会呈现出和传统的元胞自动机模型一样的尺度敏感性问题呢？

以杭州市土地利用变化为例，通过对元胞大小为50m的原始数据进行重采样，得到元胞大小分别为100m、150m和200m的数据。在此基础上，采用本书提出的分区异步元胞自动机模型在四个不同的尺度上对杭州市的土地利用变化进行了模拟，不同情况下的模拟结果见图7-1。

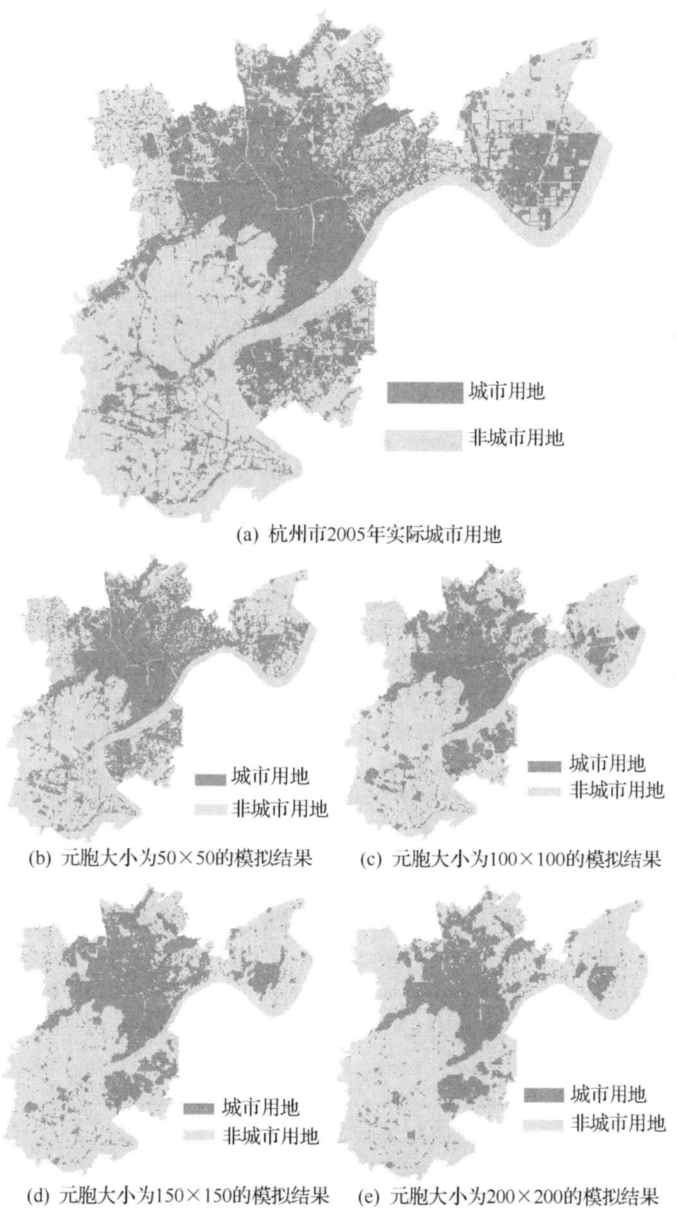

图7-1　不同元胞尺度的模拟结果

从图 7-1 中可以看出，随着元胞尺度的加大，从直观上看，模拟的结果与真实土地利用情况之间的差异也越来越大。为了定量分析这种差异，我们对每一个尺度的模拟结果进行精度评估，精度评估的结果如表 7-1~表 7-4 所示。

表 7-1　尺度为 50 时模拟结果与实际情况对比的混淆矩阵

		模拟结果		精度/%
		城市用地(元胞数)	非城市用地(元胞数)	
实际情况	城市用地(元胞数)	101758	14840	87.27
	非城市用地(元胞数)	14863	151030	91.04
总精度				89.49

表 7-2　尺度为 100 时模拟结果与实际情况对比的混淆矩阵

		模拟结果		精度/%
		城市用地(元胞数)	非城市用地(元胞数)	
实际情况	城市用地(元胞数)	20985	4198	83.33
	非城市用地(元胞数)	4203	40524	90.60
总精度				87.98

表 7-3　尺度为 150 时模拟结果与实际情况对比的混淆矩阵

		模拟结果		精度/%
		城市用地(元胞数)	非城市用地(元胞数)	
实际情况	城市用地(元胞数)	8955	1988	81.83
	非城市用地(元胞数)	1995	18046	90.05
总精度				87.14

表 7-4　尺度为 200 时模拟结果与实际情况对比的混淆矩阵

		模拟结果		精度/%
		城市用地(元胞数)	非城市用地(元胞数)	
实际情况	城市用地(元胞数)	3925	1155	77.26
	非城市用地(元胞数)	1156	11227	90.66
总精度				86.77

从表 7-1~表 7-4 中各尺度下元胞自动机模型模拟结果的混淆矩阵可以看出，

随着元胞尺度的加大，城市用地的模拟精度总体呈下降趋势，其中当尺度从 50m 增加到 100m 时，城市用地的模拟精度从 87.27%下降到 83.33%，下降的幅度高达 3.94%；当尺度从 100m 增加到 150m 时，城市用地的模拟精度下降并不是很明显；当尺度从 150m 增加到 200m 时，城市用地的模拟精度又有一次较大幅度的下降。模拟结果的总体精度与城市用地的模拟精度呈现出基本相同的规律。

另一方面，我们用 Moran I 指数来衡量各种元胞尺度情况下元胞自动机模型模拟结果在空间形态上的精度。各种不同元胞尺度下元胞自动机模型模拟结果的 Moran I 指数如表 7-5 所示。

表 7-5　不同元胞尺度下元胞自动机模型模拟结果的 Moran I 指数

元胞尺度	50	100	150	200
2005 年实际 Moran I	0.4612	0.3883	0.3434	0.3057
模拟结果 2005 年 Moran I	0.4734	0.4859	0.4803	0.4603

从表 7-5 中可以看出，随着元胞尺度的增加，模拟结果的 Moran I 指数与实际情况的 Moran I 指数的差异呈扩大的趋势。

从上面的分析可以看出，在分区异步元胞自动机模型中，元胞尺度对元胞自动机模型的模拟结果会产生较大的影响，并且模拟结果的精度对元胞尺度的敏感性并不是均匀的，在有的尺度上表现出较强的敏感性，而在有的尺度上，表现出来的敏感性却比较弱。

以元胞尺度为 200m 的情况为例，对元胞自动模型的元胞尺度敏感性产生的原因进行分析。元胞尺度为 200m 时，杭州市 2000 年土地利用情况、2005 年土地利用情况，以及分区异步元胞自动机模型模拟得到的杭州市 2005 年的土地利用情况如图 7-2 所示。

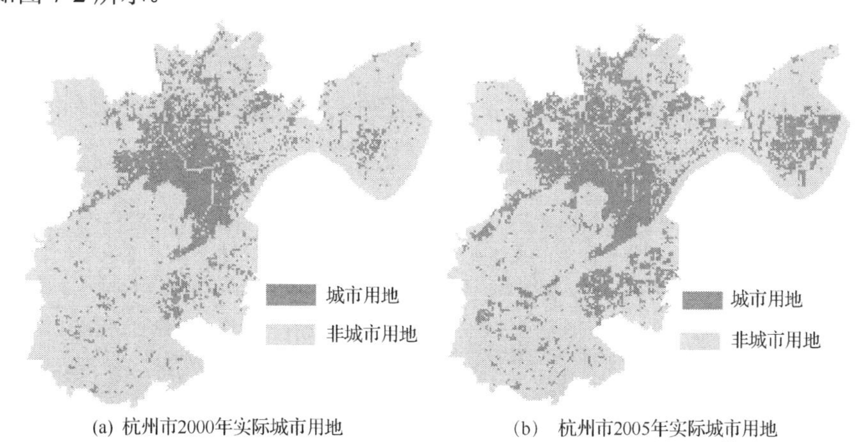

(a) 杭州市2000年实际城市用地　　(b) 杭州市2005年实际城市用地

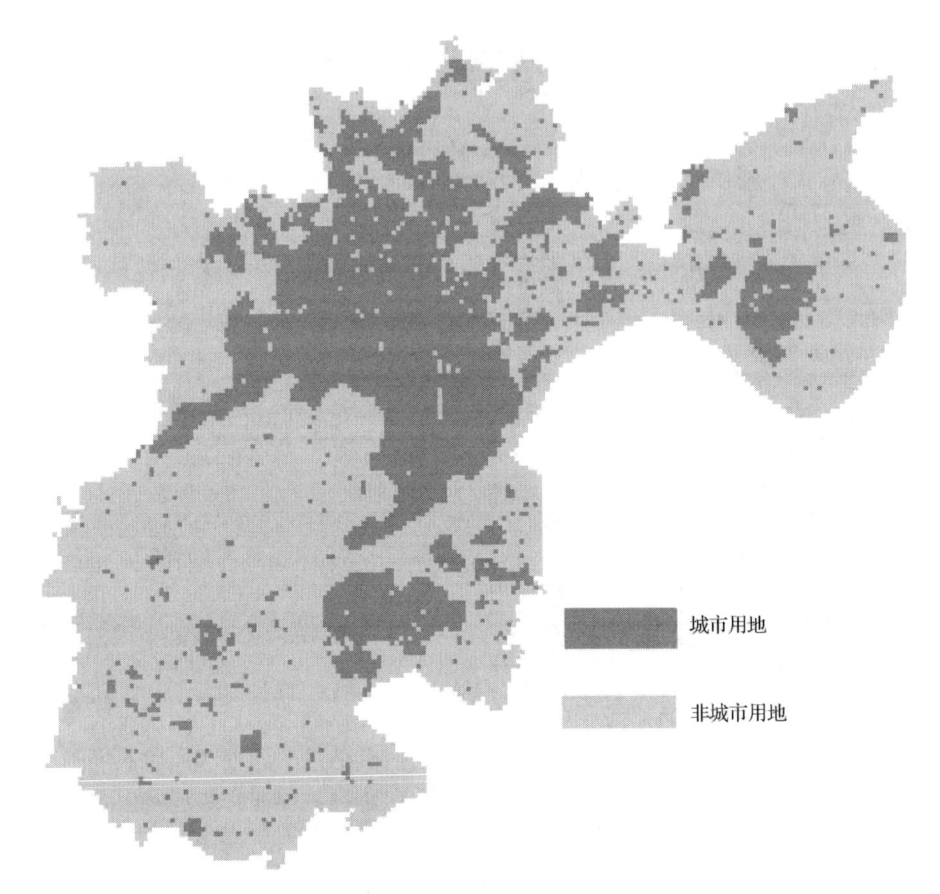

(c) 元胞尺度为200×200时杭州市2005年城市用地模拟结果

图 7-2　杭州市实际城市用地及尺度为 200 × 200 时模拟结果

从图 7-2 中不难发现，当元胞尺度增大时，孤立分布的元胞增多。元胞自动机模型转换规则的计算公式如下：

$$p_{d,ij}^{t}=[1+(-\ln\gamma)^{\alpha}]\times P_{g}\times \mathrm{con}(s_{ij}^{t})\times \Omega_{ij}^{t} \tag{7-1}$$

其中

$$\Omega_{ij}^{t}=\frac{\sum\limits_{3\times 3}(s_{ij}=\text{目标值})}{3\times 3-1}$$

从元胞自动机模型的转换公式可以看出，当元胞空间内孤立的元胞增多时，这些孤立元胞的邻域转换函数 Ω_{ij}^{t} 具有较低的值，从而元胞转换概率 $P_{d,ij}^{t}$ 也具有较低的值。正是这些孤立元胞的增多，使得元胞自动机模型在运行过程中这些孤立元胞周围的元胞很难发生演变，而实际上这种演变是存在的。

从上面的分析可以看出，在元胞尺度较大的情况下，单个元胞所代表的实际面积会增加，从而导致元胞空间中孤立元胞增多。这些孤立元胞具有较低的邻域函数值，进而使得这些孤立元胞的转换概率也具有较低的值，它们在元胞自动机模型的运行过程中很难发生演化，从而产生了较大的模拟误差。这一理论可以很好地解释随着元胞尺度增加，元胞自动机模型的模拟精度随之下降的现象。此外，由于在元胞尺度的变化过程中，只有元胞尺度在特定区间发生变化时，孤立元胞的数量才会有明显的变化，所以导致了元胞自动机模型的元胞尺度敏感性在有些尺度上表现比较明显，而在另外一些尺度上表现却不是很明显的现象发生。

7.3 速率格网尺度敏感性分析

在本书提出的分区异步元胞自动机模型中，不仅元胞尺度对模型的模拟结果会产生影响，而且速率格网的划分对模型的模拟结果也会产生影响。换言之，本书提出的分区异步元胞自动机模型中，不仅存在着元胞尺度的敏感性，而且还存在着速率格网的尺度敏感性。

本节讨论的分区异步元胞自动机模型的速率格网尺度敏感性主要包括两部分：速率格网划分的空间尺度对元胞自动机模型模拟结果的影响和速率格网划分的速率尺度对元胞自动机模型模拟结果的影响。

7.3.1 速率格网的空间尺度敏感性分析

速率格网的空间尺度敏感性是指速率格网划分的空间尺度改变对元胞自动机模型模拟结果的影响程度。为了说明速率格网的空间尺度敏感性，我们以杭州市土地利用变化动态模拟为例，在保持最大元胞演化间隔为 100 的情况下，分别采用10×10、20×20、40×40、80×80(单位为元胞个数)的大小划分速率格网，模拟得到了不同速率格网尺度下的元胞自动机模型模拟结果，结果见图 7-3。

从图 7-3 中观察可知，从直观上并不能很明显地区别四种尺度的速率格网对元胞自动机模型模拟结果造成的影响。为了进一步定量地分析不同尺度的速率格网划分对元胞自动机模型模拟结果的影响，分别计算不同尺度速率格网的模拟结果与 2005 年实际的杭州市土地利用情况的混淆矩阵，见表 7-6~表 7-9。

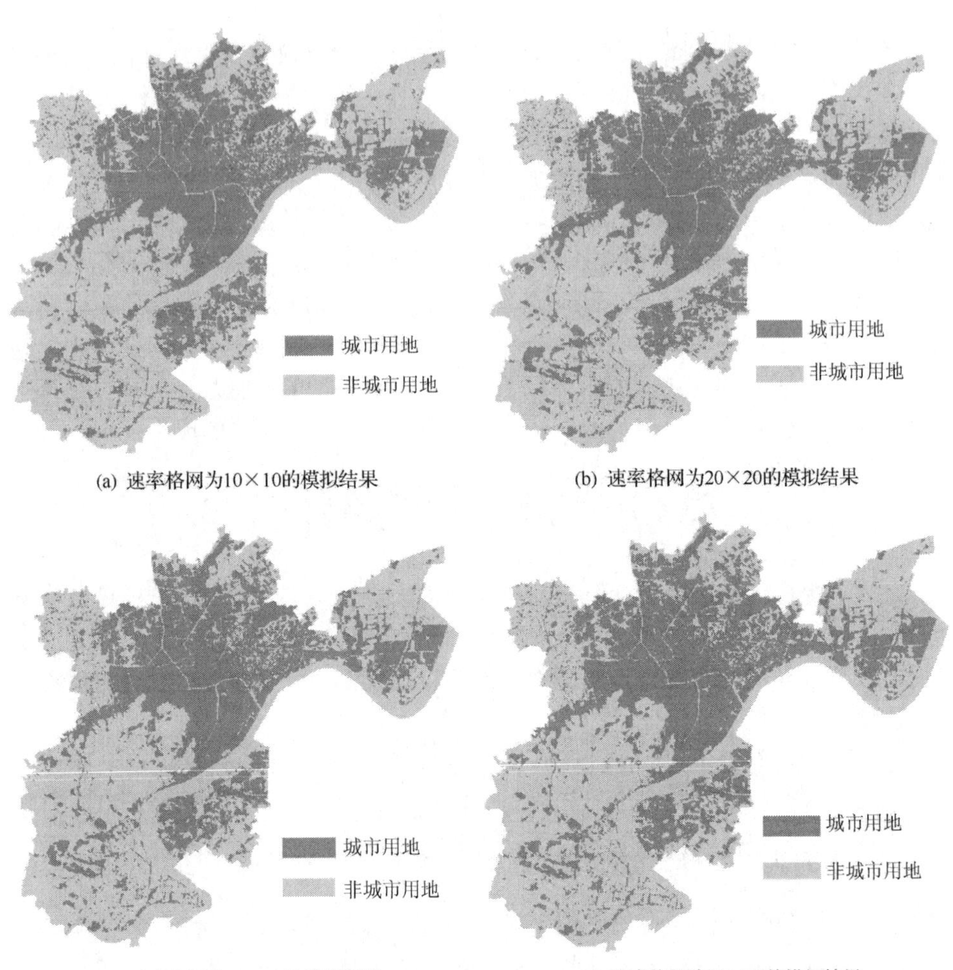

(a) 速率格网为10×10的模拟结果　(b) 速率格网为20×20的模拟结果

(c) 速率格网为40×40的模拟结果　(d) 速率格网为80×80的模拟结果

图 7-3　不同空间尺度速率格网下的模拟结果

表 7-6　速率格网为 10×10 时模拟结果与实际情况对比的混淆矩阵

		模拟结果		精度/%
		城市用地(元胞数)	非城市用地(元胞数)	
实际情况	城市用地(元胞数)	101758	14840	87.27
	非城市用地(元胞数)	14863	151030	91.04
总精度				89.49

表 7-7 速率格网为 20×20 时模拟结果与实际情况对比的混淆矩阵

		模拟结果		精度/%
		城市用地(元胞数)	非城市用地(元胞数)	
实际情况	城市用地(元胞数)	100603	16040	86.25
	非城市用地(元胞数)	16018	149830	90.34
总精度				88.65

表 7-8 速率格网为 40×40 时模拟结果与实际情况对比的混淆矩阵

		模拟结果		精度/%
		城市用地(元胞数)	非城市用地(元胞数)	
实际情况	城市用地(元胞数)	100107	16551	85.81
	非城市用地(元胞数)	16514	149319	90.04
总精度				88.30

表 7-9 速率格网为 80×80 时模拟结果与实际情况对比的混淆矩阵

		模拟结果		精度/%
		城市用地(元胞数)	非城市用地(元胞数)	
实际情况	城市用地(元胞数)	99673	16998	85.43
	非城市用地(元胞数)	16948	148872	89.78
总精度				87.98

由表 7-7~表 7-9 所示的混淆矩阵对比分析可得出，速率格网的空间尺度对元胞自动机模型模拟结果的影响程度明显小于元胞尺度对元胞自动机模型模拟结果的影响程度。这是因为速率格网的划分并不会使元胞空间产生很多孤立的元胞，所以对元胞自动机模型的影响程度要明显小于元胞尺度对元胞自动机模型模拟结果造成的影响。同时，也可以看出，速率格网划分的空间尺度对元胞自动机模型模拟结果的影响是存在的。随着速率格网划分的空间尺度增大，精度也随之降低，这一规律是十分明显的。这主要是因为，当速率格网划分的空间尺度增大后，速率格网的各个网格包含的空间范围也相应增加，网格内包含的元胞数目也增加，也即演化速率被平均化的程度加剧，从而使得元胞自动机模型的模拟精度随着速率格网空间尺度的增加而减小。容易推出，当整个元胞空间被划分到同一个速率格网中后，速率格网再增加对元胞自动机模型的模拟结果不再产生影响。

7.3.2 速率格网的速率尺度敏感性分析

速率格网的速率尺度敏感性是指速率格网的最大演化间隔与最小演化间隔之差对分区异步元胞自动机模型模拟结果的影响。为了说明速率格网的速率尺度敏感性，本书以杭州市土地利用变化为例，在保持速率格网划分的空间尺度为10×10(单位为元胞个数)不变的情况下，给定最小元胞演化间隔为1、最大元胞演化间隔分别为11、21、41、81，采用本书提出的基本空间数据挖掘的分区异步元胞自动机模型对杭州市2000~2005年的土地利用变化进行了模拟，模拟结果如图7-4所示。

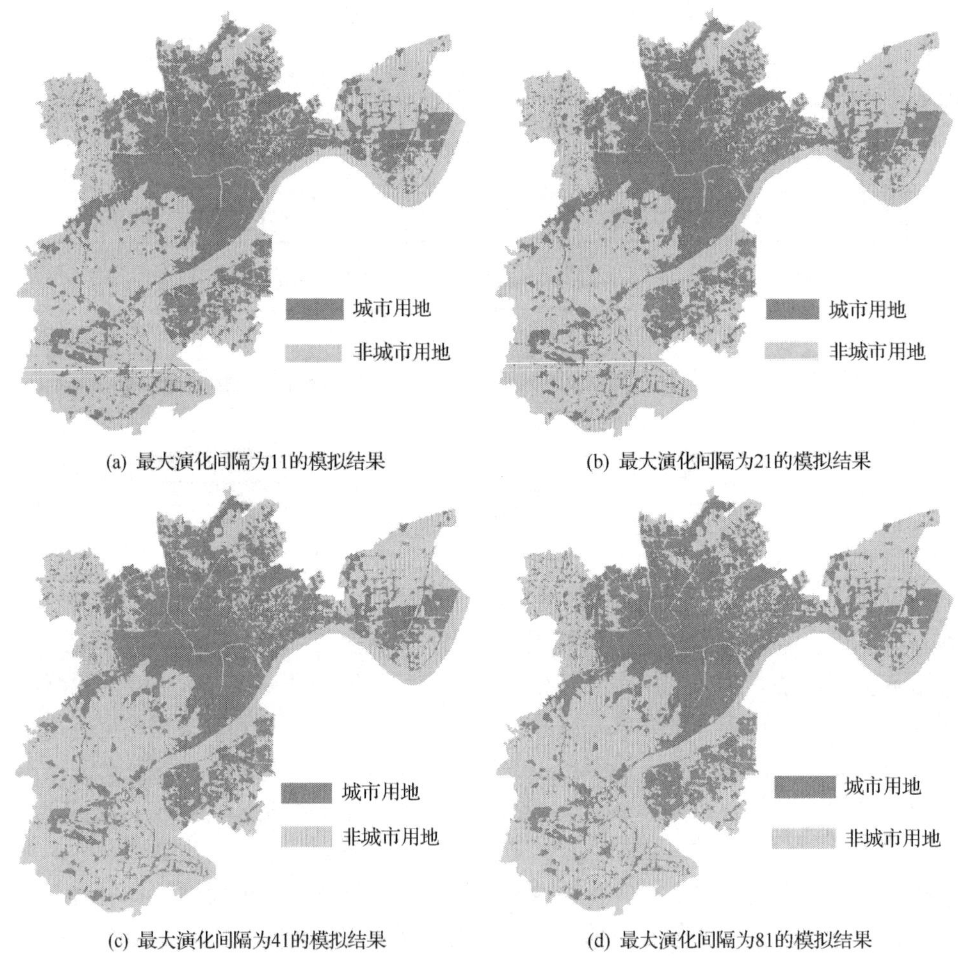

图7-4 不同速率尺度下模拟结果

同样的，从图7-4中并不能很明显地分辨最大元胞演化间隔与最小元胞演化间隔的不同对元胞自动机模型模拟结果的影响。为了定量地说明最大元胞演化间隔与最小元胞演化间隔的不同对元胞自动机模型模拟结果的影响，我们对上述四种不同情况下的元胞自动机模拟结果进行精度评价，得到表 7-10~表 7-13 所示的混淆矩阵。

表 7-10　最大元胞演化间隔为 11 时模拟结果与实际情况对比的混淆矩阵

		模拟结果		精度/%
		城市用地(元胞数)	非城市用地(元胞数)	
实际情况	城市用地(元胞数)	100329	16297	86.03
	非城市用地(元胞数)	16292	149573	90.18
总精度				88.46

表 7-11　最大元胞演化间隔为 21 时模拟结果与实际情况对比的混淆矩阵

		模拟结果		精度/%
		城市用地(元胞数)	非城市用地(元胞数)	
实际情况	城市用地(元胞数)	100860	15913	86.37
	非城市用地(元胞数)	15761	149957	90.49
总精度				88.79

表 7-12　最大元胞演化间隔为 41 时模拟结果与实际情况对比的混淆矩阵

		模拟结果		精度/%
		城市用地(元胞数)	非城市用地(元胞数)	
实际情况	城市用地(元胞数)	101085	15589	86.64
	非城市用地(元胞数)	15536	150281	90.63
总精度				88.98

表 7-13　最大元胞演化间隔为 81 时模拟结果与实际情况对比的混淆矩阵

		模拟结果		精度/%
		城市用地(元胞数)	非城市用地(元胞数)	
实际情况	城市用地(元胞数)	101091	15604	86.63
	非城市用地(元胞数)	15530	150266	90.63
总精度				88.98

从表 7-10~表 7-13 这四个混淆矩阵可以得出，最大元胞演化间隔与最小元胞演化间隔之差对元胞自动机模型模拟结果的影响程度不是很大，但是两者之间的关系却十分明确。在最小元胞演化间隔不变的情况下，随着最大元胞演化间隔的增加，元胞自动机模型的模拟结果精度随之增加。这是因为，最大元胞演化间隔和最小元胞演化间隔之差越大则所求得的速率格网中每一个网格的演化间隔越精确，因而随着最大元胞演化间隔和最小元胞演化间隔之差的增加，元胞自动机模型模拟结果的精度也随之增加。

7.4 小　结

地理元胞自动机模型是对地理现象和地理过程进行动态模拟的有力工具，由于地理实体自身的尺度特性，以及人们观察问题和分析问题特有的尺度特征，地理元胞自动机模型在对地理现象和地理过程进行动态模拟时必然会受到尺度效应的影响和制约。本章在阐述地理元胞自动机模型尺度问题基本理论的基础上，讨论了本书提出的分区异步元胞自动机模型在两个方面的尺度问题：①元胞大小对元胞自动机模型模拟精度的影响；②速率格网的尺度对模型模拟结果的影响。其中速率格网的尺度对模型模拟结果的影响分为速率格网的空间尺度对模型模拟结果的影响和速率格网的速率尺度对元胞自动机模型模拟结果的影响。结果表明：①元胞尺度对元胞自动机模型的模拟结果会产生较大的影响，并且模拟结果的精度对元胞尺度的敏感性并不是均匀的，在有的尺度上表现出较强的敏感性，而在有的尺度上，表现出来的敏感性却比较弱。这主要是因为当元胞尺度增大时，导致元胞空间中孤立元胞增多，而这些孤立元胞在元胞自动机模型的运行过程中很难发生演化，从而产生的模拟误差较大。②速率格网的空间尺度对元胞自动机模型的模拟结果的影响程度明显小于元胞尺度对元胞自动机模型模拟结果的影响程度，但影响的关系十分明显，随着速率格网空间尺度的增加，元胞自动机模型模拟结果的精度逐渐下降。③最大元胞演化间隔与最小元胞演化间隔之差对元胞自动机模型模拟结果的影响程度不是很大，但是两者之间的关系却十分明确。在最小元胞演化间隔不变的情况下，随着最大元胞演化间隔的增加，元胞自动机模型的模拟结果精度随之增加。

主要参考文献

邓祥征. 2008. 土地系统动态模拟. 北京：中国大地出版社.

邓祥征，林英志，黄河清. 2009. 土地系统动态模拟方法进展. 生态学杂志，28(10)：2123～2129.

邓祥征，战金艳. 2004. 中国北方农牧交错带土地利用变化驱动力的尺度效应分析.地理与地理信息科学，20(3)：64～68.

黄光球, 汪晓海, 陈惠明. 2007. 基于元胞自动机的地下矿火灾蔓延仿真方法.系统仿真学报, 19(1): 201～205.
黄慧. 2008. 基于本体的多尺度空间数据模型及其一致性研究. 武汉: 武汉大学博士学位论文.
黎夏, 叶嘉安. 2005. 基于神经网络的元胞自动机及模拟复杂土地利用系统. 地理研究, 24(1): 19～27.
黎夏, 叶嘉安, 刘涛, 等. 2007. 元胞自动机在城市模拟中的误差传递与不确定性的特征分析. 地理研究, 26(3): 443～451.
刘小平, 黎夏. 2007. Fisher 判别及自动获取元胞自动机的转换规则.测绘学报, 36(1): 112～118.
刘耀林, 刘艳芳, 明冬萍. 2004. 基于灰色局势决策规则的元胞自动机城市扩展模型. 武汉大学学报. 信息科学版, 29(1): 7～13.
罗平, 杜清运, 何素芳. 2003. 人口密度模型与 CA 集成的城市化时空模拟实验.测绘科学, 28(1): 18～21.
王家耀. 2001. 空间信息系统原理. 北京: 科学出版社.
王远飞, 何洪林. 2007. 空间数据分析方法. 北京: 科学出版社.
邬建国. 2000. 景观生态学——格局、过程、尺度与等级. 北京: 高等教育出版社.
杨青生, 黎夏. 2006. 基于支持向量机的元胞自动机及土地利用变化模拟. 遥感学报, 10(6): 836～846.
尹长林, 张鸿辉, 游胜景, 等. 2008. 元胞自动机城市增长模型的空间尺度特征分析. 测绘科学, 33(5): 78~80.
张杰, 周寅康, 李仁强, 等. 2009. 土地利用/覆盖变化空间直观模拟精度检验与不确定性分析——以北京都市区为例. 中国科学 D 辑: 地球科学, 39(11): 1560~1569.
张岩, 陈云浩, 李京. 2007. 人口条件约束下的城市元胞自动机模型研究.中国图象图形学报, 12(8): 1483～1488.
周成虎, 孙战利, 谢一春. 1999. 地理元胞自动机模型研究. 北京: 科学出版社.
Almeida C M D, Batty M, Almeida CMD,Batty M,Monteiro AMV, et al. 2003. Stochastic cellular automata modeling of urban land use dynamics. Computer, Environment and Urban Systems, 27: 481～509.
Batty M, Xie YC, Sun ZL. 1999. Modeling urban dynamics through GIS-based cellular automata. Computers, Environment and Urban Systems, 23: 205～233.
Cao C, Lam N S. 1997. Understanding the Scale and Resolution Effects in Remote Sensing and GIS. In: Quattrochi D A and Goodchild M F. Scale in Remote Sensing and GIS. Lewis Publishers, Boca Raton, FL, PP. 57~72.
Goodchild M F, Quattrochi D A. 1997. Scale, Multiscaling, Romote Sensing, and GIS. In: Scale in Remote Sensing and GIS. Lewis Publishers, Boca Raton, FL,1~14.
Mark D M, Freksa C, Hirtle S C, et al. 1999. Cognitive Model of Geographical Space. INT. J. Geographical Information Science, 13(8): 747~774.
UCGIS. 1996. Research priorities for geographical information science. Cartography and Geographic Information Systems, 23(3):115~127.

第8章　分区异步元胞自动机模型总结与展望

8.1　分区异步元胞自动机模型构建总结

元胞自动机具有较强的时空过程的演化能力，近年来已经成为地理现象和地理过程时空动态演化的强有力的工具(Angel et al., 2011; Barredo et al., 2004; Dahal and Chow, 2014; Huang et al., 2009; Li et al., 2013; Liu, 2012; 柯新利和边馥苓,2010; 刘小平等, 2009)，很多学者利用元胞自动机模型对地理现象和地理过程进行了模拟，取得了许多有意义的研究成果(Almeida et al., 2008; Barcena et al., 2015; Cao et al, 2015; Feng and Liu, 2013; Kasanko et al., 2006; Li et al., 2012; Liu et al., 2014; Moghadam and Helbich, 2013; 邱炳文和陈崇成, 2008; 柯新利等, 2014a)。但目前大多数元胞自动机模型在运行过程中，整个元胞空间的所有元胞都采用相同的元胞演化规则和相同的速率进行演化(Akkas et al., 2015; Cao et al., 2015; Friedl and Brodley, 1997; Liu et al., 2008; Arsanjani et al., 2013; Dahal and Chow, 2015; García et al., 2013; Liao et al., 2014; 柯新利等，2014b, 2015)，忽略了地理现象的空间异质性,以及地理过程演化速率的空间差异性，因而限制了元胞自动机模型模拟精度的提高。为了克服元胞自动机模型的这一缺陷，本书提出了分区异步元胞自动机模型，并对模型的关键问题进行了研究。具体包括六方面。

1. 构建了分区异步元胞自动机模型的框架

目前大多数元胞自动机模型在模拟动态地理过程时，在整个元胞空间中的每一个元胞都采用相同的转换规则和相同的演化速率进行演化，忽略了地理现象分布的空间异质性和地理过程演化速率的空间差异性，从而制约了元胞自动机模型模拟精度的提高。针对这一问题，本书提出了分区异步元胞自动机模型，根据空间和非空间属性信息的差别，将整个元胞空间划分为若干个性质相对一致、空间上相互邻接的分区，对不同的分区分别求取元胞转换规则，在一定程度上保证该分区的元胞转换规则能较好地体现该分区的地理现象演变规律；采用规则格网划分的方法在整个元胞空间范围内生成元胞演化速率格网，分别求取每个网格的元胞演化速率和元胞演化间隔，保证每一个网格内的元胞具有相对一致的元胞演化速率。通过分区和异步两个措施，可以保证元胞自动机模型的演化规律符合地理现象分布的空间异质性，以及地理过程演化速率的空间差异性，因而可以进一步提高元胞自动机模型的模拟精度。

2. 研究了基于空间聚类和双约束空间聚类的元胞空间分区

将整个元胞空间划分为若干个性质相对一致、空间上相互邻接的分区是分区异步元胞自动机模型的关键问题之一，分区效果的好坏直接影响到元胞自动机模型的模拟结果。本书讨论了采用仅考虑空间距离的空间聚类对元胞空间进行分区，以及既考虑空间距离又考虑非空间属性信息的双约束空间聚类两种方式对元胞空间进行分区。结果表明，仅考虑空间距离的空间聚类对元胞空间的分区可以得到在空间上连续的若干个分区，分区的空间连续性强，但是没有考虑到空间对象的非空间属性信息，因而分区内的地理现象的演变规律可能会存在差异；基于双约束空间聚类对元胞空间进行分区既考虑了空间对象空间位置的邻近性，又考虑了空间对象非空间属性信息的相似性，因而得到的分区不仅在空间上是集中连片的，而且各分区内具有相对一致的地理演变规律。

3. 研究了基于 C5.0 决策树算法的元胞转换规则获取

元胞转换规则的定义与获取是元胞自动机模型研究的核心问题。C5.0 决策树算法可以获得数据中的结构化信息，所获取的决策树结构清晰，易于理解，很适合用来获取地理元胞自动机模型的元胞转换规则。本书讨论了用 C5.0 算法获取元胞转换规则的原理和流程。由于在用 C5.0 决策树算法获取元胞转换规则时，采样率对结果会产生较大的影响，因此本书还对采样率的确定方法进行了探讨。在此基础上，本书利用 C5.0 决策树算法对不同分区方式下的元胞转换规则进行了计算，结果表明：分区与否、分区算法的不同对元胞转换规则会产生较大的影响，进而影响到元胞自动机模型的模拟结果。

4. 研究了分区异步元胞自动机模型的异步演化速率的获取

地理过程的演变速率存在着空间差异性。因此，本书提出了异步元胞自动机模型。在异步元胞自动机模型中，元胞空间内的元胞可以有不同的演化速率。本书深入地探讨了异步元胞自动机模型的元胞演化速率，提出了元胞演化速率的定义和计算方法，并结合元胞自动机模型的特点，进一步提出了元胞演化间隔的定义和计算方法。在此基础上，阐述了异步元胞自动机模型的元胞演化速率和元胞演化间隔的获取流程和方法，讨论了异步元胞自动机模型中速率格网的尺度，以及最大元胞演化间隔这两个参数对元胞演化速率格网的影响。结果表明：一方面，速率格网的网格尺寸对元胞演化间隔栅格的结果会产生较大的影响，随着网格尺寸的增加，元胞演化间隔栅格的概括程度会越来越大，并且，同一区域的元胞演化间隔有变小的趋势；另一方面，随着最大元胞演化间隔的增大，元胞演化间隔栅格中的细节信息逐渐增加，但当最大元胞演化间隔增加到一定程度时，元胞演化间隔栅格中的细节信息增加将变得不再明显。

5. 实现了分区异步元胞自动机模型

根据分区异步元胞自动机模型的总体框架、分区方法、转换规则获取方法，以及异步演化速率和异步演化间隔获取方法等，提出了分区异步元胞自动机模型实现的总体架构，给出了模型实现的软硬件环境，以及部分重要算法的实现思路。并以杭州市土地利用变化模拟为例，对本书提出的分区异步元胞自动机模型进行了验证。结果表明，随着元胞自动机模型从不分区同步到基于空间聚类的分区同步、基于双约束空间聚类的分区异步的改进，元胞自动机模型模拟结果的逐点对比精度和 Moran I 指数的准确性都是逐步提高的，尤其是引入元胞自动机模型的异步演化机制后，模型模拟结果的精度有了明显的提高。

6. 分析了分区异步元胞自动机模型的尺度敏感性

由于地理实体自身的尺度特性，以及人们观察问题和分析问题特有的尺度特征，地理元胞自动机模型在对地理现象和地理过程进行动态模拟时必然会受到尺度效应的影响和制约。本书分析了分区异步元胞自动机模型两个方面的尺度问题：元胞尺度对地理元胞自动机模型模拟结果的影响和速率格网的尺度对模型模拟结果的影响，其中速率格网的尺度对模型模拟结果的影响分为速率格网的空间尺度对模型模拟结果的影响和速率格网的速率尺度对元胞自动机模型模拟结果的影响。结果表明：①元胞尺度对元胞自动机模型的模拟结果产生的影响较大，并且模拟结果的精度对元胞尺度的敏感性并不是均匀的，在有的尺度上表现出的敏感性较强，而在有的尺度上，表现出来的敏感性却比较弱。这主要是因为当元胞尺度增大时，导致元胞空间中孤立元胞增多，而这些孤立元胞在元胞自动机模型的运行过程中很难发生演化，从而产生的模拟误差较大。②速率格网的空间尺度对元胞自动机模型的模拟结果的影响程度明显小于元胞尺度对元胞自动机模型模拟结果的影响程度，但影响的关系十分明显，随着速率格网空间尺度的增加，元胞自动机模型模拟结果的精度逐渐下降。③最大元胞演化间隔与最小元胞演化间隔之差对元胞自动机模型模拟结果的影响程度不是很大，但是两者之间的关系却十分明确。在最小元胞演化间隔不变的情况下，随着最大元胞演化间隔的增加，元胞自动机模型的模拟结果精度随之增加。

8.2 研究展望

本书提出的分区异步元胞自动机模型针对地理现象和地理过程的空间异质性提出了对元胞空间分区的思想，针对地理现象演变速率的空间差异性提出了元胞异步演化的思想，可以从一定程度上提高元胞自动机模型的模拟精度，克服当前元胞自动机模型模拟复杂地理现象存在的缺陷。但是采用元胞自动机模型对复杂的地理现象进行模拟是一项十分复杂的科学课题。本书的研究成果及提出的解决方案仅是这一复杂科学课题的有限方面。在地理元胞自动机模型研究中，还有很多问题需要进一步的思考和深入的研究。在本书的基础上，还应该在以下四方面作进一步的探讨和深入的研究。

(1)进一步研究异步元胞自动机模型的速率格网的划分方法。采用空间数据挖掘的方法，研究采用不规则格网进行异步元胞自动机模型速率格网的划分，使异步元胞自动机模型的速率格网更加客观合理地反映地理现象和地理过程演变速率的空间差异性。

(2)对地理元胞自动机模型在较大区域较长时间的地理现象模拟进行深入的研究。当前大多数地理元胞自动机模型都是针对较小区域内较短时间间隔的地理现象和地理过程进行动态模拟。分区异步元胞自动机模型考虑了地理现象和地理过程的空间异质性和地理现象，以及地理过程演变速率的空间差异性，为较大区域较长时间的地理现象和地理过程的模拟提供了思路，但仍然需要对较大区域较长时间的地理现象和地理过程模拟作深入的研究，发现它的特殊矛盾，并提出更好的解决方法。

(3)进一步研究元胞自动机模型的模拟精度评估方法。目前大多数对元胞自动机模型模拟结果的评估都是采用逐点对比精度和 Moran I 指数。这两种评估方法可以从一定程度上反映元胞自动机模型模拟结果的准确性，但是需要对元胞自动机模型模拟精度的评估进行更加深入的研究和讨论，提出更加科学合理的精度评估方法。

(4)进一步加强元胞自动机模型与其他模型的集成研究。元胞自动机模型是一个开放的集成模型框架，只有和其他模型结合才能取得比较好的模拟效果。当前，尤其要加强元胞自动机模型的多智能体模型，以及各种人工智能模型的集成，进一步提高元胞自动机模型的模拟精度和可靠性。

主要参考文献

柯新利, 边馥苓. 2010. 基于空间数据挖掘的分区异步元胞自动机模型. 中国图象图形学报, 15(6):921~930.

柯新利, 孟芬, 马才学. 2014a. 基于粮食安全与经济发展区域差异的土地资源优化配置——以武汉城市圈为例. 资源科学, 36(8): 1572~1578.

柯新利, 杨柏寒, 刘适, 等. 2014b. 基于土地利用效率区域差异的建设用地区际优化配置——以武汉城市圈为例. 长江流域资源与环境, 23(11): 1502~1509.

柯新利, 杨柏寒, 丁璐, 等. 2015. 基于目标责任区际优化的耕地保护补偿. 中国人口·资源与环境, 25(1): 142~151.

刘小平, 黎夏, 陈逸敏,等. 2009. 景观扩张指数及其在城市扩展分析中的应用.地理学报， 64(12):1430~1438.

邱炳文, 陈崇成. 2008. 基于多目标决策和 CA 模型的土地利用变化预测模型及其应用. 地理学报, 63(2):165~174.

Akkas E, Akin L, Cubukcu H E, et al. 2015. Application of decision tree algorithm for classification and identification of natural minerals using SEM-EDS. Computers & Geosciences，80：38~48.

Almeida CM, Gleriani J M, Castejon E F, et al. 2008. Using neural networks and cellular automata for modelling intra-urban land-use dynamics. International Journal of Geographical Information Science, 22：943~963.

Angel S, Parent J, Civco D L, et al. 2011. The dimensions of global urban expansion: Estimates and projections for all countries, 2000-2050. Progress in Planning, 75：53~107.

Arsanjani J J, Helbich M, Kainz W, et al. 2013. Integration of logistic regression, Markov chain and cellular automata models to simulate urban expansion. International Journal of Applied Earth Observation and Geoinformation, 21：265~275.

Barcena J F, Camus P, Garcia A, et al. 2015. Selecting model scenarios of real hydrodynamic forcings on mesotidal and macrotidal estuaries influenced by river discharges using K-means clustering. Environmental Modelling & Software，68(2015)：70~82.

Barredo J I, Demichelli L, Lavalle C, et al. 2004. Modelling future urban scenarios in developing countries: An application case study in Lagos, Nigeria. EnvironMent and Plannign B: Planning and Design，31(1)： 65~84.

Cao M, Tang G A, Shen Q, et al. 2015. A new discovery of transition rules for cellular automata by using cuckoo search algorithm. International Journal of Geographical Information Science, 1~19.

Cao M, Tang G A, Zhang F, et al. 2013. A cellular automata model for simulating the evolution of positive–negative terrains in a small loess watershed. International Journal of Geographical Information Science, 27(7)：1349~1363.

Dahal K R, Chow T E. 2014. An agent-integrated irregular automata model of urban land-use dynamics. International Journal of Geographical Information Science, 28(11)：2281~2303.

Dahal K R, Chow T E. 2015. Characterization of neighborhood sensitivity of an irregular cellular automata model of urban growth. International Journal of Geographical Information Science, (ahead-of-print)：1~23.

Feng Y, Liu Y. 2013. A heuristic cellular automata approach for modelling urban land-use change based on simulated annealing. International Journal of Geographical Information Science, 27(3)：449~466.

Friedl M A, Brodley C E. 1997. Decision tree classification of land cover from remotely sensed data. Remote Sensing of Environment ,61：399~409.

García A M, Santé I, Boullón M, et al. 2013. Calibration of an urban cellular automaton model by using statistical techniques and a genetic algorithm. Application to a small urban settlement of NW Spain. International Journal of Geographical Information Science, 27(8)：1593~1611.

Huang B, Xie C, Tay R, et al. 2009. Land-use-change modelling using unbalanced support-vector machines. Environment and Planning B: Planning and Design, 36：398~416.

Kasanko M, Barredo Cano JI, Lavalle C, et al. 2006. Are European cities becoming dispersed. A comparative analysis of 15 European urban areas. Landsc. Urban Plan, 77(1-2)：111~130.

Li X, Liu Y, Liu X, et al. 2013. Knowledge transfer and adaptation for land-use simulation with a logistic cellular automaton. International Journal of Geographical Information Science, 27(10)：1829~1848.

Li X, Yeh A G. 2004. Data mining of cellular automata's transition rules. International Journal of Geographical Information Science，18(8)：723~744.

Li X，Yeh A G O. 2002. Neural-network-based cellular automata for simulating multiple land use changes using GIS. International Journal of Geographical Information Science, 16：323~343.

Li X, Zhang Y, Liu X, et al. 2012. Assimilating process context information of cellular automata into change detection for monitoring land use changes. International Journal of Geographical Information Science, 26(9)：1667~1687.

Liao J, Tang L, Shao G, et al. 2014. A neighbor decay cellular automata approach for simulating urban expansion based on particle swarm intelligence. International Journal of Geographical Information Science, 28(4)：720~738.

Liu J, Liu M, Zhuang D. 2010. Spatial pattern analysis of China's recent land-use change. Chinese Science, 32: 1031~1040.

Liu J, Zhang Z, Xu X, et al. 2010. Spatial patters and driving forces of land use change in China during the early 21st century. Journal of Geographical Sciences，20(4)：483~494.

Liu X, Ma L, Li X, et al. 2014. Simulating urban growth by integrating landscape expansion index (LEI) and cellular automata. International Journal of Geographical Information Science, 28(1)：148~163.

Liu X., Li X, Shi X, Wu S, et al. 2008. Simulating complex urban development using kernel-based non-linear cellular automata. Ecological Modelling, 211：169~181.

Liu Y. 2012. Modelling sustainable urban growth in a rapidly urbanising region using a fuzzy-constrained cellular automata approach. International Journal of Geographical Information Science, 26(1)：151~167.

Moghadam H S, Helbich M. 2013. Spatiotemporal urbanization processes in the megacity of Mumbai, India: A Markov chains-cellular automata urban growth model. Applied Geography, 40：140~149.

下篇　分区异步元胞自动机的模型应用

第9章 基于分区异步元胞自动机模型的耕地区际优化布局

9.1 引 言

我国正处在工业化、城市化发展的高速阶段，城镇建设用地扩张与耕地保护的矛盾是我国在这一阶段面临的基本矛盾。因此，在城镇化的高速发展阶段维持耕地总量平衡，是实现我国土地资源可持续利用和社会经济可持续发展的必然要求。当前，一方面，我国快速城镇化进程中城市人口的增长与城市基础设施的建设需要大量的建设用地作为支撑，从而对城市周边的耕地产生了巨大压力。另一方面，粮食安全和人民生活水平的提高是我国社会经济发展的核心目标，需要一定数量的耕地作支撑。因此，我国必须长期坚持耕地保护这一基本国策。

各城市之间在发展目标、资源禀赋和经济基础等方面存在着较大的差异，使得耕地资源的空间布局及其向建设用地的转移也存在显著的区际差异，突出体现为经济发达地区耕地转移需求旺盛，欠发达地区耕地转化效率低下(陈江龙等，2008)。因此，在发达地区导致了耕地的非法占用，而在欠发达地区则出现建设用地利用效益偏低的现象。当前，针对耕地保护的相关研究主要集中于耕地资源在时间序列上的变化及其相关的保护措施，而对耕地资源及其利用的空间异质性的探讨并不多见，尚未形成系统的理论方法。在这一背景下，迫切需要从耕地资源禀赋与社会经济发展的区域差异出发，研究耕地资源在不同区域之间的优化布局，探索缓解城镇建设用地扩张与耕地保护矛盾的有效途径。

耕地利用优化配置模型是耕地资源空间优化配置的关键，对科学有效和合理开展耕地资源的空间配置发挥着重要的作用。Ines Sante-Riveiva 等(2008)依托 GIS 空间分析技术构建了 RULES(rural land-use exploration system)模型，并利用该模型开展了农村土地的优化配置。RULES 模型综合采用多准则评价方法和多目标线性规划方法开展土地利用的可持续性评价和土地利用结构优化，在此基础上，利用 GIS 空间分析技术开展土地利用的空间布局。Carsjens 等(2002)以 GIS 技术为依托，以土地利用的空间拓扑关系为切入点，构建了土地利用空间布局模型并开展了土地利用的空间布局优化。Khalid(2010)以 GIS 空间分析技术为基础，集成 GEP(gene expression programming)方法，开展了土地资源的优化配置研究。Wang

等(2004)建立了GIS/IFMOP模型，以GIS空间分析模型为基础，结合多目标线性规划方法，在流域尺度上开展了土地资源的优化配置研究。Chuvieco(1993)集成线性规划模型和GIS空间分析工具开展土地资源的优化配置。Ren(1997)依托GIS空间分析工具，整合决策过程，构建了GIWIN-LRA模型，在适宜性评价的基础上进行土地资源的合理配置。国内也有很多学者开展了耕地资源优化配置研究，这些研究主要采用线性规划方法和灰色系统理论等。例如，周宗丽等(1999)依托线性规划模型，以生态效益和经济效益的最大化为目标，开展了农业土地资源的优化配置；戴金华和赵筱青(2009)以灰色线性规划方法为依托，在对未来社会经济发展的土地利用需求进行分析的基础上，以云南省澜沧县为案例区，开展了土地利用结构的优化；王爱萍和郑新奇(2001)依托系统动力学方法，以无棣县为案例区，模拟了该区域土地利用结构变化，并根据模拟结果给出区域土地利用结构优化调整方案。随着GIS技术的快速发展与广泛应用，GIS技术在土地资源空间优化配置中的应用越来越广泛。郑新奇等(2001)依托GIS技术开展了无棣县耕地资源的优化配置。以上研究针对区域内土地资源的优化配置问题进行了深入的探讨，为土地资源的优化配置理论与实践的进一步研究奠定了基础。然而，上述方法主要关注的问题是同一区域内不同用地类型的配置问题，较少有研究开展区域间土地资源的优化配置。黄春芳和王三(2008)以社会经济发展的区域差异性为基础，构建指标体系测算了区域建设用地需求优先度，并提出了根据建设用地优先度分解建设用地与耕地指标的方法。该方法的基本思路是根据各子区域对建设用地需求的紧迫程度分配各子区域所应承担的耕地保有量。但遗憾的是，该研究并未指出如何根据建设用地需求优先度分配耕地保有量指标。柯新利(2008b)提出了基于熵权系数法的基本农田指标的分配思路，通过对熵权系数法进行改进来确定基本农田指标在区域间合理分配的方案。该研究增加了土地资源在区域间优化配置的客观性。然而，采用改进熵权系数法进行土地资源的区域间配置，缺少对社会经济发展区域差异性的考虑。

武汉城市圈是我国中部地区的龙头城市，是中部崛起战略的关键城市，同时也是国务院批准的全国首批“两型社会”建设试验区。武汉城市圈城镇建设用地扩张与耕地保护的矛盾日益突出。因此，土地资源优化配置是武汉城市圈合理利用土地资源、实现“两型社会”建设目标的重要措施。因此，本书从空间效率均衡的角度出发，以武汉城市圈为研究案例区，试图根据建设用地优先度开展土地利用优化配置，在优先满足建设用地紧张地区的建设用地需求前提下，发挥区域的比较优势，探索基于区域差异的耕地保护政策，为实现武汉城市圈土地资源可持续利用提供新的视角和思路。

地理元胞自动机(geo-cellular automata, GeoCA)具有模拟复杂系统时空演化过程的能力，在地理学，尤其是土地利用变化科学研究中具有明显的技术优势(黎夏等，2007)。近年来，越来越多的学者利用元胞自动机模拟复杂的地理现象，取得了许多研究成果(龙瀛等，2009；卢远等，2008；陈志强和陈健飞，2007；Batty et al., 1999; Almeida et al., 2003)。地理元胞自动机模型具有模拟复杂地理现象时空过程的能力，从而为采用地理元胞自动机模型进行土地资源的优化配置提供了可能。本书以武汉城市圈为案例区，提出基于分区异步元胞自动机的耕地利用布局优化模型，从区际土地资源配置的角度出发，综合考虑区域间建设用地与耕地需求的空间差异，在此基础上，采用分区异步元胞自动机模型模拟建设用地扩张及其对耕地占用的时空动态过程，实现建设用地指标和耕地保有量在空间上的布局。

9.2 研究区域与数据来源

9.2.1 研究区域

武汉城市圈位于湖北省中东部，是由武汉及其周边的黄石、黄冈、鄂州、咸宁、孝感、天门、仙桃与潜江 8 个城市一起组成的城市群地区(图 9-1)。武汉城市圈占湖北省国土面积的 31.2%，人口数量占湖北省人口总量的 50%，国民生产总值则达到了全省的 60%。武汉城市圈土地利用强度达到 0.85，土地供需矛盾较为突出。

图 9-1 本研究案例区

武汉城市圈地势平坦、以平原为主，丘陵、山地为辅，整个区域平均海拔不足 100m。武汉城市圈河湖众多，城市圈大部分区域位于江汉平原。遥感影像解译结果表明，武汉城市圈在 2008 年耕地总量为 $3.50\times10^5\text{hm}^2$。全区土壤肥沃、光照充足、热量丰富、降水充沛，是我国重要的商品农业和渔业基地，具有以粮、棉、油、麻、畜、禽、水产品为主的农业经济资源的区域优势，经济比较发达。按照《武汉城市圈总体规划》(中国科学院地理科学与资源研究所“武汉城市圈总体规划”课题组, 2005)的设想，武汉城市圈将建成绿色、宜居、和谐，并充满活力、快捷的生态城市圈。因此，在武汉城市圈的发展过程中，通过土地资源的优化配置与合理利用实现武汉城市圈“两型社会”建设的目标，是武汉城市圈发展面临的关键问题。

9.2.2 数据来源

本书使用的数据包括武汉城市圈土地利用数据、社会经济统计数据和自然环境条件数据三大类数据。

1. 土地利用数据

本书中使用的土地利用数据为武汉城市圈 2000 年和 2008 年两期土地利用数据，该数据将武汉城市圈的土地利用类型划分为耕地、林地、草地、建设用地、水域、未利用地六大用地类型，其中耕地包括水田和旱地，建设用地包括城镇用地、农村居民点和其他建设用地。其中，武汉城市圈 2000 年土地利用数据来源于中国科学院资源环境数据中心的土地利用数据库。该数据库中武汉城市圈土地利用数据空间分辨率为 30m×30m，由 Landsat TM/ETM+影像解译得到；在此基础上，对遥感解译结果进行重采样，得到分辨率为 100m×100m 的土地利用栅格数据。2008 年的土地利用数据由中巴资源卫星影像解译得到，其空间分辨率为 20m×20m。同样的，通过对解译结果重采样，得到 2008 年空间分辨率为 100m×100m 的土地利用栅格数据。具体处理过程为：利用 ERDAS Imagine8.7 遥感数据处理软件对遥感影像进行几何校正、辐射校正、边界裁剪、监督分类及人工目视解译、精度检验，生成武汉城市圈土地利用数据。

2. 自然环境条件数据

本书使用的自然环境条件数据主要包括武汉城市圈的高程数据、离铁路距离、离各级城市距离、离公路距离，以及离水系距离。本书中使用的高程数据来自于国家测绘地理信息局提供的高程数据，其比例尺为 1∶25 万。另外，本书采用 ArcGIS9.3 的 DISTANCE 函数分别生成了离各级城市的距离栅格，其空间分辨率为 100m×100m。武汉城市圈的主要水系与交通道路从土地利用数据中提取得到。在此基础上，采用 ArcGIS9.3 软件的 DISTANCE 函数生成空间分辨率为 100m×100m 距离栅格数据分别表示离铁路、公路与水系的距离。

3. 社会经济统计数据

本书使用的社会经济统计数据主要有武汉城市圈 2000~2008 年人口数据、固定资产总投资、人均财政收入、人均社会消费品零售额、第二产业总产值、单位面积粮食产量。本书所用到的社会经济统计数据来源于湖北省统计年鉴。

9.3 模型与方法

9.3.1 区域耕地利用优化模型

优化区域间耕地的利用状况，其主要目标是实现不同地区间耕地资源的合理配置，满足不同地区建设用地需求，与此同时实现耕地保护的总体目标。本书根据建设用地需求量和建设用地优先度的区际差异，并与区域土地利用变化的规律相结合，基于分区异步元胞自动机模型构建耕地布局优化模型开展耕地资源的优化布局。

耕地利用优化布局模型由四个模块组成：分区转换规则模块、异步演化速率模块、分区异步元胞自动机模块和终止条件模块(图 9-2)。分区异步元胞自动机模型的分区转换规则模块由区域土地利用变化的历史规律并结合各区域的粮食自给率和建设用地指标配置现状而确定；分区异步元胞自动机模型的异步演化速率模块由各区域的社会经济现状核算出的各区域建设用地优先度而决定；分区终止条件模块由各区域耕地保有量来配置的各区域耕地非农化指标而决定。耕地利用优化布局模型的核心为分区异步元胞自动机模块，该模块的运行由分区转换规则和异步演化速率驱动进行迭代运算。每次迭代结束后，自行检查迭代的结果与终止

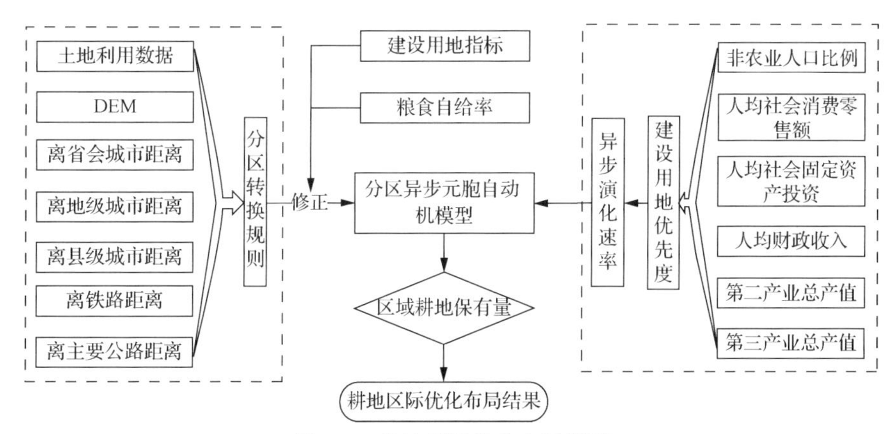

图 9-2 耕地利用优化布局模型

条件是否相符。如果与终止条件不相符，则继续迭代；否则，分区异步元胞自动机模型将会停止运行，从而得到耕地布局的区际优化结果。

9.3.2 分区转换规则的获取及修正

分区转换概率、单元约束条件及邻域开发密度等三部分组成了分区转换规则，可由以下公式表示：

$$p_{d,ij}^{t}=\left[1+\left(-\ln\gamma\right)^{\alpha}\right]\times P_{g}\times\mathrm{con}\left(s_{ij}^{t}\right)\times\Omega_{ij}^{t} \tag{9-1}$$

式中，$p_{d,ij}^{t}$为元胞的转换概率；γ随机数的取值范围在(0, 1)内；α为控制γ大小的参数，$\alpha\in(1,10)$之间的整数；P_g为分区转换概率；$\mathrm{con}\left(s_{ij}^{t}\right)$为单元的约束性条件；$\Omega_{ij}^{t}$为邻域函数，表示邻域对元胞转换概率的影响。

为了在元胞自动机模型中增加随机因子，特引入了γ和α参数，以此模拟土地实际利用过程中各种不确定因素的影响与干预。P_g由空间数据挖掘的方法从地理现象以及相关因素的变化过程中得到，P_g在整个模型运行过程中恒定。Ω_{ij}^{t}随时间连续变化，在模型的构建中起到了关键的作用：

$$\Omega_{ij}^{t}=\frac{\sum_{3\times3}(s_{ij}=\text{建设用地})}{3\times3-1} \tag{9-2}$$

$\mathrm{con}\left(s_{ij}^{t}\right)$为某单元的约束性条件，如水体、高山、基本农田保护区等限制开发区域无法转变，此时$\mathrm{con}\left(s_{ij}^{t}\right)=0$。

P_g代表了区域土地利用变化规律，此规律从各区域土地利用变化及相关因素的数据中挖掘出的。本书为了从各区域土地利用现状及相关数据中获取分区转换规则，特采用C5.0决策树算法来实现(柯新利, 2009)。决策树算法是数据挖掘中典型的分类算法之一，它可以披露数据中的信息构架，树型结构简洁明了、便于学习，也可以用于处理非线性数据中的描述性数据，还可准确地提取数据堆中隐藏的知识规则。综上所述，决策树模型可用于挖掘元胞自动机模型的转换规则(柯新利和边馥苓, 2010)。

在耕地区际优化布局时，分区转换规则除了要反映区域土地利用变化的历史规律之外，还应该有利于实现耕地保护的目标。因此，本书根据粮食自给率对各分区转换规则进行修正：对粮食自给率较高的地区，需要对转换概率进行向上修正，使得该区域耕地有更多的机会转换为建设用地；对粮食自给缺口较大的区域，转换规则应该更严格。同理，根据建设用地是否得到满足来对建设用地的转换概率进行修正：对建设用地尚未得到满足的区域，应该对转换概率进行向上修正，使之更容易转换为建设用地；反之，则需要将转换概率进行向下修正，使转换规则更为严格。因此，本书通过选取耕地自给率和建设用地满足程度两项因素，并投影到合适的区间来修正分区转换规则：

$$\tilde{p}_{d,ij}^{t} = \left[1 + (-\ln\gamma)^{\alpha}\right] \times P_g \times \mathrm{con}(s_{ij}^{t}) \times \Omega_{ij}^{t} \times \lambda_{ij}^{t} \times \theta_{ij}^{t} \tag{9-3}$$

式中，$\tilde{p}_{d,ij}^{t}$ 为修正后的分区转换规则；λ_{ij}^{t} 为粮食自给率修正系数；θ_{ij}^{t} 为建设用地指标修正系数。

$$\lambda_{ij}^{t} = \frac{f_{ij}^{t}}{f_{\max}^{t} - f_{\min}^{t}} \times (\lambda_{\max} - \lambda_{\min}) + \lambda_{\min} \tag{9-4}$$

式中，f_{ij}^{t} 为单元格 (i, j) 的粮食自给率；$f_{\max}^{t}$ 为全区域粮食自给率最大值；$f_{\min}^{t}$ 为全区域粮食自给率的最小值；$[\lambda_{\min}, \lambda_{\max}]$ 为粮食自然率修正系数的映射区间。本书中每个区域对应的所有元胞都采取相同的粮食自给率，为该区域一年中粮食总产量与总需求量之比：

$$\theta_{ij}^{t} = \frac{b_{p,ij} - b_{s,ij}^{t}}{b_{p,ij} - b_{r,ij}} \times (\theta_{\max} - \theta_{\min}) + \theta_{\min} \tag{9-5}$$

式中，$b_{p,ij}$ 为单元格 (i, j) 所处子区域的建设用地需求量；$b_{s,ij}^{t}$ 为模拟得到的时刻 t 时单元格 (i, j) 所处子区域建设用地面积；$b_{r,ij}$ 为单元格 (i, j) 所处子区域当前建设用地面积；$[\theta_{\min}, \theta_{\max}]$ 为建设用地指标修正系数的映射区间。

本书采取人口发展目标法预测各区域建设用地需求量。第一，采用灰色模型预测各区域的人口数；第二，参照已知经济发展水平相当地区的人均建设用地数量，最终确定各区域建设用地需求量：

$$Q_{\mathrm{bu}(k)} = \mathrm{pop}_k \times \mathrm{bpp}_k \tag{9-6}$$

式中，$Q_{\mathrm{bu}(k)}$ 为 k 县域的建设用地需求量；pop_k 为预测得到的 k 区域人口数；bpp_k 为 k 县域人均建设用地标准。

9.3.3 武汉城市圈建设用地优先度评价与异步演化速率获取

1. 武汉城市圈建设用地优先度评价

我国正处于工业化、城市化发展的快速阶段，建设用地扩张仍然是我国土地利用变化的主要特征，建设用地扩张与耕地保护的矛盾在较长的时间内仍是我国土地资源利用面临的最严峻问题。在 1984~2001 年，我国城市建成区面积增加了 1.74 倍，与此同时，城区的非农业人口增长了 1.09 倍，城市建设用地的扩张速度远高于城区非农业人口的增长速度(谈明洪和吕昌河, 2005)。此外，由于所处的社会经济发展阶段不同，以及所拥有的自然资源禀赋不同，各区域的建设用地呈现出不同的扩张规律。

随着社会经济发展的进程快速推进，各地区建设用地需求量日益增加，目前在合理配置土地资源的过程中，如何合理分配建设用地指标是至关重要的。现有的建设用地指标分配方案较少考虑区域社会经济和土地资源禀赋的区域差异，以致于各区域的土地质量苦乐不均，土地资源的利用效率较为低下。主要体现在经济发达地区，由于此地区缺乏建设用地指标，使耕地非农化的压力难以释放，为了打破耕地保护对区域经济发展的束缚，各地区(尤其是发达地区)千方百计调整规划，将优质耕地转为建设用地，导致了基本农田“划远不划近，划劣不划优”的怪象发生，严重影响了土地利用总体规划的权威性和严肃性；而在经济欠发达地区，耕地非农化效率低下，往往对耕地占而不用，形成土地资源的严重浪费。在这一耕地保护机制下，耕地数量难以维持，耕地质量也随之下降，对国家粮食安全造成威胁。近年来，建设用地指标的分配问题受到了学术界的关注。柯新利(2008b)试图采用改进的熵权系数法确定各区域建设用地指标的分配权重，在全区域总量控制的基础上实现建设用地的区域分配。陈凤等 (2010)从经济因素、社会发展速度、资源禀赋等角度构建评价指标体系，采用主成分分析法计算各指标权重，研究了渝东南和渝东北两翼的 17 个区县的新增建设用地需求优先度。黄春芳和王三(2008)采用主成分分析法测算了重庆市北碚区各区域的新增建设用地需求优先度，根据优先度，作者提出了对耕地保有量进行逐级配置的基本思路。上述研究为建设用地合理配置提供了一种新思路、新方法，夯实了优化土地资源、合理配置建设用地指标的基础。

层次分析法(analytical hierarchy process)由美国著名运筹学家萨蒂(A. L. Saaty)于 1982 年提出的一种定性与定量分析相结合的、系统的、综合的指标评价方法。其基本思路是建立 AHP 模型，构建判断矩阵，通过两两比较各因素的相对重要性，再综合考虑决策者的判断，决定指标相对重要性的总排序，确定综合评价价值，为人们选择正确可行的方案提供依据。柯新利曾利用 AHP 方法评价和分析了咸宁市土地利用现状，结果表明：咸宁市土地开发利用程度低于湖北省平均水平；土地集约利用的程度较全省平均水平低；土地利用的综合效率比全省平均水平略高；土地利用的整体水平略低于全省的均值。与熵权系数法和主成分分析法相比，层次分析法是一种主客观相结合的方法，能克服因为指标数据的缺陷而导致指标权重受影响的不足，可以确保指标权重能较好地反映影响建设用地需求优先度的程度。

武汉城市圈是国家资源节约型和环境友好型社会建设配套的首批综合配套改革的试验区之一，在中部地区崛起中首当其冲，是中部地区崛起中最强大、最富活力的增长极之一。拥有较高的城市密度，较好的经济基础，优越的环境和自然条件，是湖北省乃至长江中游地区最强大的城市圈(郑义等, 2008)。此外，武汉城市圈地处江汉平原地区，承担着我国主要的粮食生产，仍需加大耕地的保护力度。根据社会经济发展和资源禀赋的区域差异，对武汉城市圈各区域的建设用地需求优先度进行科学计算，并据此合理配置武汉城市圈建设用地指标的区域布局，可协调其建设用地扩张的客观性与耕地保护的必要性之间的矛盾、实现区域土地资源的可持续利用。

人口数量和社会经济发展现状、区域资源禀赋，以及发展目标的不同使各区域建设用地的需求量和耕地非农化的过程存在着显著的区际差异，经济发达地区建设用地需求旺盛、耕地非农化压力不减与经济发展滞后地区建设用地得不到有效利用、土地资源浪费严重的现状表明耕地数量难以维持，耕地质量也随之下降，国家粮食安全面临着严重威胁。因此需要依据社会经济发展水平和资源禀赋的区际差异，科学测算区际的建设用地需求优先度，并据此开展建设用地指标的区域布局，对协调区域土地资源可持续利用的意义毋庸置疑。本书采用武汉城市圈为研究区域，结合层次分析法和综合评价法测算了 34 个县(市)的建设用地需求优先度，以协调区际的建设用地扩张与耕地保护之间的矛盾，指导城市圈的土地资源可持续利用。

1）武汉城市圈建设用地优先度评价技术路线

本书根据武汉城市圈各个县市社会经济发展的不同和资源禀赋的差异特点选择地均固定资产投资、地均二三产业从业人数等 10 个指标构建评价建设用地需求优先度的指标体系，并对指标原始数据进行归一化，统一各评价指标的评价分值；采用层次分析法(柯新利, 2008a)确定各指标的权重，结合各评价指标的分值计算栅格尺度的综合评价分值；以此为基础，求归一化的指标值和各指标综合权重加权和，最终测算出案例区各个县市建设用地需求优先度的综合结果(图 9-3)。

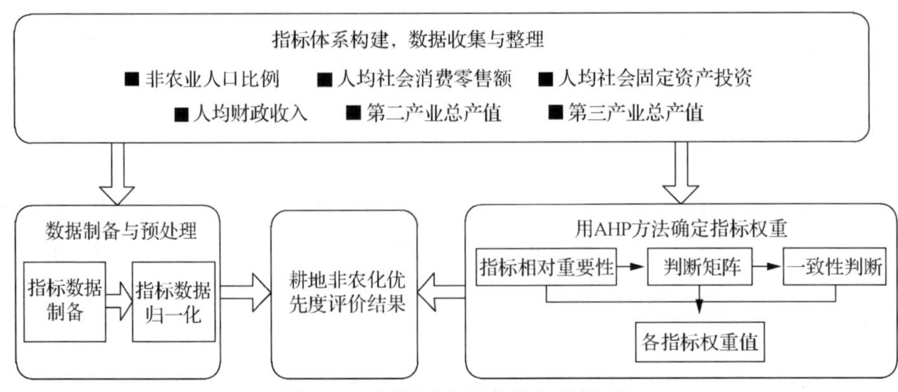

图 9-3 建设用地需求优先度模型

2）指标体系的构建

建设用地优先度指标体系的正确构建和评价方法的合理选择是优先度评价成功与否的核心，所采用的经济、社会、资源等指标应能较明显地反映区域差异。该指标的选取在遵循指标体系的综合性、层次性、系统性、独立性和可操作性等5 项原则的基础上，重点考虑了建设用地的投入、利用强度和产出效益(陈凤等, 2010)。结合武汉城市圈的区域特点，本书首先确定以武汉城市圈的 34 个区县作为建设用地需求优先度的评价单元，选择以下 10 个指标作为建设用地需求优先度的指标(表 9-1)，C_1：地均固定资产投资(万元/km^2)；C_2：地均二三产业从业人数(万人/ km^2)；C_3：建设用地占土地总面积的比例(%)；C_4：第三产业增加值占 GDP 的比例(%)；C_5：城镇人均建设用地(km^2/人)；C_6：土地利用率(%)；C_7：地均

表 9-1 建设用地需求优先度评价指标体系

目标层(A)	准则层(B)	指标层(C)	意义
建设用地需求优先度	建设用地投入强度(B_1)	地均固定资产投资(C_1)	固定资产投资额/辖区面积
		地均二三产业从业人数(C_2)	二三产业从业人数/辖区面积
		建设用地占土地总面积的比例(C_3)	建设用地面积/辖区面积
		第三产业增加值占 GDP 的比例(C_4)	第三产业增加值/GDP
	建设用地利用强度(B_2)	城镇人均建设用地(C_5)	建设用地面积/总人口
		土地利用率(C_6)	已利用土地面积/辖区面积
	建设用地产出效益(B_3)	地均 GDP(C_7)	GDP/建设用地面积
		地均财政收入(C_8)	财政收入/辖区面积
		地均工业总产值(C_9)	工业总产值/辖区面积
		地均社会消费品零售额(C_{10})	社会消费品零售额/辖区面积

GDP（亿元/ km^2）; C_8: 地均财政收入（万元/ km^2）; C_9: 地均工业总产值（万元/ km^2）; C_{10}: 地均社会消费品零售额（万元/ km^2）。

3）基于层次分析法测算指标权重的过程

层次分析法以定性与定量相结合的角度对评价指标体系进行决策分析。该方法的特点是：思路简单明了，它条理化了决策者的思维过程，并对其数量化以使之便于计算；仅需要较少的定量数据,所涉及的问题本质和因素及其内在联系的分析比较清晰明了。它不仅适用于出现不确定或较主观的信息的情况下，还能够采用合乎思维逻辑的方式对评价经验和洞察力进行定性、定量的判断分析（徐建华, 2002）。

指标体系的判断矩阵中每一元素的定量分析是由决策者根据以往经验对每一因素间对重要性的认知而决定的，该赋值较为主观，有时会出现“*A* 比 *B* 重要，*B* 比 *C* 重要，但 *C* 又比 *A* 重要”这样的逻辑错误，因此要进行一致性检验。当判断矩阵具有完全一致性时, λ_{max} 应与矩阵的阶相等。但此情况较为罕见。为了测试矩阵的一致性,需要仔细测算指标值 CI:

$$CI=(\lambda_{max}-n)/(n-1) \tag{9-7}$$

当 CI=0 时,判断矩阵完全一致；反之，CI 值越大,判断矩阵的一致性越弱。

为了检验判断矩阵的一致性能否令人满意，取 CI 值与平均随机一致性指数 RI（表 9-2）一一对照，得到随机一致性比例 CR：

$$CR=CI/RI \tag{9-8}$$

式中，RI 为平均随机一致性指数。RI 的值如表 9-2 所示。

表 9-2　平均随机一致性指数 RI 值

矩阵阶数	1	2	3	4	5	6	7	8
RI	0	0	0.52	0.89	1.12	1.26	1.36	1.41

通常情况下,当 CR≤0.10 时,可认为此判断矩阵的一致性较为令人满意；当 CR>0.10 时，通过比较得出判断矩阵不一致，必须对此判断矩阵进行修正,直至达到令人满意的一致性。

4）指标分值确定方法

本书采取归一化法对原始数据进行无量纲化处理，设有 *n* 个样本，每个样本包含 *m* 个变量：X_1，X_2，X_3，…，X_m，则 X_i 为原始数据矩阵。选用武汉城市圈各县市中的最大值与最小值的差作为标准值，认定为越大越好的指标，评价分值等

于 X_i 减去 X_{min} 再与标准值相除[式(9-9)]；对于越小越好的指标，评价分值等于最大值减实际值除以标准值[式(9-10)]。在同一指标下，则原始数据无量纲化值为

$$P=\frac{X_i - X_{min}}{X_{max} - X_{min}} \tag{9-9}$$

或

$$P=\frac{X_{max} - X_i}{X_{max} - X_{min}} \tag{9-10}$$

式中，P 为无量纲化后的值；X_i 为原始指标数据；X_{min} 为某个指标项中 m 个指标值的最小值；X_{max} 为某个指标项中 m 个指标值的最大值。

2. 武汉城市圈建设用地优先度

1）建设用地优先度评估指标权重测算

根据 AHP 层次分析法，本指标体系层次结构的目标层为 武汉城市圈各区县建设用地需求优先度，设其为 A，它所对应的下一层为准则层 B，B_1~B_3 分别对应了目标层 C，递阶层次结构模型已由表 9-1 给出。根据各区县的发展情况，并征求有关专家的意见， Delphi 方法可确定每一元素的相对重要性，根据上下相邻层次中某一元素的相对重要程度确定该指标体系的判断矩阵, 求取该判断矩阵的最大特征值及其相对应的特征向量,该特征向量即为该元素所对应的权重，指标体系所对应的是判断矩阵及其最大特征值、特征向量(表 9-3~表 9-7)。

表 9-3 建设用地需求优先度与其相关因子的判断矩阵

A	B_1	B_2	B_3	W_i	
B_1	1	1/3	1/7	0.081	λ_{max} =3.0649 CI=0.0324 CR=0.0624
B_2	3	1	1/5	0.188	
B_3	7	5	1	0.731	

表 9-4 建设用地投入强度 B_1 与其相关因子的判断矩阵

B_1	C_1	C_2	C_3	C_4	W_i	
C_1	1	5	7	5	0.619	λ_{max}=4.2404 CI=0.0801 CR=0.090
C_2	1/5	1	5	3	0.220	
C_3	1/7	1/5	1	1/3	0.052	
C_4	1/5	1/3	3	1	0.109	

表 9-5　建设用地利用强度 B_2 与其相关因子的判断矩阵

B_2	C_5	C_6	W_i	
C_5	1	5	0.833	λ_{max}=2
C_6	1/5	1	0.167	

表 9-6　建设用地产出效益 B_3 与其相关因子的判断矩阵

B_3	C_7	C_8	C_9	C_{10}	W_i	
C_7	1	2	2	3	0.403	λ_{max}=4.2215 CI=0.0738 CR=0.0830
C_8	1/2	1	2	2	0.267	
C_9	1/2	1/2	1	4	0.229	
C_{10}	1/3	1/2	1/4	1	0.101	

表 9-7　武汉城市圈建设用地优先度评价指标总排序

准则层 B	层次单排序权重	指标层 C	层次单排序权重	层次总排序权重
B_1	0.081	C_1	0.619	0.0501
		C_2	0.220	0.0178
		C_3	0.052	0.0042
		C_4	0.109	0.0088
B_2	0.188	C_5	0.833	0.1566
		C_6	0.167	0.0314
B_3	0.731	C_7	0.403	0.2946
		C_8	0.267	0.1952
		C_9	0.229	0.1674
		C_{10}	0.101	0.0738

2）建设用地需求优先度评价结果

武汉城市圈各区县建设用地需求优先度的测算是一个多目标、多指标的工程，本书采用多目标综合评价法来计算建设用地需求优先度。

建设用地需求优先度通过下式计算：

$$F = \sum_{i=1}^{n} W_i I_i \tag{9-11}$$

式中，F 为建设用地需求优先度；W_i 为第 i 项准则层或指标层中每一项指标的权重；I_i 为各指标标准化后的分值；n 为因子数量。

本书首先求出各指标原始数据的归一化值，然后把已确定的指标权重值与指标分值进行加权求和，计算出武汉城市圈34个区县的建设用地需求优先度分值，如表9-8所示。

表9-8 各县建设用地优先度评价结果

县名	建设用地优先度	县名	建设用地优先度	县名	建设用地优先度
大悟县	0.12	团风县	0.09	黄梅县	0.11
麻城市	0.12	汉川市	0.22	嘉鱼县	0.16
红安县	0.10	浠水县	0.11	黄石市市辖区	0.38
安陆市	0.12	武汉市市辖区	1.00	武穴市	0.15
孝感市市辖区	0.17	汉阳区	0.85	阳新县	0.19
黄陂区	0.49	蕲春县	0.11	咸宁市市辖区	0.17
罗田县	0.11	潜江市	0.32	赤壁市	0.20
云梦县	0.15	黄冈市市辖区	0.16	通山县	0.12
英山县	0.10	鄂州市	0.43	崇阳县	0.13
应城市	0.15	武昌区	0.80	通城县	0.12
新洲区	0.51	仙桃市	0.26		
天门市	0.19	大冶市	0.28		

根据图9-4中建设用地需求优先度结果可知武汉城市圈34个区县中武汉市市辖区的优先度最高，优先度评价分值为1；优先度最低的县域为团风县，优先度评价分值为0.09。从武汉城市圈建设用地需求优先度评价结果可以看出，以武汉市市辖区为中心，以及环绕其周边的武昌区、汉阳区、黄陂区、新洲区和鄂州市市辖区等县域的建设用地需求优先度较高，而位于武汉城市圈边缘的安陆市、大悟县、红安县、应城市、团风县、罗田县、英山县、浠水县、蕲春县、黄梅县、通山县、通城县和崇阳县等县域的建设用地需求优先度较低。

3. 武汉城市圈异步演化速率

各县域的社会经济条件和土地资源利用现状客观存在着独特的空间差异性，因此建设用地的扩张给耕地保护带来的压力，以及各县域建设用地需求的紧迫度

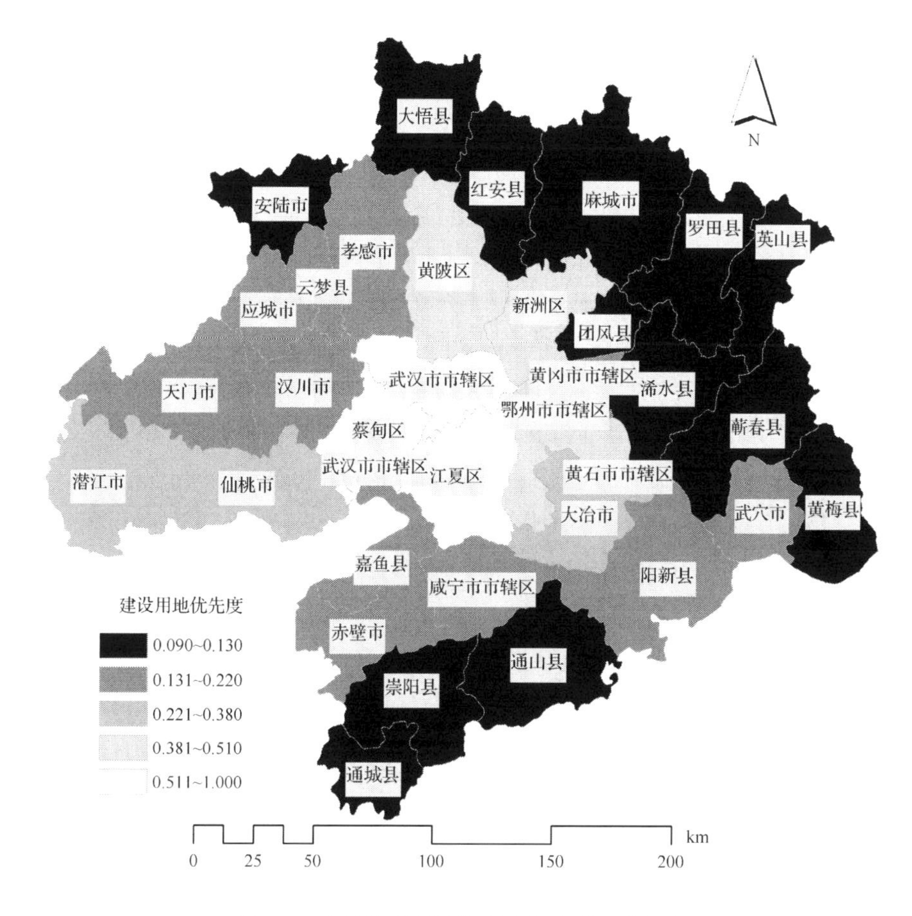

图 9-4　武汉城市圈建设用地优先度评价结果

截然不同。分区异步元胞自动机模型的异步演化速率受到各区域的发展程度影响，因此本书需要确定各区域发展的优先顺序乃至建设用地需求的相对优先程度，特选用建设用地优先度进行衡量。

纵观整个研究区域，应该优先发展建设用地优先度相对较高的区域并赋予较高的发展速度。本书的异步演化速率由建设用地优先度而确定，以实现耕地区际优化布局的目标。异步演化速率可以由下式计算得到：

$$v_{ij} = \frac{\text{priority}_{ij}}{\text{priority}_{\max} - \text{priority}_{\min}} \times \left(v_{\max} - v_{\min}\right) + v_{\min} \tag{9-12}$$

式中，v_{ij} 为单元格 (i, j) 的演化速率；priority_{ij} 为单元格 (i, j) 的建设用地优先度；$\text{priority}_{\max}$ 为全区域建设用地优先度的最大值；$\text{priority}_{\min}$ 为全区域建设用地优先

度的最小值；v_{max} 与 v_{min} 分别为全区域元胞演化速率的最大值与最小值。

上述计算异步演化速率的公式中：v_{ij} 虽然能反映单元格 (i, j) 演变的快慢，但是仅靠 v_{ij} 很难驱动元胞自动机模型的演变。因此本书引入元胞演化间隔（Interval_{ij}）的概念来替代元胞演化速率 v_{ij}，使 v_{ij} 能与元胞自动机模型结合起来，控制元胞自动机模型中某个或某些元胞的演化速率。计算元胞演化间隔可用下式表达：

$$\text{Interval}_{ij} = \left[\frac{1}{v_{ij}}\right] \tag{9-13}$$

式中，Interval_{ij} 即为速率格网 v_{ij} 中的元胞演化间隔。

值得注意的是，由于 $0 \leqslant v_{ij} \leqslant 1$，所以 $1 \leqslant \text{Interval}_{ij} \leqslant \infty$，如果不对 Interval_{ij} 加以修正，当 $\text{Interval}_{ij} = \infty$ 时，有些元胞将永远无法进行演化；此外，除去 $\text{Interval}_{ij} = \infty$ 情况后，也有部分元胞的演化间隔与其他元胞的间隔相比有很远的差距。为了避免部分元胞无法正常演化，本书定义了最大的元胞演化间隔 $\max I$，然后将所有元胞的演化间隔都控制在[1， $\max I$]区间。为了消除一些异常值的出现，将演化间隔大于 $\max I$ 的情况全部用 $\max I$ 代替。可以用如下的公式表示：

$$\text{Interval}_{ij} = \begin{cases} \text{Interval}_{ij}, (\text{Interval}_{ij} \leqslant \max I) \\ \max I, (\text{Interval}_{ij} > \max I) \end{cases} \tag{9-14}$$

与元胞自动机模型结合时，第一，计算元胞空间每一个元胞的演化间隔；第二，获取演化时当前元胞自动机模型运行的次数；第三，判断次数是否为该元胞演化间隔 Interval_{ij} 的整数倍；第四，结合该元胞的转换规则判断是否发生演化，若运行次数是 Interval_{ij} 的整数倍时，则该元胞发生演变；否则，该元胞不发生演化。

9.3.4 模型全局终止条件的确定

本书将满足全区域粮食安全的耕地保有量作为耕地区际优化布局的全局终止条件。经测算，对于整个武汉城市圈而言，全区域 2020 年的耕地保有量为不小于 2810688hm^2 标准耕地，当全区域耕地面积小于或等于 2810688hm^2 标准耕地时，为了保证全区域的粮食自给，此时模型停止运行，进而得到耕地区际布局优化结果。

由于全局终止条件采用标准耕地表示，因此在判断模型运行结果是否达到全局终止条件时，需要将模型运行结果中的耕地数量转化为标准耕地数量。根据标准耕地的定义：标准耕地，就是具有武汉城市圈最具代表性的粮食生产自然条件和武汉城市圈粮食生产平均投入水平和产出水平的耕地。并将武汉城市圈标准耕地界定为：单位播种面积粮食单产为6000kg/hm^2、粮食播种面积指数为1.25的耕地为武汉城市圈的标准耕地。

据此，可以采用式(9-15)将模型运行结果中的耕地数量折算为标准耕地面积，以判断耕地布局优化结果是否达到全局终止条件：

$$\sigma_{sc} = \frac{\mathrm{FSI}_r \times U}{1.25 \times 6000} \tag{9-15}$$

式中，σ_{sc}为标准耕地折算系数；FSI_r为区域粮食播种面积指数；U为区域单位粮食播种面积单产。根据这一公式，可以计算得到各区域标准耕地折算系数(表9-9)。

表9-9　武汉城市圈各县域标准耕地折算系数

县名	标准耕地折算系数	县名	标准耕地折算系数	县名	标准耕地折算系数
大悟县	1.45	团风县	1.14	黄梅县	1.19
麻城市	1.17	汉川市	0.81	嘉鱼县	1.12
红安县	0.74	浠水县	1.21	黄石市市辖区	0.56
安陆市	1.40	武汉市市辖区	0.51	武穴市	1.08
孝感市市辖区	1.14	蔡甸区	0.87	阳新县	0.84
黄陂区	1.13	蕲春县	1.43	咸宁市市辖区	0.69
罗田县	1.05	潜江市	0.76	赤壁市	0.81
云梦县	1.20	黄冈市市辖区	0.76	通山县	0.81
英山县	1.26	鄂州市	0.98	崇阳县	0.93
应城市	1.19	江夏区	0.82	通城县	1.07
新洲区	0.74	仙桃市	1.01		
天门市	0.86	大冶市	0.96		

9.3.5　全区耕地保有量及各县建设用地需求量

对于每个县域，建设用地需求量的满足程度对分区转换规则具有较大的影响。当某分区的建设用地远没有得到满足时，该分区元胞具有相对较高的转换概率；当某区域的建设用地得到满足时，应该限制该区域的发展，因此应赋予该区域元胞较低的演化概率。本书测算得到了2020年武汉城市圈各县域建设用地需求量如表9-10所示。

表 9-10　2020 年各县域建设用地需求量

县名	建设用地需求量/hm^2	县名	建设用地需求量/hm^2	县名	建设用地需求量/hm^2
大悟县	18034.13	团风县	12340.58	黄梅县	28051.31
麻城市	31201.08	汉川市	31922.16	嘉鱼县	9999.97
红安县	18218.27	浠水县	27415.51	黄石市市辖区	15417.93
安陆市	16471.96	武汉市市辖区	117242.39	武穴市	21138.67
孝感市市辖区	13650.71	汉阳区	17363.99	阳新县	28363.57
黄陂区	30497.09	蕲春县	27731.03	咸宁市市辖区	17239.74
罗田县	17829.72	潜江市	26475.17	赤壁市	13392.60
云梦县	18251.38	黄冈市市辖区	10599.11	通山县	16396.67
英山县	9669.64	鄂州市	31121.48	崇阳县	11907.97
应城市	16946.01	武昌区	48318.95	通城县	15249.14
新洲区	28726.60	仙桃市	37307.16		
天门市	47067.17	大冶市	28106.44		

可见，由于社会经济条件的差异，武汉城市圈各县(市、区)对建设用地的需求存在较大的区别，其中建设用地需求量最大的是武汉市市辖区，为117242.39hm^2；建设用地需求量最小的是英山县，为9669.64hm^2。

9.3.6　耕地布局优化模型分区终止条件

现阶段，建设用地占用已成为武汉城市圈耕地流失的重要影响因素，耕地保护与建设用地扩张的矛盾日益突出。耕地布局优化的本质是耕地非农化指标在空间上的分布。因此，采用分区异步元胞自动机模型进行耕地布局优化时，当某一县域建设用地需求得到满足时，元胞自动机模型在该区域内就应该终止。由于本书中，分区异步元胞自动机模型中元胞的尺度为100m×100m，即每个元胞的对应的面积为1hm^2。根据表9-10中显示的武汉城市圈各县域2020年建设用地需求量，可计算得到耕地布局优化模型分区终止条件(表9-11)。

表 9-11　武汉城市圈耕地布局优化分区终止条件

县名	终止条件(≥元胞数)	县名	终止条件(≥元胞数)	县名	终止条件(≥元胞数)
大悟县	18034	团风县	12341	黄梅县	28051
麻城市	31201	汉川市	31922	嘉鱼县	10000
红安县	18218	浠水县	27416	黄石市市辖区	15418
安陆市	16472	武汉市市辖区	117242	武穴市	21139
孝感市市辖区	149453	蔡甸区	17364	阳新县	28364
黄陂区	30497	蕲春县	27731	咸宁市市辖区	17240
罗田县	17830	潜江市	26475	赤壁市	13393
云梦县	18251	黄冈市市辖区	10599	通山县	16397
英山县	9670	鄂州市	31121	崇阳县	11908
应城市	16946	江夏区	48319	通城县	15249
新洲区	28727	仙桃市	37307		
天门市	47067	大冶市	28106		

9.4　武汉城市圈耕地利用布局优化

基于元胞自动机的耕地区际优化布局模型，并根据上述测算得到的武汉城市圈各县域的建设用地需求优先度计算各县的异步演化间隔(表 9-12)。

显而易见，各县域的建设用地需求优先度的区际差异受其人口和社会经济情况的差异所影响，同时影响着土地利用变化速率高低。控制各县域的土地利用变化速率，根据建设用地优先度以协调各县域建设用地需求满足的优先程度。表 9-12 显示，经济发达、人口数量较大的武汉市市辖区、汉阳区、武昌区和新洲区是建设用地优先度最高的区域，这些区域的元胞演化间隔为 1，即在每次迭代过程中这些区域都会发生演化。经济较为发达并且发展速度较快的鄂州市、黄石市市辖区和黄陂区，建设用地优先度次之，元胞演化间隔为 2。受社会经济发展所限，团风县的建设用地优先度最低，元胞演化间隔也被赋予全区域的最大值 11。与团风县经济水平相当的红安县，元胞演化间隔为 10。紧随的浠水县、罗田县和英山县与其他区域相比社会经济发展水平也相对落后，建设用地优先度也比较低，因此这些区域的元胞演化间隔为 9。

表 9-12　各县建设用地优先度及异步演化间隔

县名	建设用地优先度	异步演化间隔	县名	建设用地优先度	异步演化间隔	县名	建设用地优先度	异步演化间隔
大悟县	0.12	8	团风县	0.09	11	黄梅县	0.11	8
麻城市	0.12	8	汉川市	0.22	4	嘉鱼县	0.16	6
红安县	0.10	10	浠水县	0.11	9	黄石市市辖区	0.38	2
安陆市	0.12	8	武汉市市辖区	1.00	1	武穴市	0.15	6
孝感市市辖区	0.17	5	汉阳区	0.85	1	阳新县	0.19	5
黄陂区	0.49	2	蕲春县	0.11	8	咸宁市市辖区	0.17	5
罗田县	0.11	9	潜江市	0.32	3	赤壁市	0.20	4
云梦县	0.15	6	黄冈市市辖区	0.16	6	通山县	0.12	8
英山县	0.10	9	鄂州市	0.43	2	崇阳县	0.13	7
应城市	0.15	6	武昌区	0.80	1	通城县	0.12	8
新洲区	0.51	1	仙桃市	0.26	3			
天门市	0.19	5	大冶市	0.28	3			

采用本书提出的基于分区异步元胞自动机的耕地区际优化布局模型测算出武汉城市圈 2020 年各县(市、区)耕地和建设用地布局的优化结果(表 9-13)，以及对应的土地利用空间格局(图 9-5)。

综上，14 个建设用地优先度较高的区域，以及建设用地需求得到满足的区域：武昌区、汉阳区、黄陂区、应城市、新洲区、潜江市、黄冈市市辖区、鄂州市市辖区、仙桃市、黄梅县、武穴市、阳新县、咸宁市市辖区和赤壁市；2 个建设用地优先度较低，以及建设用地需求基本得到满足的区域：团风县和通城县；其他县(市、区)由于建设用地需求量和建设用地优先度之间存在一定的矛盾，所以建设用地需求量没有得到完全满足。从整个区域来分析，布局优化的结果保证了武汉城市圈 2020 年耕地保有量达到 $30.39\times10^5\text{hm}^2$，大于 90%粮食自给率要求的 $30.38\times10^5\text{hm}^2$。

表 9-13　基于分区异步元胞自动机模型的武汉城市圈 2020 年耕地区际优化布局结果

县名	建设用地/hm²	耕地/hm²	县名	建设用地/hm²	耕地/hm²	县名	建设用地/hm²	耕地/hm²
大悟县	5070	105798	团风县	10554	40131	黄梅县	29174	101212
麻城市	20457	159921	汉川市	14293	128056	嘉鱼县	6624	72916
红安县	7420	102162	浠水县	6346	151517	黄石市市辖区	14439	169
安陆市	11814	94777	武汉市市辖区	117279	11791	武穴市	21174	82135
孝感市市辖区	9626	171573	汉阳区	30361	61303	阳新县	28696	121594
黄陂区	30727	120860	蕲春县	11797	122272	咸宁市市辖区	20389	80470
罗田县	4253	52101	潜江市	27557	152149	赤壁市	13933	77827
云梦县	8905	49143	黄冈市市辖区	11182	26354	通山县	7943	32172
英山县	1434	23308	鄂州市	34395	83659	崇阳县	9350	36539
应城市	16967	79934	武昌区	48593	93576	通城县	15579	20406
新洲区	21556	94507	仙桃市	37689	209527			
天门市	37220	212974	大冶市	27682	88449			

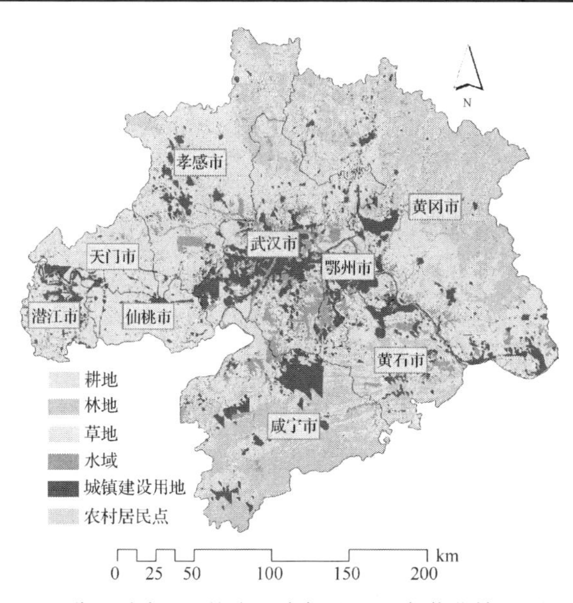

图 9-5　基于分区异步 CA 的武汉城市圈 2020 年优化结果(彩图附后)

比较采用传统的元胞自动机模型实现武汉城市圈建设用地和耕地布局结果(表 9-14)和对应的土地利用空间格局(图 9-6)。

表 9-14 基于传统元胞自动机模型的武汉城市圈 2020 年耕地区际布局结果

县名	建设用地/hm^2	耕地/hm^2	县名	建设用地/hm^2	耕地/hm^2	县名	建设用地/hm^2	耕地/hm^2
大悟县	4791	106660	团风县	27320	25879	黄梅县	26553	104222
麻城市	17934	163102	汉川市	11818	130438	嘉鱼县	4802	76233
红安县	6683	103105	浠水县	5709	152094	黄石市市辖区	12877	1007
安陆市	9097	99194	武汉市市辖区	82983	44164	武穴市	14227	88874
孝感市市辖区	8004	173568	汉阳区	61388	32724	阳新县	33150	118628
黄陂区	18941	131792	蕲春县	8873	125490	咸宁市市辖区	62198	43763
罗田县	3832	52689	潜江市	45184	139096	赤壁市	19304	75154
云梦县	7022	50995	黄冈市市辖区	14080	23761	通山县	4569	35122
英山县	1471	24005	鄂州市	71393	50451	崇阳县	5105	41067
应城市	24087	73431	武昌区	35799	105242	通城县	12783	22043
新洲区	16631	97953	仙桃市	27691	220452			
天门市	26468	224797	大冶市	18039	96538			

综上，通过采用传统元胞自动机模型的耕地区际布局结果，一方面，导致建设用地需求优先度较高的武汉市市辖区、武昌区、黄陂区、新洲区、黄石市市辖区等县域的建设用地需求反而没有得到满足，这种土地利用配置方式将从一定程度上限制上述区域的发展。另一方面，团风县、应城市、黄冈市市辖区、阳新县和咸宁市市辖区等建设用地需求优先度相对较低的县域建设用地数量超过上述区域建设用地的需求，这种土地利用模式有可能造成上述区域建设用地效率低下和耕地资源浪费。

对比分析分区异步元胞自动机模型和传统元胞自动机模型两种元胞自动机模型实现的武汉城市圈耕地优化布局结果，分区异步元胞自动机模型综合考虑了各区域社会经济发展现状和资源禀赋的区际差异，还考虑了各子区域建设用地需求量和需求紧迫程度的差异，在此基础上合理配置各子区域的建设用地和耕地指标。

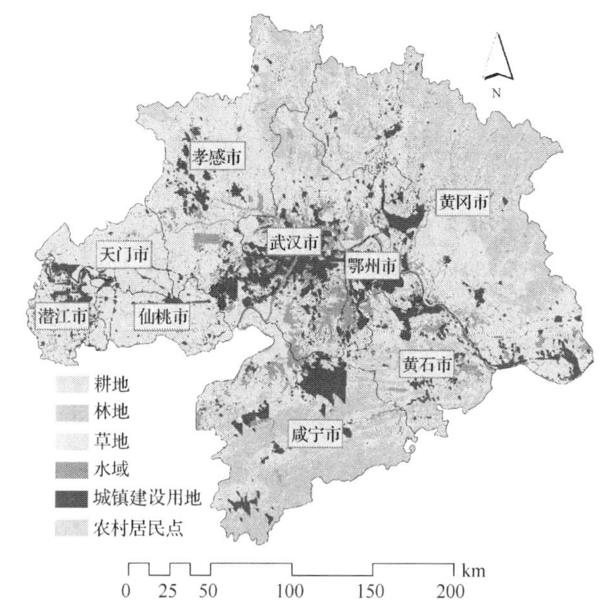

图 9-6　基于传统 CA 的武汉城市圈 2020 年优化结果(彩图附后)

9.5 小　结

各区域的人口和社会经济发展现状、资源禀赋，以及综合发展目标存在区际差异，同时影响着建设用地需求和耕地非农化，其中较为突出的差异表现为经济发达地区建设用地需求优先度高，需求量大，导致耕地非法占用，使耕地资源匮乏；而在经济欠发达地区，耕地非农化效益低下，作用较弱，造成建设用地浪费。综上所述，辨析社会经济发展的区域差异和发展目标，综合考虑区域土地利用的总体空间布局，在区域间合理配置耕地和建设用地指标，是协调耕地保护和全区域社会经济持续发展的润滑剂。

本书以武汉城市圈 2020 年为基础，构建了基于分区异步元胞自动机的耕地利用布局优化模型，在确保研究区域各子区域的粮食安全和耕地保护的前提下，辨析各子区域的建设用地需求量和建设用地需求优先度，合理配置各子区域建设用地和耕地保护的指标。优化结果表明，分区异步元胞自动机模型用于耕地区际优化布局有积极的效用，它不仅可以平衡耕地保有量和建设用地需求不断上涨之间的矛盾，还可以在确保全区域耕地保护和粮食安全的基础上，根据各县域社会经济的实际发展情况，灵活安排各县域建设用地需求，解决全区域的耕地保护目标和社会经济持续发展的矛盾。此外，因为分区异步元胞自动机模型是以实际的土地利用布局为基础的，其分区转换规则也是从各县域土地利用变化的实际数据中计算得到，所以使用分区异步元胞自动机模型实施耕地区际优化具有现实性和准确性，区际优化的结果具有较强的真实性和可操作性。

基于分区异步元胞自动机模型的耕地利用布局优化有一定的局限性，一方面，当前研究中，异步演化速率仅考虑了建设用地需求优先度，另一方面，分区转换规划修正依据的仅为建设用地需求的满足程度。这两者都是由当前现实状态下的社会经济发展水平测算而得，因此，在一定程度上对区域间的发展公平欠考虑。在深入研究时，应加强探讨耕地区际优化布局过程中的补偿机制，在实现区域经济协调可持续发展的基础上平衡耕地保护的矛盾，以实现耕地的区际保护。

主要参考文献

曹银贵，周伟，乔陆印，等. 2012. 中国东部地区城市建设用地变化与利用效益分析. 地理科学进展，31(7): 869~877.

陈凤，张安明，邹小红. 2010. 基于主成分分析法的建设用地需求优先度研究——以重庆市渝东南和渝东北两翼为例. 西南大学学报，32(8):158~162.

陈江龙，曲福田，陈雯. 2008. 农地非农化效率的空间差异及其对土地利用政策调整的启示. 管理世界，(8): 37~42.

陈志强. 陈健飞. 2007. 福州城市用地变化的 CA 模型动态模拟研究. 地球信息科学. 9(2): 70~73.

程龙，董捷. 2012. 武汉城市圈建设用地增减挂钩潜力分析. 农业现代化研究，33(1): 95~99.

戴金华，赵筱青. 2009. 基于灰色线性规划的土地利用结构优化——以云南省澜沧县为例. 云南地理环境研究，21(3): 26~31.

湖北省统计局. 2001. 湖北省统计年鉴(2001). 北京：中国统计出版社.

湖北省统计局. 2002. 湖北省统计年鉴(2002). 北京：中国统计出版社.

湖北省统计局. 2003. 湖北省统计年鉴(2003). 北京：中国统计出版社.

湖北省统计局. 2004. 湖北省统计年鉴(2004). 北京：中国统计出版社.

湖北省统计局. 2005. 湖北省统计年鉴(2005). 北京：中国统计出版社.

湖北省统计局. 2006. 湖北省统计年鉴(2006). 北京：中国统计出版社.

湖北省统计局. 2007. 湖北省统计年鉴(2007). 北京：中国统计出版社.

湖北省统计局. 2008. 湖北省统计年鉴(2008). 北京：中国统计出版社.

湖北省统计局. 2009. 湖北省统计年鉴(2009). 北京：中国统计出版社.

黄春芳，王三. 2008. 基于建设用地需求优先度的耕地指标分配研究——以重庆市北碚区为例. 安徽农业科学，36(30): 13430~13432.

柯新利. 2008a. 基于 AHP 方法的土地利用现状评价与分析. 国土资源科技管理，25(4): 57~60.

柯新利. 2008b. 改进熵权系数法在基本农田指标分解中的应用. 湖北农业科学，47(7): 779~782.

柯新利. 2009. 分区异步元胞自动机模型及其尺度敏感性分析. 武汉：武汉大学博士学位论文.

柯新利，边馥苓. 2010. 基于 C5.0 决策树算法的元胞自动机土地利用变化模拟模型. 长江流域资源与环境. 19(4): 403~409.

柯新利，韩冰华，刘蓉霞，等. 2012. 1990 年以来武汉城市圈土地利用变化时空特征研究. 水土保持研究，19(1): 76~81.

黎夏，叶嘉安，刘小平，等. 2007. 地理模拟系统：元胞自动机与多智能体. 北京：科学出版社.

龙瀛，韩昊英，毛其智. 2009. 利用约束性 CA 制定城市增长边界. 地理学报，64(8): 999~1008.

卢远，莫建飞，韦亮英. 2008. 生态约束性城市扩展模型与应用分析——以南宁市区为例. 地球信息科学，10(6): 710~715.

梅方权. 2009. 2020 年中国粮食的发展目标分析. 中国食物与营养，(2):4~8.

谈明洪, 吕昌河. 2005. 城市用地扩展与耕地保护. 自然资源学报, 20(1):52~58.
王爱萍, 郑新奇. 2001. 基于 SD 的土地利用总体规划——以无棣县为例. 山东师范大学学报: 自然科学版, 16(3): 437~442.
王昱, 丁四保, 卢艳丽. 2012. 建设用地资源的空间优化配置: 现状、矛盾与实现路径. 经济问题探索, (4): 7~12.
徐建华. 2002. 现代地理学中的数学方法(第二版). 北京: 高等教育出版社.
杨丽霞, 杨桂山, 苑韶峰. 2006. 数学模型在人口预测中的应用——以江苏省为例. 长江流域资源与环境, 15(3).
张效军. 2006. 耕地保护区域补偿机制研究. 南京: 南京农业大学博士学位论文.
张效军, 欧名豪, 高艳梅. 2007. 耕地保护区域补偿机制研究. 中国软科学, (12): 47~55.
郑新奇, 阎弘文, 徐宗波. 2001. 基于 GIS 的无棣县耕地优化配置. 国土资源遥感, 48(2): 53~56.
郑义, 林爱文, 张舟. 2008. 武汉城市圈土地供需格局研究. 国土资源科技管理, 25(6): 18~21.
中国科学院地理科学与资源研究所“武汉城市圈总体规划”课题组. 2005. 武汉城市圈总体规划(2005-2020 年)总报告.
周宗丽, 宁大同, 杨志峰. 1999. 三峡库区秭归县土地资源优化配置. 北京师范大学学报: 自然科学版, 35(4): 536~541.
Almeida C M D, Batty M, Antonio M V M, et al. 2003. Stochastic cellular automata modeling of urban land use dynamics. Computer, Environment and Urban Systems, 27:481~509.
Batty M, Xie Y C, Sun Z L. 1999. Modeling urban dynamics through GIS-based cellular automata. Computers, Environment and Urban Systems, 23:205~233.
Chuvieco E. 1993. Integration of linear programming and GIS for land use modeling. International Journal of Geographical Information System, (7):3~19.
Carsjes G J, vander Knaap W. 2002. Strategic land-use allocation: Dealing with spatial relationships and fragmentation of agriculture. Landscape and Urban Planning, 58:171~179.
Ines S R, Rafael C M, David M B. 2008. GIS-based planning support system for rural land-use allocation. Computers and Electronics in Agriculture, 63: 257~273.
Khalid E. 2010. A GEP-based spatial decision support system for multisite land use allocation. Applied Soft Computing, 10:694~702.
Ren F H . 1997 . A training model for GIS application in land resource allocation. ISPRS Photogrammetry and remote sensing, (2):261~265.
Wang X H, Yu S, Huang G H. 2004. Land allocation based on integrated GIS-optimization modeling at a watershed level. Landscape and Urban Planning, 66:61~74.

第10章 基于土地利用效率区域差异的建设用地区际优化配置

10.1 研究背景

提高土地资源的利用效率是可持续利用前提下土地资源优化配置的目标(王万茂等, 2006)。随着工业化和城市化的进程加快，土地与经济发展的矛盾日益突出，土地资源在国民经济各部门之间的合理分配这个问题迅速地成为土地学术界的研究热点(Dokmeci, 1974; Charne, et al., 1975; Barber, 1976)。遥感和地理信息技术的发展使土地利用调查与制图(Von and Vass, 1976)、土地利用空间格局与模式研究(Chuvieco, 1993)和土地资源的空间配置(Dokmeci et al., 1993)成为可能，并使得土地资源配置开始由结构优化向结构与布局并重方向发展。其中，空间显性模型方面，Verburg 等(2002)采用的 CLUE-S 模型、Kim 和 Chung(2005)采用的 CA 模型都在土地资源优化配置中发挥了巨大的作用。国内土地资源优化配置开始受到重视(刘彦随, 1997)是在 1980 年改革开放土地资源与社会经济发展开始出现矛盾后。至 20 世纪末，在土地利用结构调整方面，周宗丽等(1999)采用的线性规划模型、康慕谊等(1999)采用的灰色线性规划模型、王爱萍和郑新奇(2001)采用的系统动力学模型都发挥了重要的作用。土地利用布局优化在国内最近几年也受到了重视，柯新利和边馥苓(2010a，b)采用的改进的元胞自动机模型、张鸿辉等(2011)采用的多智能体技术和梁友嘉等(2011)采用的 CLUE-S 模型都对土地布局优化进行了研究，土地利用布局优化方面的研究日益增多。土地资源优化配置的模型和方法是随着学科和技术的发展不断完善的。综上所述，追求土地资源可持续利用下的土地利用效率最大化，即追求经济效益、社会效益和生态效益的统一是土地结构调整和土地布局优化的目标。

杜官印和蔡运龙(2010)认为中国当前经济增长处于“马尔萨斯增长”和“索洛增长”之间，因此作为重要生产要素的土地,尤其是建设用地的利用效率受到广泛关注。吴得文等(2011)认为我国建设用地在空间上呈现东部地区利用效率高、中西部地区利用效率低的特点。邵挺等(2011)和孙平军等(2012)进一步指出我国建设用地利用效率不仅存在着显著的区域差异，而且区域差异还有进一步扩大的趋势。陈江龙等(2004)认为由于没有考虑到土地利用效率的区域差异致使当前我国执行的耕地总量动态平衡政策和土地利用规划中建设用地指标分解方法不能充分发挥土地利用的空间比较优势，因此需要在土地利用效率的区域差异的前提下开展建设用地指标的分解，学术界在以上认识的基础上围绕耕地资源损失(李效顺等, 2009)、生态-经济适宜性(段学军等, 2009)、空间开发适宜性(陈诚等, 2009)、空间开发潜力(丁建中等, 2009)等视角对建设用地的优化配置开展了探索性的研究。在方法的运用上，近年来主要是以 GIS 空间分析法、层次分析方法(丁建中等, 2009)、计量经济学分析方法(李效顺等, 2009)、蒙特卡罗分析方法(段学军等, 2009)、主成分分析方法和 AHP-GEM 方法(殷少美等, 2007)为主要手段。

依据建设用地利用效率的区域差异对建设用地区际进行优化配置是协调经济发展与耕地保护的重要途径。在对建设用地利用效率区域差异已经形成了较为统一认识的前提下，建设用地利用效率逐渐成为建设用地优化配置研究中的重要影响因素。但对建设用地利用效率的区域差异考虑十分有限使得建设用地区际优化配置的研究显得相对薄弱，这在研究方法上表现为缺少空间显式模型的参与，因此制约了空间优化布局能力的提升。为了实现建设用地整体利用效率最大化的目标，迫切需要根据建设用地利用效率的区域差异开展建设用地的区际优化配置。本书依托空间显式的土地利用变化模型，在土地利用效率区域差异的前提下对建设用地区际优化配置进行研究，为区际建设用地合理布局提供科学的方法。

作为国务院批准的首批“资源节约型与环境友好型”社会建设试验区中的武汉城市圈，既是中部崛起战略的重点区域，也是粮食生产的重要基地。武汉城市圈中的建设用地扩张与耕地保护的矛盾随着城市化进程加快越来越突出，同时圈内各城市间的经济发展和资源禀赋存在着较大的差异，为了武汉城市圈两型社会建设目标的实现，需要根据土地利用效率的区域差异开展建设用地区际优化配置的研究。

本书的案例区为武汉城市圈，在测算建设用地利用效率及并对其区域差异进行分析的基础上，采用空间显式的方法构建了分区异步元胞自动机模型，然后对存在土地利用效率区域差异的武汉城市圈内的各城市建设用地优化配置进行研究，进而在整体上通过武汉城市圈建设用地配置实现效率优化的目标。

10.2 以土地利用效率区域差异为依据的建设用地区际优化方法

10.2.1 研究思路

进行建设用地区际优化配置主要依据建设用地利用效率的区域差异来进行。在本书中建设用地区际优化配置的基本思路是：建设用地的区际配置根据建设用地的利用效率进行，在建设用地的分配中，建设用地利用效率高的区域享有较高的优先度；反之，在建设用地的分配中，对于那些建设用地利用效率较低的区域给予较低优先度。基于这样的思路，本书根据建设用地利用效率的区域差异并依托分区异步元胞自动机模型进行了关键参数的率定，进而达到建设用地区际优化配置的目标(图 10-1)。

首先用 C-D 生产函数对武汉城市圈的建设用地利用效率进行测算，在得到各区域建设用地利用的效率函数后，依托各区域建设用地利用效率函数，以及各区域建设用地面积测算出当前区域建设用地利用效率，并求取武汉城市圈各子区域建设用地的配置优先度，以各区域建设用地配置优先度作为分区异步元胞自动机模型的异步演化速率率定的依据，并以《武汉城市圈总体规划纲要》中的土地利用目标确定 2020 年武汉城市圈建设用地需求量，以此建设用地需求来率定分区异步元胞自动机模型的全局终止条件，同时结合人均建设用地需求量和各区域人口预测来测算各区域建设用地需求并据此率定分区异步元胞自动机模型的分区终止条件。然后，以各区域社会经济条件和自然环境因素，结合各区域土地利用变化的历史趋势率定分区异步元胞自动机模型的分区演化规则。在各参数率定之后以分区异步元胞自动机模型为基础开展武汉城市圈建设用地区际优化配置。由于各区域建设用地数量会随着分区异步元胞自动机模型的运行发生变化，其利用效率也会发生相应变化，为保证配置过程中建设用地利用效率的提升，需要采用分区异步元胞自动机模型对各区域建设用地配置过程进行动态调整。

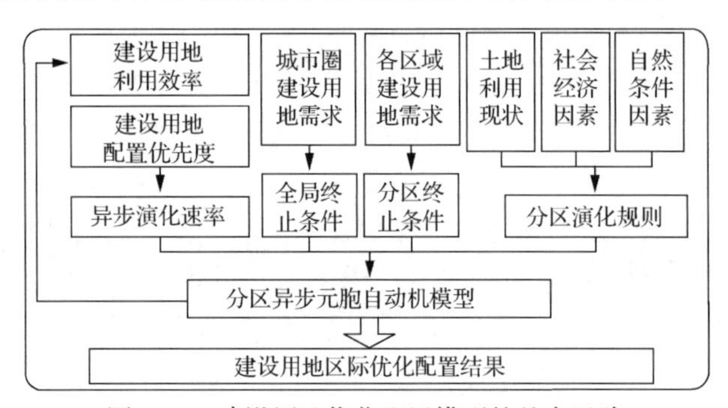

图 10-1　建设用地优化配置模型的基本思路

10.2.2　研究方法

1. 建设用地利用效率测算方法

本书中的建设用地利用效率，即土地利用的经济效率是指在一定时间内的单位城镇建设用地所生产的物品和服务的价值总量，其测算可归纳为以下三种方式：

①采用 DEA 方法，从投入和产出两方面选取指标构建建设用地利用效率评价指标体系，并对建设用地投入产出效率和规模效率进行分析并剖析其区域差异（吴得文等,2011）；②采用确定各指标权重的 AHP 方法、主成分分析法，从建设用地利用的生态环境效率、经济效率和社会效率等方面构建指标体系测算建设用地综合利用效率（孙平军等, 2012）；③通过对表达建设用地利用过程的生产函数求导得到建设用地利用效率（谭荣和曲福田, 2006）。第三种方法测算出的建设用地利用效率具有经济意义，同时又是建设用地面积的函数，而前两种方法仅能表达建设用地利用效率的区域差异，原因是测算出的均为建设用地的相对效率，因此本书采用第三种方法，通过 C-D 生产函数测算武汉城市圈建设用地的利用效率，即

$$Y = AK^{\alpha} L^{\beta} J^{\gamma} \tag{10-1}$$

式中，Y 为二三产业 GDP；$A = A_0 e^{rt}$，为技术进步，A_0 为常数，t 为时间；K 为资本存量；L 为二三产业全社会从业人员；J 为非农建设用地的面积。

为了计算的方便，这里对式(10-1) 两边取对数，得到

$$\ln Y = \ln A_0 + rt + \alpha \ln K + \beta \ln L + \gamma \ln J \tag{10-2}$$

然后用岭回归方程分析方法，在得到标准化回归系数 α 、β 、γ 及 r 后，将以上系数代入式(10-1)，得到了生产函数的回归方程，对建设用地 J 求偏导后，即可以算出建设用地的效率 $E_{\mathrm{bu\_}n}$：

$$E_{\mathrm{bu\_}n} = \gamma \times e^{\gamma t} \times K^{\alpha} \times L^{\beta} \times J^{\gamma-1} \tag{10-3}$$

2. 基于建设用地区际优化配置的空间显式模型

建设用地区际优化配置要考虑建设用地分配的可行性和现实性及建设用地利用效率的区域差异。考虑到土壤、地形、水文等要素对建设用地配置的阻碍作用，采用空间显式模式来表达建设用地的区际优化配置的方法就可以使引入的建设用地布局在现实性和空间性上更加接近实际。此外，区域建设用地利用效率是随着建设用地区际分配过程的推进动态变化的，所以建设用地区际优化配置是动态的过程。从这个角度来看，下一轮建设用地区际配置需要根据空间显式模型配置的结果来进行，所以在进行建设用地的区际优化配置上本书采用了分区异步元胞自动机的模型。

由于所有的元胞只有一个演化规则和和一个演化速率，所以元胞自动机在进行土地利用变化模拟的时候会忽视空间异质性的问题。针对这一问题，本书提出了以分区演化规则和异步演化速率分别表达土地利用的变化规律和速率的空间异

质性的思路，并构建了分区异步元胞自动机模型(柯新利和边馥苓, 2010a，b)。鉴于土地资源的区际优化布局可以在自然条件和经济发展水平的区域差异的基础上采用分区异步元胞自动机模型来进行分析，所以本书是在分区异步元胞自动机模型的基础上根据建设用地利用效率的区域差异开展建设用地区际优化配置的。

本书根据建设用地利用效率的区域差异，结合空间上的社会经济和自然的异质性，建立了分区异步元胞自动机模型开展建设用地的区际优化配置。首先，通过武汉城市圈各城市土地利用影响因素及其变化获取各城市建设用地的变化规律，这样就可以率定各城市分区演化规则。其次，各城市建设用地利用效率不仅可以率定分区异步元胞自动机模型的异步演化速率，而且还可以确定各城市建设用地分配优先度。再次，以《武汉城市圈总体规划纲要》中测算的 2020 年武汉城市圈建设用地需求来率定分区异步元胞自动机模型的全局终止条件，以预测得到的武汉城市圈各城市建设用地需求来率定分区异步元胞自动机模型的分区终止条件。在得到了分区转换规则、异步演化速率、全局终止条件和分区终止条件之后，就可以驱动分区异步元胞自动机模型对武汉城市圈的建设用地进行区际优化配置。

10.3　武汉城市圈及其土地利用变化

10.3.1　研究区域

作为全国首批资源节约型与环境友好型社会建设综合配套改革试验区的武汉城市圈是我国重要的粮食生产基地，圈内城市主要为武汉、黄石、鄂州、黄冈、孝感、咸宁、仙桃、天门、潜江，9 个城市的土地面积为 58052km^2，占到了湖北省土地总面积的 31.23%，9 个城市的建设用地面积占武汉城市圈土地总面积的 10.47%。至 2011 年止，武汉城市圈内的国内生产总值、人口数量、地方财政收入、全社会固定资产投资数量占湖北省全省百分比分别为 60.5%、53.30%、65.30%和 59.10%。

作为中部崛起战略的重要节点，武汉城市圈的社会经济发展十分迅猛，这导致了圈内各城市对建设用地的需求十分旺盛。但是由于圈内各城市之间社会经济发展水平和自然资源禀赋的区域差异非常显著，所以对各城市的土地资源配置需要按照经济发展和资源禀赋差异来进行，尤其要注意的是在开展建设用地优化布局时要根据区际建设用地集约利用水平来进行，这对武汉城市圈土地资源合理利用具有十分重要的意义。

10.3.2 数据来源与处理

本书的数据来源主要包括武汉城市圈社会经济数据和土地利用及基础地理数据。武汉城市圈社会经济数据主要用于测算武汉城市圈各城市建设用地利用效率，土地利用数据及基础地理数据主要用于率定分区异步元胞自动机模型的参数。

1. 社会经济数据

在本书中涉及的社会经济数据主要有2001~2011年武汉城市圈内各城市的二三产业总产值、国内生产总值指数、全社会固定资产投资额、二三产业从业人员数量、非农建设用地面积。数据来源为各城市，以及湖北省国土资源管理部门的统计数据和2002~2012年《湖北统计年鉴》。

2. 土地利用数据及基础地理数据

本书中涉及的土地利用数据为2000年和2008年武汉城市圈的土地利用数据。2000年土地利用数据是从中国科学院资源与环境数据中心土地利用数据库中获取的，2008年的土地利用数据是由中巴资源卫星经人工解译后获得的。土地利用数据中土地利用分为6类，即林地、草地、耕地、水域、建设用地和未利用地。

本书中涉及的基础地理数据有武汉城市圈的DEM数据、离水系的距离栅格数据及离各级道路的距离栅格数据。武汉城市圈的DEM数据是由国家测绘地理信息局提供的，为比例1∶25万的DEM数据。离各级道路的距离栅格数据和离水系的距离栅格数据分别由武汉城市圈交通数据集和武汉城市圈水系数据经ArcGIS10中的DISTANCE函数来生成。

10.4 土地利用效率区域差异下的武汉城市圈建设用地区际优化配置

10.4.1 武汉城市圈建设用地利用效率及其区域差异

以C-D生产函数结合岭回归方式，在武汉城市圈各城市社会经济统计数据的基础上求出式(10-2)中的各个系数(表10-1)，然后根据式(10-2)计算得到武汉城市圈各城市建设用地利用效率的表达函数。以得到的表达函数为基础，依照2011年武汉城市圈相关统计数据，就可以计算出2011年武汉城市圈各城市的建设用地利用效率。

表 10-1 建设用地的利用效率参数

地区	α	β	γ	r	2011 年建设用地效率/(万元/hm^2)
武汉	0.29	0.26	0.24	0.21	38.06
黄石	0.34	0.18	0.22	0.26	53.31
鄂州	0.31	0.17	0.28	0.24	72.8
孝感	0.32	0.16	0.27	0.25	39.66
黄冈	0.32	0.21	0.25	0.22	27.03
咸宁	0.26	0.24	0.27	0.24	43.78
仙桃	0.33	0.28	0.21	0.27	73.14
潜江	0.27	0.22	0.28	0.24	62.27
天门	0.27	0.26	0.23	0.27	54.53

观察表 10-1 不难发现，2011 年建设用地利用效率最高的城市为仙桃市和鄂州市，建设用地利用效率分别达到 73.14 万元/hm^2 和 72.80 万元/hm^2。所以，对仙桃市和鄂州市应赋予较高的建设用地配置优先度。建设用地利用效率较低的城市为黄冈、孝感、武汉等城市，均未达到 40 万元/hm^2。值得注意的是作为湖北省省会的武汉市虽然经济发展非常迅猛，但由于城市规模较大，扩张速度较快，导致其建设用地利用效率与其他城市相比相对较低。对这些效率较低的城市建设用地的利用应该采取内部挖潜，进而提高建设用地的利用效率，同时在对武汉城市圈建设用地区际配置时应赋予这些城市较低的优先度。

10.4.2 分区异步元胞自动机模型关键参数率定

在用分区异步元胞自动机模型对武汉城市圈建设用地进行区际优化配置时，异步演化速率是最重要的参数。根据建设用地利用效率率定异步演化速率是武汉城市圈建设用地区际优化配置的原则：在建设用地区际优化配置的过程中，建设用地利用效率越高的城市赋予越高的优先度，相应异步演化速率越高，本书中的异步演化速率采用式(10-4)进行计算：

$$v_{ij} = \frac{E_{bu\_n} - E_{bu\_min}}{E_{bu\_max} - E_{bu\_min}} \times (v_{max} - v_{min}) + v_{min} \tag{10-4}$$

式中，v_{ij} 为区域 n 内的元胞的异步演化速率；v_{max} 为全区域演化速率的最大值；v_{min} 为全区域演化速率的最小值；E_{bu_max} 为全区域建设用地利用效率的最大值；

E_{bu_min} 为全区域建设用地利用效率的最小值；E_{bu_n} 为区域 n 的建设用地利用效率。

要注意的是，各区域建设用地数量会随着建设用地区际配置的进行而不断发生变化，即式(10-3)中 J 值不断发生变化，相应的建设用地利用效率也会随着建设用地区际配置的进行而发生变化。理论上模型中元胞演化速率会随建设用地利用效率的变化不断变化，但为了维持演化速率的相对稳定性，本书中采用了每隔150步重新按式(10-3)调整元胞异步演化速率的方式(整个配置过程大约需要运行2700步左右)。

全区域建设用地需求量得到满足是分区异步元胞自动机的建设用地区际优化布局模型的终止条件。全区域建设用地增加到这一数量时元胞自动机模型终止运行，建设用地不能再增加，建设用地的区际优化布局完成。《武汉城市圈总体规划纲要》中明确指出在2020年建设用地总量应控制在806000hm^{2}以内，本书中以此数量作为分区异步元胞自动机模型全局终止的条件。各城市的建设用地需求得到满足是各城市分区终止的条件。本书以人均建设用地指标结合人口预测指标测算武汉城市圈各城市建设用地的需求，并以此率定分区异步元胞自动机模型的分区终止条件。

本书采用 C5.0 决策树算法根据各城市社会经济和资源禀赋情况确定分区异步元胞自动机模型的分区演化规则(柯新利和边馥苓, 2010a，b)，公式为

$$p_{d,ij}^{t}=[1+(-\ln\gamma)^{\alpha}]\times P_g\times \mathrm{con}(s_{ij}^{t})\times \Omega_{ij}^{t} \tag{10-5}$$

式中，$p_{d,ij}^{t}$ 为元胞的转换概率；γ 为(0，1)之间的随机数；α 为控制随机变量影响大小的参数，其取值范围是1~10的整数；P_g 为分区转换概率；$\mathrm{con}(s_{ij}^{t})$ 为单元的约束性条件；Ω_{ij}^{t} 为邻域函数，其可以看作邻域对元胞转换概率的影响。

10.4.3 武汉城市圈建设用地区际优化配置结果

依据上述率定的各参数，结合分区异步元胞自动机模型实现对建设用地利用效率的区际优化配置，于是得到2020年武汉城市圈建设用地配置结果(表10-2、图10-2)。

鄂州和潜江等城市建设用地需求得到了完全满足，这是由于这些城市的建设用地利用效率较高。建设用地利用效率较为低下的咸宁和孝感由于建设用地需求量与建设用地现状差距较小，因而也得到了满足。具有相对较高的建设用地利用效率的黄石和天门其建设用地需求量也基本得到满足。武汉市由于建设用地需求量巨大，加上建设用地利用效率较为低下，所以其满足程度最低，只有65.89%。

建设用地利用效率也较为低下的黄冈市满足程度只有77.06%，满足程度也较低。

表 10-2　2020 年武汉城市圈建设用地配置结果　　（单位：hm^2）

城市	建设用地需求量	建设用地分配量	城市	建设用地需求量	建设用地分配量
武汉	375469	247280	咸宁	84182	84182
黄石	71886	65602	仙桃	37307	37307
鄂州	31121	31121	潜江	26475	26475
孝感	115274	115274	天门	47067	41398
黄冈	204191	157361			

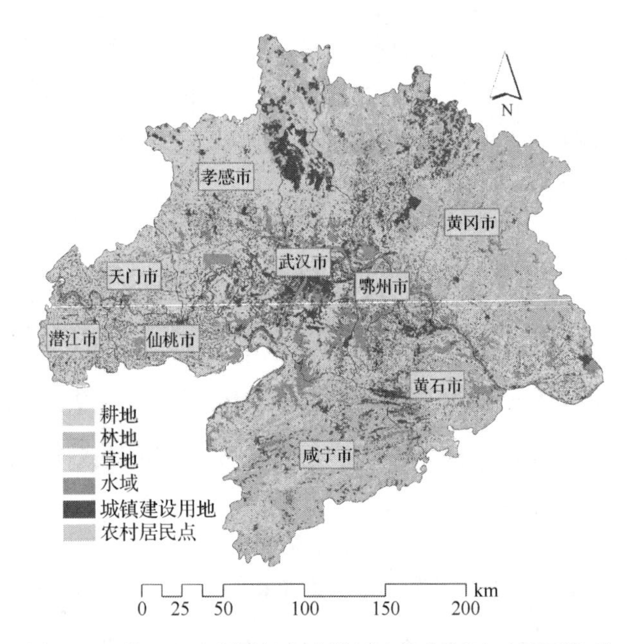

图 10-2　基于土地利用效率建设用地优化配置（彩图附后）

10.5　小　结

研究结果表明建设用地利用效率存在区域差异。本书以武汉城市圈为研究对象，在建设用地利用区域差异及其利用效率测算的基础上，为实现基于土地利用效率区域差异的建设用地区际优化配置的目的构建了分区异步元胞自动机模型。结果显示：

(1) 全区域建设用地利用效率优化的目标可以通过基于土地利用效率区域差异的建设用地区际优化配置的分区异步元胞自动机模型得以实现。不同区域不同的演化速率和转换规则可以用分区异步元胞自动机模型计算获取。所以，基于土地利用效率区域差异的建设用地区际优化配置可以通过建设用地利用效率率定各区域元胞的异步演化速率得以实现。

(2) 鉴于武汉城市圈各区域建设用地的利用效率存在着显著的区域差异，其建设用地的满足程度也存在明显的差异。建设用地需求度得到完全满足是建设用地利用效率较高的仙桃市、鄂州市和潜江市，建设用地需求量不大但建设用地利用效率较低的孝感市和咸宁市建设用地需求度也得到了完全满足。天门市和黄石市的建设用地利用效率相对较高，所以建设用地需求满足程度也比较高，只有武汉市和黄冈市因为建设用地效率较低导致满足程度较低。

本书中的分区异步元胞自动机模型可以实现全区域建设用地利用效率的优化，是对建设用地区际优化配置的有益探索。建设用地的区际优化配置不仅要考虑其利用效率，还要将生态效益、社会效益等与建设用地利用效率进行综合考虑，今后将在这方面继续加强，进而得到更加科学合理的配置结果。

主要参考文献

陈诚，陈雯，吕卫国. 2009. 基于空间开发适宜性分区的城镇建设用地配置——以海安县为例. 地理科学进展, 28(5): 775～781.

陈江龙，曲福田，陈雯. 2004. 农地非农化效率的空间差异及其对土地利用政策调整的启示. 管理世界, (8): 37～42, 155.

丁建中，金志丰，陈逸. 2009. 基于空间开发潜力评价的泰州市建设用地空间配置研究. 中国土地科学, 23(5): 30～36.

杜官印，蔡运龙. 2010. 1997~2007 年中国建设用地在经济增长中的利用效率. 地理科学进展, 29(6): 693～700.

段学军，秦贤宏，陈江龙. 2009. 基于生态-经济导向的泰州市建设用地优化配置. 自然资源学报, 24(7): 1181～1191.

康慕谊，姚华荣，刘硕. 1999. 陕西关中地区土地资源的优化配置. 自然资源学报, 14(2): 363～367.

柯新利，边馥苓. 2010a. 基于空间数据挖掘的分区异步元胞自动机模型研究. 中国图象图形学报, 15(6): 921～930.

柯新利，边馥苓. 2010b. 基于 C5.0 决策树算法的元胞自动机土地利用变化模拟模型. 长江流域资源与环境, 19(4): 403～408.

柯新利，邓祥征，刘成武. 2010. 基于分区异步元胞自动机模型的耕地利用布局优化——以武汉城市圈为例. 地理科学进展, 29(11): 1442～1450.

李效顺，曲福田，郧文聚. 2009. 中国建设用地增量时空配置分析——基于耕地资源损失计量反演下的考察. 中国农村经济, (4): 4～16.

梁友嘉，徐中民，钟方雷. 2011. 基于 SD 和 CLUE-S 模型的张掖市甘州区土地利用情景分析. 地理研究, 30(3): 564～576.

刘彦随. 1997. 沿海地区土地适宜性及可持续利用模式. 经济地理, 17(3): 181～184.

邵挺，崔凡，范英，等. 2011. 土地利用效率、省际差异与异地占补平衡. 经济学(季刊), 10(3): 1087～1104.

孙平军，赵峰，修春亮. 2012. 中国城镇建设用地投入效率的空间分异研究. 经济地理, 32(6): 46～52.

谭荣，曲福田. 2006. 中国农地非农化与农地资源保护: 从两难到双赢. 管理世界, 66(12): 50～59.

王爱萍, 郑新奇. 2001. 基于SD的土地利用总体规划——以无棣县为例. 山东师大学报: 自然科学版, 16(3): 437～442.
王万茂, 董祚继, 王群, 等.2006.土地利用规划学. 北京: 科学出版社.
吴得文, 毛汉英, 张小雷, 等. 2011 中国城市土地利用效率评价. 地理学报, 66(8): 1111～1121.
殷少美, 金晓斌, 周寅康, 等. 2007. 基于主成分分析法和AHP-GEM模型的区域新增建设用地指标合理配置——以江苏省为例. 自然资源学报, 22(3): 372～379.
张鸿辉, 曾永年, 谭荣, 等. 2011. 多智能体区域土地利用优化配置模型及其应用. 地理学报, 66(7): 972～984.
周宗丽, 宁大同, 杨志峰. 1999. 三峡库区秭归县土地资源优化配置. 北京师范大学学报: 自然科学版, 35(4): 536～541.
Barber G M. 1976. Land use planning via interactive multi-objective programming. Environment and Planning. A, (8): 625～636.
Charne A, Hornes K E, Hazleton J E, et al. 1975. A hierarchical goal programming approach to environmental land-use management. Geographical Analysis, (7): 121～130.
Chuvieco E. 1993. Integration of linear programming and GIS for land-use modeling. International Journal of Geographical Information System, 7: 71～83.
Dokmeci V. 1974. Multiobjective model for regional planning of health facilities. Environment and Planning. A, 11(5): 517~525.
Dokmeci V F, Cagdas G, Tokcan S. 1993. Multi-objective land use planning model. Journal of Urban Planning and Development, 119(1): 15~22.
Kim D S, Chung H W. 2005 Spatial diffusion modeling of new residential area for land-use planning of rural villages. Journal of Urban Planning and Development, 131(3): 181～194.
Verburg P H, Soepboer W, Veldkamp A. 2002. Modeling the spatial dynamics of regional land use: The CLUE-S model. Environmental Management, 30(3): 391～405.
Von G, Vass P A. 1976. Guidelines for using LANDSAT data for rural land use surveys in developing countries. ITC Journal, (1): 30～47.

第 11 章　基于资源禀赋和经济发展区域差异的耕地优化布局

11.1　研 究 背 景

当前，随着我国城市化的快速发展，建设用地需求不断增大，耕地保护压力也日益增大。由于我国各区域自然资源禀赋差异的存在，以及经济社会发展的非均衡性，即使我们国家有最严格的耕地保护政策，但政策效力尚难达到耕地保护的预期目标(张效军, 2006)。首先，从耕地保护目标责任的确定来看，忽视了各区域之间经济发展的非均衡性，以及耕地非农化在经济发展特定阶段的合理性其结果是经济欠发达地区耕地非农化指标出现富余，土地综合利用效益不高，而经济发达地区耕地非农化指标严重不足(柯新利等, 2010)。其次，从耕地保护指标的空间布局来看，忽视了区域之间耕地自然资源禀赋的差异，使得耕地占补平衡政策执行过程中，常常出现“占优补劣”现象，其后果是导致耕地质量严重下降。区域之间资源禀赋的差异导致耕地的生产能力存在空间差异，于是，在耕地保有量相同的情况下，耕地的不同空间布局，所具备的粮食生产能力也必然存在差异(Deng et al., 2006)。再次，区域之间经济发展差异的存在，又使得区域之间存在不同的耕地非农化压力和非农化效率。因此，在开展耕地区际布局时，必须充分考虑区域之间的自然资源禀赋和社会经济发展条件的差异，从效率均衡的角度实现土地利用效率的最大化，保障国家粮食安全。在国外，早期耕地布局主要以土地适宜性评价的结果为依据，如美国提出以“土地评价与立地分析(LESA)”方法来进行耕地空间布局。随着 GIS 技术的发展，基于 GIS 的农田质量评价与立地分析被应用于耕地空间布局(Dung and Sugumaran，2005)。近年来，随着计算机和遥感技术的飞速发展，遥感、计算机和数学方法被越来越广泛的应用于耕地布局优化的研究中(Gerrit et al., 2002; Ines et al., 2008)。在国内，由于工业化、城市化的快速发展，耕地布局优化的主要目的是协调建设用地需求不断增长和耕地保护之间的矛盾，提高土地利用效率。当前国内耕地资源优化布局的研究主要集中在如下几个方面：①以耕地适宜性评价和农用地分等定级结果为基础的耕地布局优化(关小克等, 2010; 张琳等, 2012)；②在权衡耕地与其他土地利用方式的冲突与矛盾的基础上，优化耕地利用结构(张基凯等, 2010; 陈江龙等, 2004)。从当前的研究来看，以耕地适宜性评价为基础的耕地布局优化显然只考虑耕地的自然属性，却忽视了区域之间耕地非农化压力的差异。从耕地与其他土地利用方式的冲突出发开展的耕地布局优化以一个封闭的区域作为研究对象，耕地非农化压力无法释放。

从现有研究成果来看，也有研究者已经意识到耕地的区域布局需要考虑区域之间在资源禀赋和经济发展所处阶段的差异，但在究竟该“如何根据资源禀赋和经济发展差异进行耕地区域配置”这一问题上，目前仍缺乏深入系统的解释。陈江龙等(2004)研究了农地非农化效率的空间差异，指出在开展土地利用空间配置时，要充分考虑自然资源禀赋和经济发展水平的区域差异。张基凯等(2010)从耕地非农化对经济增长贡献的区域差异角度研究了山东省各地级市耕地非农化的最优配置数量。陈凤等(2010)在研究各区域建设用地需求优先度的基础上，提出根据各区域建设用地需求优先度配置区域新增建设用地指标。王昱等(2012)在剖析建设用地利用效率区域差异的基础上提出了建设用地空间配置的思路。这些研究成果为基于区域之间自然资源禀赋和经济发展条件差异开展耕地布局优化研究提供了思路，奠定了基础。然而，如何将自然资源禀赋和经济发展差异因素引入耕地布局优化模型中，仍然是当前耕地布局优化研究中亟待关注的重点和难点问题。武汉城市圈是国务院于 2007 年 12 月批准的全国首批“两型社会”建设综合配套改革试验区。近年来，随着“中部崛起”上升为国家战略，武汉城市圈经济社会发展迅速，城镇建设用地扩张较快。同时，武汉城市圈大部分处在江汉平原地区，是我国重要的商品粮生产基地，区域内耕地资源丰富。随着武汉城市圈城市化进程的加快，如何有效保护耕地的问题日益凸显。武汉城市圈以武汉为中心，覆盖周边八个大中型城市，各城市之间耕地的自然资源禀赋不同，社会经济发展水平也存在差异，也存在着显著的区域差异，因此，有必要综合考虑城市圈内各城市之间在自然资源禀赋和社会经济发展方面的区域差异，开展武汉城市圈耕地空间布局优化。

本书选取武汉城市圈作为案例区，综合考虑武汉城市圈各区域之间自然条件和社会经济条件的区域差异，在耕地适宜性评价和耕地非农化压力测算的基础之上，利用分区异步元胞自动机模型开展耕地区域间优化布局，试图提出基于资源禀赋和经济发展区域差异的模型和方法体系，为耕地优化布局和土地资源可持续利用提供决策支持。

11.2 武汉城市圈概况

本书涉及的数据包括武汉城市圈 1995 年、2000 年和 2005 年的社会经济统计数据、土地利用数据、DEM 数据，以及气候、土壤和水文地貌数据。与本书相关的社会经济统计数据主要包括武汉城市圈人口数据和主要经济技术指标数据，如固定资产投资总额、二三产业增加值、二三产业从业人员、社会消费品零售额等。社会经济统计数据主要来源于湖北省统计年鉴。

土地利用数据来源于中国科学院资源环境科学数据中心的土地利用数据库(刘纪远等, 2002)。该数据库利用陆地资源卫星数据作为原始数据解译得到，含耕地、林地、草地、建设用地、水域、未利用地六大用地类型，数据源空间分辨率为 30m×30m。

DEM数据和地貌类型数据来源于中国科学院资源环境科学数据中心1∶25万 DEM 数据和 1∶100 万地貌类型数据（李仁东等, 2003)。气候数据根据中国气象局气象站点观测数据，采用空间插值算法得到武汉城市圈栅格形式的气象数据集(Deng et al., 2008)。土壤数据主要包括土壤含氮量数据和土壤含磷量数据。该数据根据 1∶400 万的土壤类型数据与土壤剖面数据，采用空间插值方法得到空间尺度的土壤数据(Deng et al., 2008)。

11.3 基于资源禀赋和经济发展区域差异的耕地优化布局方法

11.3.1 武汉城市圈耕地适宜性评价方法

依托 GIS 技术，考虑区域之间耕地自然资源禀赋的差异，在栅格尺度上开展武汉城市圈耕地适宜性评价(图 11-1)。首先，构建耕地适宜性评价的指标体系，主要包括气候、水文地貌和土壤三方面的因素。在此基础上，依托 GIS 平台制备耕地适宜性评价的指标数据集。然后，综合采用层次分析法和专家打分法确定各指标的权重，进而测算耕地适宜性评价的综合得分，参照综合评价分值分级情况，得到武汉城市圈耕地适宜性评价结果。

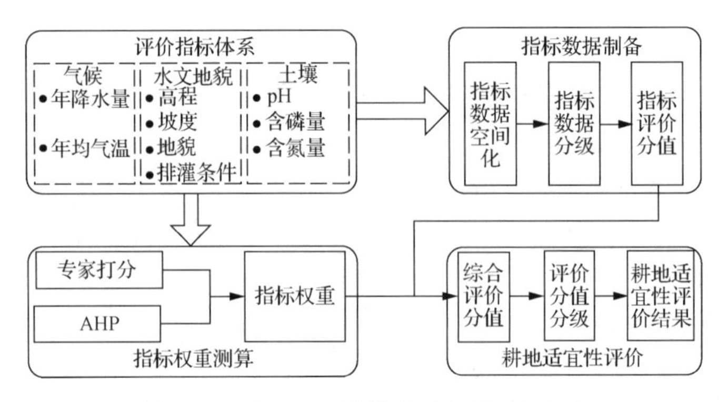

图 11-1 基于 GIS 的耕地适宜性评价方法

11.3.2 武汉城市圈耕地非农化压力测算方法

构建耕地非农化压力评价指标体系，本书从武汉城市圈建设用地投入强度、建设用地利用强度和建设用地产出效益三方面，选取地均固定资产投资、地均二三产业从业人数、城镇人均建设用地面积、土地利用率、单位建设用地 GDP、地均财政收入、地均工业总产值和地均社会消费品零售额等指标。并对指标数据进行归一化处理，然后采用 AHP 方法确定各评价指标的权重，进而测算武汉城市圈耕地非农化压力值(图 11-2)。

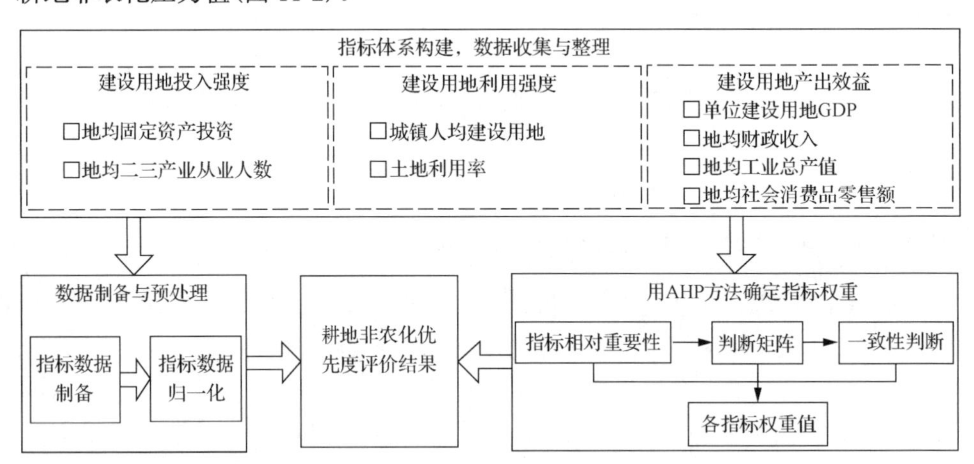

图 11-2 基于 AHP 的耕地非农化压力测算

11.3.3 分区异步元胞自动机模型异步演化速率测算方法

本书中分区异步元胞自动机模型的异步演化速率根据资源禀赋和经济发展的区域差异两方面确定：一方面，从资源禀赋差异来看，优质耕地应得到优先保护，对于耕地适宜性较高的地块应该限制其非农化速度；另一方面，从经济发展差异来看，各区域应被允许有与其非农化压力相适应的耕地非农化速率，使耕地非农化压力得到合理释放。因此，应综合区域耕地非农化压力和耕地适宜性评价结果确定分区异步元胞自动机模型的异步演化速率。

由耕地非农化压力确定的异步演化速率可以用下式表达：

$$v_{ij\_\text{pri}} = \frac{\text{priority}_{ij}}{\text{priority}_{\max} - \text{priority}_{\min}} \times \left(v_{\max} - v_{\min}\right) + v_{\min} \tag{11-1}$$

式中，v_{ij_pri} 为根据耕地非农化压力确定的单元格 (i, j) 的演化速率；priority_{ij} 为单元格 (i, j) 的耕地非农化压力；$\text{priority}_{\max}$ 为全区域耕地非农化压力的最大值；$\text{priority}_{\min}$ 为全区域耕地非农化压力的最小值；$v_{\max}$ 与 $v_{\min}$ 分别为全区域元胞演化的速度的最大值与最小值。由于元胞自动机模型没有速率的概念，只有演化间隔，因此需要将此处的演化速率转换为演化间隔：

$$\text{Interval}_{ij\_\text{pri}} = \left[\frac{1}{v_{ij\_\text{pri}}}\right] \tag{11-2}$$

式中，$\text{Interval}_{ij\_\text{pri}}$ 即为速率 v_{ij_pri} 对应的元胞演化间隔。

由耕地适宜性决定的异步演化速率可用下式表达：

$$v_{ij\_\text{sui}} = \frac{\text{Suitability}_{\max} - \text{Suitability}_{ij}}{\text{Suitability}_{\max} - \text{Suitability}_{\min}} \times \left(v_{\max} - v_{\min}\right) + v_{\min} \tag{11-3}$$

同样的，需要将此处的异步演化速率转换成异步演化间隔：

$$\text{Interval}_{ij\_\text{sui}} = \left[\frac{1}{v_{ij\_\text{sui}}}\right] \tag{11-4}$$

综合考虑社会经济发展和自然资源禀赋的区域差异，武汉城市圈土地利用变化演化间隔可以由下式表达：

$$\text{Interval}_{ij} = \text{Interval}_{ij\_\text{pri}} + \text{Interval}_{ij\_\text{sui}} \tag{11-5}$$

11.3.4 基于资源禀赋和经济发展区域差异的耕地优化布局方法体系

基于资源禀赋和经济发展区域差异的耕地优化布局的基本思路是：耕地布局优化的基本目标是在保障全区域粮食安全的基础上实现耕地非农化压力的释放；

耕地区域布局优化的基本依据是资源禀赋和经济发展的区域差异，即耕地适宜性和耕地非农化压力的区域差异。本书借助分区异步元胞自动机模型实现了基于资源禀赋和经济发展区域差异的耕地优化布局(图 11-3)：根据全区域粮食安全对耕地的需求量确定模型的全局终止条件；根据建设用地需求量确定模型的分区终止条件；根据耕地适宜性评价结果和耕地非农化压力测算结果确定异步演化速率；根据各区域土地利用变化规律确定分区演化规则，借助分区异步元胞自动机模型实现武汉城市圈耕地资源的优化布局。

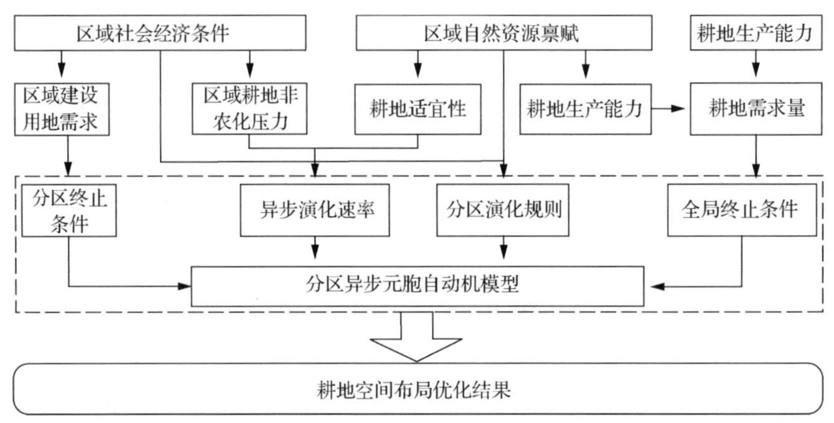

图 11-3　基于资源禀赋和经济发展区域差异的耕地优化布局总体方案

11.4　基于资源禀赋和经济发展区域差异的耕地优化布局结果

11.4.1　武汉城市圈耕地适宜性及其区域差异

根据 11.3.1 节阐述的方法对武汉城市圈耕地进行适宜性评价，得到武汉城市圈耕地适宜性评价结果(图 11-4)。可见，武汉城市圈耕地适宜性水平总体较高，同时各城市之间也存在明显的差异。位于江汉平原腹地的武汉市、孝感市、潜江市、天门市、仙桃市，以及自然资源条件较好的鄂州市耕地适宜性总体水平较高。而黄冈市、黄石市和咸宁市的耕地适宜性水平较低。可见，耕地的空间布局对武汉城市圈耕地生产总量会产生显著的影响。因此，以耕地适宜性评价为依据的耕地布局优化是实现区域粮食安全的重要保障。

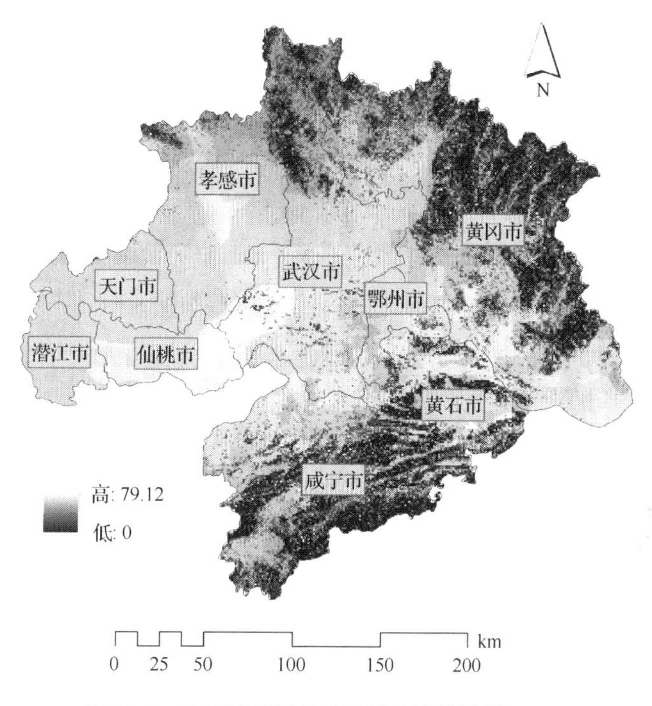

图 11-4　武汉城市圈耕地适宜性评价结果

11.4.2　武汉城市圈耕地非农化压力及其区域差异

采用 11.3.2 节阐述的方法对武汉城市圈耕地非农化压力进行测算。在采用专家打分法和 AHP 方法确定指标权重时，选择了 11 位专家对判断矩阵进行打分，这些专家均长期从事土地利用评价科研与实践工作。根据大多数专家的意见形成最终判断矩阵，采用 AHP 方法确定各指标权重，并结合指标数据归一化结果测算耕地非农化压力，得到武汉城市圈耕地非农化压力及其区域差异(表 11-1)。从表 11-1 中可见，武汉城市圈内武汉市市辖区的耕地非农化压力最高，耕地非农化压力高达 0.851，而耕地非农化压力最低的是咸宁市市辖区，耕地非农化压力仅为 0.133。除武汉市市辖区和黄石市市辖区，其他县域的耕地非农化压力普遍较低。

11.4.3　基于资源禀赋和经济发展区域差异的武汉城市圈耕地优化布局结果

1. 基于粮食安全的全局终止条件

全区域的粮食安全是耕地布局优化的基本目标。因此，采用分区异步元胞自动机模型开展耕地布局优化时，需要根据全区域粮食安全对耕地资源的需求量确

表 11-1 武汉城市圈各县耕地非农化压力评价结果

县名	耕地非农化压力	建设用地投入强度	建设用地利用强度	建设用地产出效益	县名	耕地非农化压力	建设用地投入强度	建设用地利用强度	建设用地产出效益
武汉市市辖区	0.851	1.000	0.404	1.000	蕲春县	0.248	0.051	0.660	0.140
蔡甸区	0.153	0.069	0.328	0.108	黄梅县	0.202	0.061	0.552	0.098
江夏区	0.135	0.054	0.309	0.089	孝感市市辖区	0.295	0.183	0.526	0.235
黄陂区	0.261	0.071	0.533	0.220	应城市	0.198	0.072	0.457	0.132
新洲区	0.278	0.096	0.536	0.240	安陆市	0.222	0.068	0.551	0.134
鄂州市	0.233	0.118	0.399	0.207	汉川市	0.242	0.093	0.528	0.173
黄石市市辖区	0.551	0.526	0.417	0.631	大悟县	0.198	0.040	0.542	0.104
大冶市	0.187	0.098	0.394	0.128	云梦县	0.259	0.151	0.533	0.177
阳新县	0.249	0.050	0.644	0.151	咸宁市市辖区	0.133	0.068	0.331	0.067
黄冈市市辖区	0.237	0.211	0.398	0.169	赤壁市	0.186	0.040	0.414	0.144
麻城市	0.164	0.036	0.471	0.075	嘉鱼县	0.214	0.060	0.472	0.161
武穴市	0.230	0.080	0.533	0.154	通城县	0.361	0.052	0.894	0.249
团风县	0.167	0.045	0.463	0.081	崇阳县	0.299	0.030	0.764	0.201
红安县	0.176	0.035	0.494	0.086	通山县	0.315	0.020	0.856	0.192
罗田县	0.227	0.044	0.617	0.124	仙桃市	0.194	0.088	0.435	0.126
英山县	0.406	0.044	1.000	0.291	天门市	0.207	0.073	0.508	0.123
浠水县	0.266	0.053	0.700	0.156	潜江市	0.139	0.060	0.326	0.085

定分区异步元胞自动机模型的全局终止条件。考虑到不同区域耕地单产水平和耕地复种指数的差异，本书提出了标准耕地的概念：标准耕地是指单位播种面积粮食单产为 6000kg/hm^2、粮食播种面积指数为 1.25 的耕地。因此，基于资源禀赋和经济发展区域差异的耕地空间布局优化模型全局终止条件可由下式计算得到：

$$S_{\text{标}} = \alpha \times \frac{G_{\mathrm{p}}}{1.25 \times 6000} \times P \tag{11-6}$$

式中，$S_{标}$ 为武汉城市圈标准耕地需求量；α 为粮食自给率，本书设定为 90%；G_p 为人均粮食需求量，结合武汉城市圈的实际情况，本书中人均粮食消费量取 450kg；P 为研究期末武汉城市圈总人口，本书采用灰色模型预测得到武汉城市圈 2020 年总人口为 3861.29 万人。根据上式可以计算出武汉城市圈 2020 年标准耕地需求量为 2085096.708hm^2。

2. 基于资源禀赋和经济发展区域差异的异步演化速率

根据 11.3.3 节的方法可以测算得到武汉城市圈耕地非农化压力决定的异步演化间隔［图 11-5(a)］、由耕地适宜性决定的异步演化间隔［图 11-5(b)］。由于耕地非农化压力的评价单元为县(区)行政单元，耕地适宜性评价的单元为栅格，两者的尺度不一致。为了将两者统一起来，将耕地非农化压力的评价结果进行栅格化。据此，可以得到由社会经济发展和自然资源禀赋的区域差异共同决定的分区异步元胞自动机模型的异步演化间隔［图 11-5(c)］。

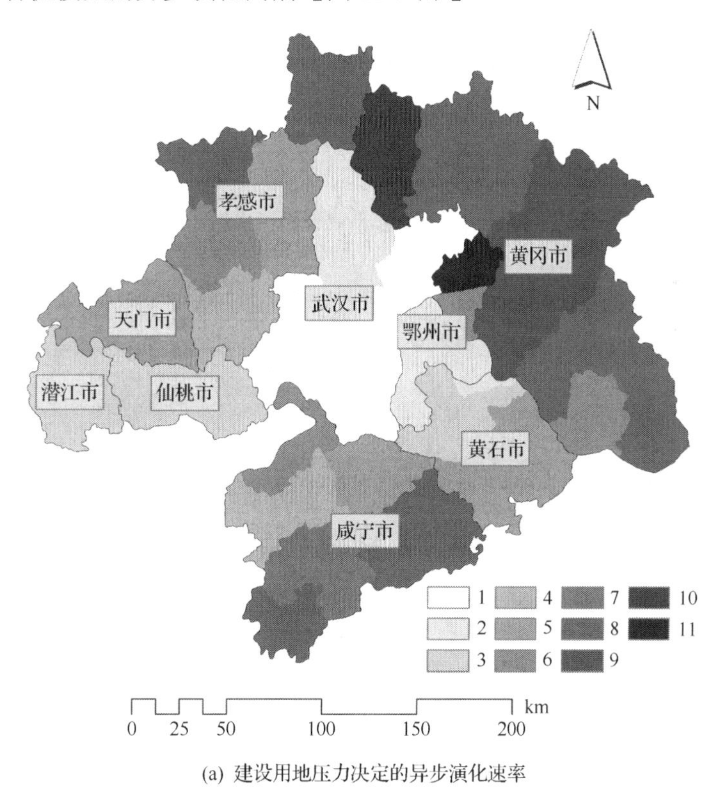

(a) 建设用地压力决定的异步演化速率

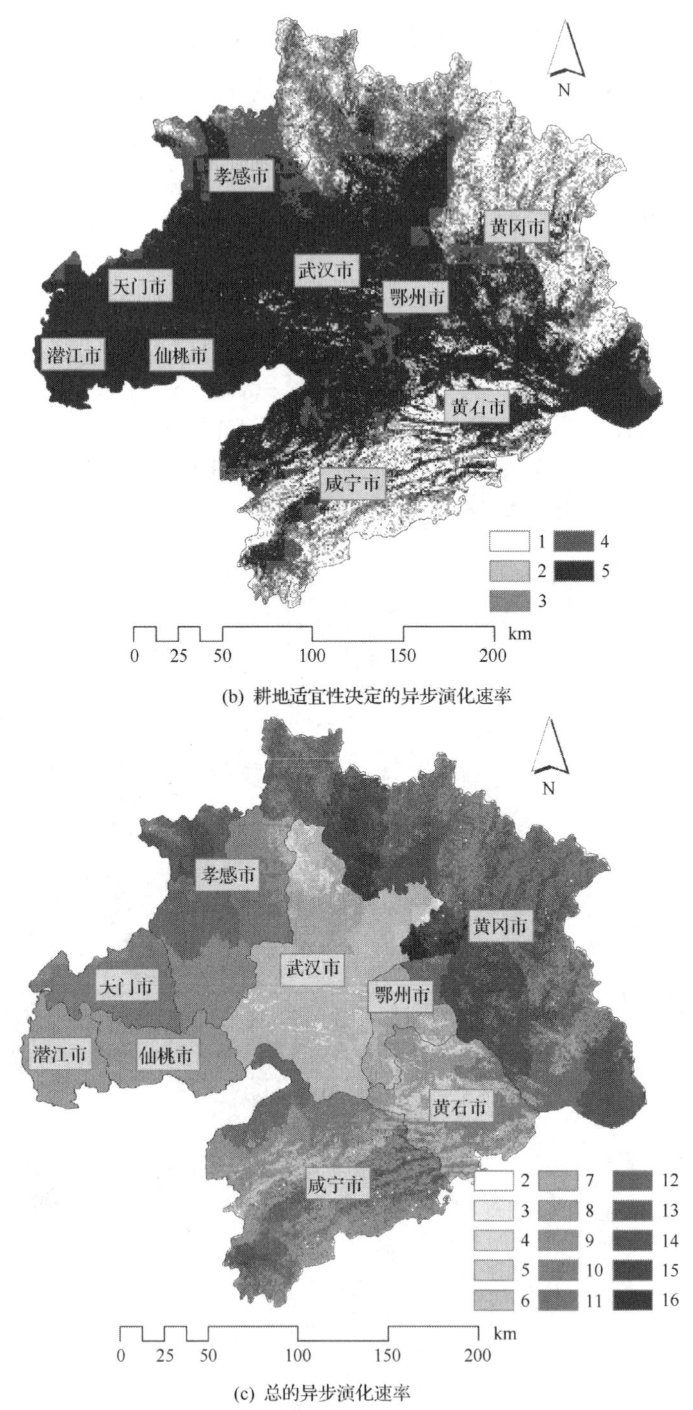

(b) 耕地适宜性决定的异步演化速率

(c) 总的异步演化速率

图 11-5　分区异步元胞自动机模型异步演化速率

3. 基于资源禀赋和经济发展区域差异的武汉城市圈耕地优化布局

综合考虑社会经济和自然资源禀赋的区域差异，以分区异步元胞自动机模型为依托，根据前面测算得到的全局终止条件和异步演化速率，参考柯新利等(2010)确定分区异步元胞自动机模型分区演化规则和分区终止条件的方法测算得到武汉城市圈耕地布局优化模型的参数，据此可以得到武汉城市圈耕地布局优化的结果(图 11-6)。

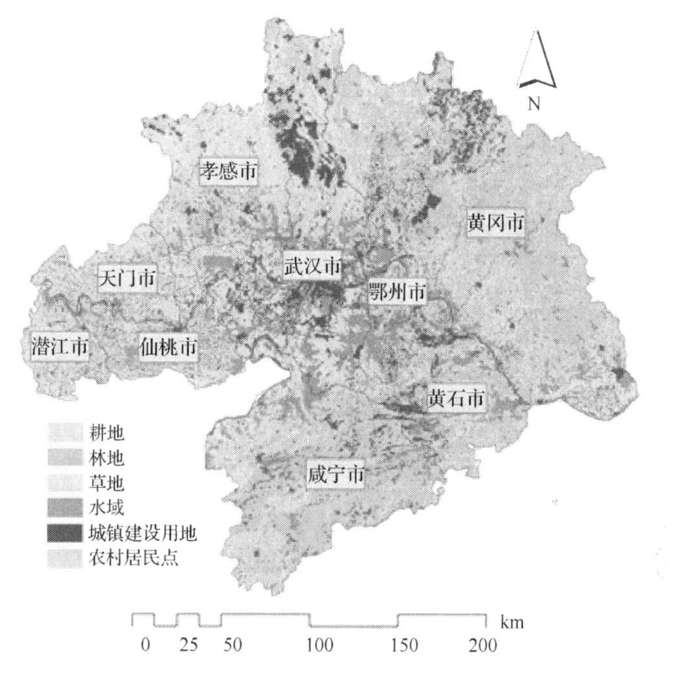

图 11-6　武汉城市圈耕地空间优化布局结果(彩图附后)

11.5　小　　结

为了在保护耕地粮食生产能力前提下实现耕地区域间配置的帕累托优化，本书以武汉城市圈为案例区，以分区异步元胞自动机模型为依托，提出了基于经济发展和资源禀赋区域差异的耕地布局优化的方法体系，开展耕地优化配置研究，以实现粮食安全前提下土地资源利用效率的帕累托优化。结果表明：

(1)由经济发展区域差异导致的耕地非农化压力的区域差异和由资源禀赋的区域差异决定的耕地适宜性的区域差异都可以内化为分区异步元胞自动机模型的

参数，从而可以使分区异步元胞自动机模型实现粮食安全约束下的耕地非农化压力的释放，实现基于资源禀赋和社会经济区域差异的耕地布局优化。

(2)基于资源禀赋和经济发展区域差异的耕地布局优化可以在保证全区域粮食安全的基础上，尽可能释放社会经济发展造成的耕地非农化压力，实现耕地数量和耕地质量的协调保护。考虑到社会经济发展的区域差异造成的耕地非农化压力的区域差异，可以在实现全区域粮食安全的前提下，使各子区域耕地非农化压力得到尽可能的释放，同时使得优质耕地得到优先保护。

本书提出的基于资源禀赋和经济发展区域差异的耕地布局优化方法体系对协调快速城市化进程中经济发展与耕地保护的矛盾具有重要的意义。然而，本书根据社会经济发展的现状静态测算耕地非农化压力显得较为简略。此外，在研究框架中缺少对区域主体功能等地域空间结构及宏观政策层面的考虑。在今后的研究中，需要从综合的视角结合区域主体功能、社会经济发展水平和城市发展的限制，动态测算耕地非农化压力并用于耕地优化布局模型。

主要参考文献

陈凤, 张安明, 邹小红. 2010. 基于主成分分析法的建设用地需求优先度研究——以重庆市渝东南和渝东北两翼为例. 西南大学学报(自然科学版), 32(8): 158～162.

陈江龙, 曲福田, 陈雯. 2004. 农地非农化效率的空间差异及其对农地利用政策调整的启示. 管理世界, (8): 37～42.

邓楚雄, 李晓青, 向云波, 等. 2013. 长株潭城市群地区耕地数量时空变化及其驱动力分析.经济地理, 33(6): 142～147.

关小克, 张凤荣, 郭力娜, 等. 2010. 北京市耕地多目标适宜性评价及空间布局研究.资源科学, 32(3) : 580～587.

湖北省统计局. 2001. 湖北省统计年鉴(2001). 北京.中国统计出版社.

湖北省统计局. 2002. 湖北省统计年鉴(2002). 北京.中国统计出版社.

湖北省统计局. 2003. 湖北省统计年鉴(2003). 北京.中国统计出版社.

湖北省统计局. 2004. 湖北省统计年鉴(2004). 北京.中国统计出版社.

湖北省统计局. 2005. 湖北省统计年鉴(2005). 北京.中国统计出版社.

湖北省统计局. 2006. 湖北省统计年鉴(2006). 北京.中国统计出版社.

湖北省统计局. 2007. 湖北省统计年鉴(2007). 北京.中国统计出版社.

湖北省统计局. 2008. 湖北省统计年鉴(2008). 北京.中国统计出版社.

湖北省统计局. 2009. 湖北省统计年鉴(2009). 北京.中国统计出版社.

柯新利, 邓祥征, 刘成武. 2010. 基于分区异步元胞自动机模型的耕地利用布局优化——以武汉城市圈为例.地理科学进展, 29(11): 1442～1450.

柯新利, 韩冰华, 刘蓉霞, 等. 2012. 1990 年以来武汉城市圈土地利用变化时空特征研究. 水土保持研究, 19(1): 76～81.

李仁东, 隋晓丽, 彭映辉, 等. 2013. 湖北省近期土地利用变化的遥感分析.长江流域资源与环境, 12(4):322～326.

刘纪远, 刘明亮, 庄大方, 等. 2003. 中国近期土地利用变化的空间格局分析.中国科学:D 辑, 32(12):1031～1040.

王昱, 丁四保, 卢艳丽. 2012. 建设用地利用效率的区域差异及空间配置——基于 2003~2008 年中国省域面板数据. 地域研究与开发, 31(6): 132 ～138.

苑韶峰, 杨丽霞, 杨桂山, 等. 2013. 耕地非农化的社会经济驱动因素异质性研究——基于 STIRPAT 和 GWR 模型的实证分析. 经济地理, 33(5): 137～143.

张基凯, 吴群, 黄秀欣. 2010. 耕地非农化对经济增长贡献的区域差异研究.资源科学, 32(5): 959～969.

张琳, 陈逸, 张群, 等. 2012. 基于基尼系数的耕地保有量分配优化模型. 经济地理, 32(6): 132～137.
张效军. 2006. 耕地保护区域补偿机制研究.南京：南京农业大学博士学位论文.
Carsjes G J, vander Knaap W. 2002. Strategic land-use allocation: Dealing with spatial relationships and fragmentation of agriculture. Landscape and Urban Planning, 58 : 171～179.
Deng X Z, Su H B, Zhan J Y. 2008. Integration of multiple data sources to simulate the dynamics of land systems. Sensors, 8(2): 620～634.
Deng X Z, Huang J K, Rozelle S. 2006. Cultivated land conversion and potential agricultural productivity in China. Land Use Policy, 23: 372～384.
Dung E J, Sugumaran R. 2005. Development of an agricultural land evaluation and site assessment(LESA) decision support tool using remote sensing and geographic information system. Journal of Soil and Water Conservation, 60(5) : 228～235.
Ines S R, Rafael C M, David M B. 2008. GIS-based planning support system for rural land-use allocation. Computers and Electronics in Agriculture, 63 : 257～273.

第12章　权衡粮食安全与经济发展区域差异的土地资源优化配置

12.1　引　言

中国正处于快速城市化阶段，耕地保护与经济发展对土地资源的需求矛盾日益加重。在2012年，城镇化率高达51.23%，耕地保护面临的现状尤为严峻(樊杰等, 2013)。随城镇化的推进，建设用地空间扩张日益成为现在乃至将来土地利用变化的主导特征(李秀彬, 2009)，耕地资源减少的趋势将持续加快。1978~2008年我国共有$553.24\times10^4hm^2$的耕地被建设用地占用(陆张维等,2010)，土地资源利用中保护耕地和建设用地扩张之间的矛盾十分突出。土地资源优化配置是协调经济发展与耕地保护矛盾的有效途径。

近年来，土地资源优化配置受到学术界的广泛关注。周宗丽等(1999)结合多目标线性规划与系统动力学模型对秭归县土地资源进行优化配置。李丽红等(2007)结合灰色线性回归模型和层次分析法对新疆兵团农十师土地资源进行了优化配置。Emilio(1993)结合线性规划方法与GIS方法，开展了以降低农村失业率为主要目标的土地优化配置。董捷等(2011)通过构建土地结构优化模型，运用灰色预测法、关联分析方法求解模型、优选方案，实现武汉城市圈土地资源优化配置。Jeroen等(2003)集成模拟退火算法和目标编程技术解决土地利用配置的高维度优化问题。Zhang等(2010)基于多智能体和遗传算法结合构建MOSO模型解决土地资源的多目标空间优化配置问题。Eldrandaly(2010)集成了GIS和GEP研究了土地资源合理配置的问题。Liu等(2012)通过构建MACO-MLA模型用于解决大尺度区域上复杂多重的土地资源优化配置问题。

土地资源优化配置分为结构优化配置和空间优化配置。目前学者研究主要集中于土地资源结构优化，对土地资源空间优化的研究较少。陈江龙等根据社会经济和土地利用效率空间差异，通过比较土地利用优势开展空间优化配置(陈江龙等，2004)。谭荣等根据耕地非农化的区域配置优化，使中国耕地非农化减少21.7%(谭荣和曲福田, 2006)。然而，在保障粮食安全条件下，依据经济发展和土地利用效率区域差异，对土地资源进行区域优化配置是很少有研究涉及。

武汉城市圈是我国首批“两型社会”试验区，同时地处江汉平原，是我国重要的粮食生产地。但随着城市化发展，城镇建设用地扩张大量侵占耕地，两者的矛盾愈演愈烈。同时，武汉城市圈中各城市经济发展水平不均，对建设用地和耕地需求量不同。因此，根据各城市社会经济发展差异，对土地进行区域优化配置是实现粮食安全和经济发展的有效途径。本书采用分区异步元胞自动机模型，根据武汉城市圈的粮食安全和社会经济情况，对土地资源进行区域优化配置，以实现粮食安全约束下土地利用效率的优化。

12.2 研究区域与数据来源

12.2.1 武汉城市圈概况

武汉城市圈地处江汉平原，总面积达 5.78×10^4 km^2，自然资源丰富，地貌种类多样。2006 年，耕地面积占地最多，约 31.82%，是重要的粮食生产基地。同时，武汉城市圈拥有湖北省 50%以上的人口和 60%以上的 GDP。城镇化率已达 50%，虽然各区域发展不均衡，但从世界公认城镇发展曲线看，武汉城市圈已进入高速城市化阶段。因此，在未来城市化发展中，对耕地的侵占不可避免，如何协调粮食安全与经济发展对土地资源需求的矛盾就是土地利用规划中一个重要环节。

12.2.2 数据来源

本书所涉及三种数据集：土地利用数据、区位条件数据及社会经济数据。

1. 土地利用数据

本书采用 2000 年和 2008 年的土地利用数据，将其分为六大类：耕地、林地、草地、建设用地、水体和未利用地。2000 年土地利用数据来自中国科学院资源与环境数据中心。2008 年土地利用数据是采用中巴资源卫星影像由人工解译得到。再对两期土地利用数据进行重采样，得到 100m×100m 的土地利用数据，用于土地资源的优化配置。

2. 区位条件数据

本书所需区位条件数据：DEM 数据、离各级城市距离，以及铁路、公路、水系的距离。采用 ArcGIS 的“Euclidean Distance”工具对交通数据集进行运算，分别得到离各级城市、铁路、公路及水系的栅格距离数据。

3. 社会经济数据

本书采用的社会经济数据来源于统计年鉴，包括：武汉城市圈 2000~2008 年城镇人均建设用地、单位建设用地、地均固定资产投资、地均财政收入、地均社会消费品零售额、地均二三产业从业人数、地均工业总产值，以及土地利用率。

12.3 权衡粮食安全与经济发展区域差异的土地资源优化配置方法

12.3.1 土地资源优化配置总框架

本书以粮食安全为前提，依据武汉城市圈经济发展差异，基于分区异步元胞自动机模型，对土地资源进行区域优化配置。基本思路为：①粮食安全是前提，利用人口预测结果得到武汉城市圈的粮食安全需求量；②经济差异是条件，根据区域经济差异对城市建设用地的需求，测算其优先度；③土地资源优化配置是目标，确定各城市的粮食安全和经济发展差异，对土地资源进行优化布局，使资源得到优化配置。

为实现上述目标，本书采用分区异步元胞自动机模型，构建土地利用区域优化配置模型：粮食安全需求总量做为模型全局终止条件；区域经济差异对建设用地需求不同，以此做为模型分区终止条件，根据建设用地优先度确定模型异步演化速率；根据土地利用现状、区域社会经济因素，以及自然因素获取分区演化规则。由此建立基于粮食安全与经济区域差异的分区异步元胞自动机模型，对土地资源进行优化布局，得到土地利用区域优化配置结果,如图 12-1 所示。

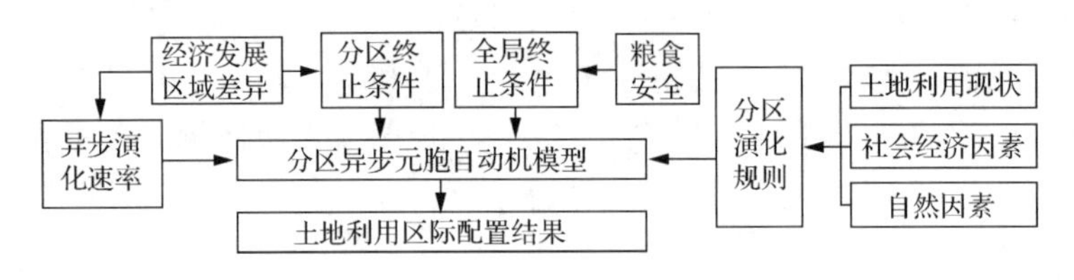

图 12-1　土地资源优化配置总体框架

12.3.2 分区异步元胞自动机模型

元胞自动机(cellular automaton，CA)是一套网格动力学系统，可以模拟地理时空演化，但是传统 CA 模型难以呈现演化速率的空间差异和真实的演化规律，柯新利等提出分区异步 CA 模型(柯新利和边馥苓, 2010)，该模型可以进行研究区分区，得到相对一致的演化规则，通过各元胞的异步演化速率实现空间变化速率差异，从而提高演变精度。土地资源分配是土地利用变化的一种调控方式，因此，分区异步元胞自动机可以用在本书土地资源区域优化配置中。因自然条件和社会经济差异，在满足粮食安全前提下对经济区域差异进行土地资源优化配置。而由于建设用地需求优先度不同，各区域需采用不同速率使其建设用地需求得到满足。又因为土地利用变化规律和社会经济发展差异，使其区域的元胞表现的演变规律也不尽相同。本书基于分区异步元胞自动机模型，以粮食安全需求作为全局终止条件，根据区域建设用地需求确定分区终止条件，由土地利用变化和社会经济发展区域差异决定异步演化速率及分区转换规则，从而对武汉城市圈的土地资源进行优化配置。

12.4 权衡粮食安全与经济发展区域差异的武汉城市圈土地资源优化配置

12.4.1 基于粮食安全的全局终止条件

粮食安全问题是关系到国计民生、社会安定和谐的重大战略问题，但不能片面地让所有区域都满足粮食安全需求。土地作为人类获取粮食及其他农产品不可或缺的生产资料之一，对确保我国粮食安全和国民经济可持续发展起到基础性的作用。但让所有区域满足粮食安全是不合理不经济的。因此，在土地优化配置过程中，将全区粮食安全作为全局终止条件，即在模型运行过程中，全区域耕地保有量不会低于该区域粮食安全所需耕地数量。因不同区域粮食生产能力存在差异，故本书将单位播种面积粮食单产是6000kg/hm^2、粮食播种面积指数是1.25的耕地定义为标准耕地。根据单位播种面积粮食单产水平、复种指数及粮食作物播种面积指数换算成标准耕地，确定耕地面积是否满足粮食安全需求。由下列公式计算耕地需求量：

$$S_{标} = \alpha \times \frac{G_p}{1.25 \times 6000} \times P \tag{12-1}$$

式中，$S_{标}$为武汉城市圈标准耕地需求量；α为粮食自给率；G_p为人均粮食需求量；P为研究期末武汉城市圈总人口。结合武汉城市圈的实际情况，本书设定α为100%，G_p取值500kg/(人·a)，武汉城市圈2020年人口总量则由灰色预测模型预测得到。经测算，武汉城市圈2020年总人口为3861.29万人，标准耕地需求量2574193.333hm^2。在武汉城市圈土地资源优化配置过程中全区域耕地保有量不得低于 2574193.333 hm^2，当区域耕地保有量减少到这个数值时，模型将停止运行，土地资源优化配置达到最优。

12.4.2　基于经济发展区域差异的异步演化速率

1. 基于经济发展区域差异的建设用地优先度测算

各区域建设用地需求的优先度由于社会经济发展区域差异而存在显著不同。本书根据武汉城市圈区域社会经济发展情况，从建设用地的投入强度、利用强度和产出效益三个方面选定 8 个代表性指标构建建设用地需求优先度评价指标体系，如表 12-1 所示，测算武汉城市圈基于经济发展区域差异的建设用地需求优先度。

表 12-1　基于经济发展区域差异的建设用地需求优先度评价指标体系

目标层(A)	准则层(B)	指标层(C)	含义
经济发展区域差异	建设用地投入强度(B_1)	地均固定资产投资(C_1)	固定资产投资额/辖区面积
		地均二三产业从业人数(C_2)	二三产业从业人数/辖区面积
	建设用地利用强度(B_2)	城镇人均建设用地(C_3)	建设用地面积/总人口
		土地利用率(C_4)	已利用土地面积/辖区面积
	建设用地产出效益(B_3)	单位建设用地 GDP(C_5)	GDP/建设用地面积
		地均财政收入(C_6)	财政收入/辖区面积
		地均工业总产值(C_7)	工业总产值/辖区面积
		地均社会消费品零售额(C_8)	社会消费品零售额/辖区面积

根据表 12-1 的建设用地需求优先度指标体系，利用 AHP 测算各指标权重。具体步骤为：根据建设用地优先度指标体系构建各层次判断矩阵，得出判断矩阵最大特征值与最大特征向量，并做一致性检验，若一致性检验通过，则该特征向量即为这一层次元素所对应的权重值，否则调整判断矩阵，重复以上过程直到通过一致性检验。采用层次分析法测算得到的武汉城市圈建设用地优先度指标权重见表 12-2。

表 12-2　武汉城市圈建设用地需求优先度指标权重

目标层（A）	准则层权重（B）	指标层权重（C）	指标综合权重
经济发展区域差异	建设用地投入强度 B_1（0.25）	地均固定资产投资 C_1（0.5）	0.125
		地均二三产业从业人数 C_2（0.5）	0.125
	建设用地利用强度 B_2（0.25）	城镇人均建设用地 C_3（0.75）	0.1875
		土地利用率 C_4（0.25）	0.0625
	建设用地产出效益 B_3（0.5）	单位建设用地 GDP C_5（0.4554）	0.2277
		地均财政收入 C_6（0.2628）	0.1314
		地均工业总产值 C_7（0.1409）	0.0705
		地均社会消费品零售额 C_8（0.1409）	0.0705

根据测算得到的武汉城市圈建设用地需求优先度指标权重，并对各区域指标进行归一化处理，并加权计算得出各县域建设用地优先度，如表 12-3 所示。根据以下公式计算武汉城市圈建设用地优先度：

$$P = \sum W_i \times P_i \tag{12-2}$$

式中，W_i 为指标 i 的权重值；P_i 为指标 i 的归一化处理化后的值。

表 12-3　武汉城市圈各县域建设用地需求优先度

县名	建设用地需求优先度	县名	建设用地需求优先度	县名	建设用地需求优先度
大悟县	0.198	团风县	0.167	黄梅县	0.202
麻城市	0.164	汉川市	0.242	嘉鱼县	0.214
红安县	0.176	浠水县	0.266	黄石市市辖区	0.551
安陆市	0.222	武汉市市辖区	0.851	武穴市	0.230
孝感市市辖区	0.295	蔡甸区	0.153	阳新县	0.249
黄陂区	0.261	蕲春县	0.248	咸宁市市辖区	0.133
罗田县	0.227	潜江市	0.139	赤壁市	0.186
云梦县	0.259	黄冈市市辖区	0.237	通山县	0.315
英山县	0.406	鄂州市	0.233	崇阳县	0.299
应城市	0.198	江夏区	0.135	通城县	0.361
新洲区	0.278	仙桃市	0.194		
天门市	0.207	大冶市	0.187		

可见，武汉城市圈各县域中，建设用地需求优先度最高的区域为武汉市市辖区，紧随其后的是作为武汉城市圈副中心城市的黄石市辖区；建设用地需求度优先度较低的区域有咸宁市市辖区、麻城市、团风县、江夏区等。

2. 基于经济发展区域差异的异步演化速率

在土地资源优化配置模型中，根据区域社会经济水平差异，区内各种土地利用类型转变的活跃程度也不尽相同，从而导致模型的异步演化速率也存在着差异。本书采用经济发展区域差异得到建设用地需求优先度，以此来率定分区异步元胞自动机模型的异步演化速率，其演化速率可用下式求得

$$v_{ij\_\text{pri}} = \frac{\text{priority}_{ij}}{\text{priority}_{\max} - \text{priority}_{\min}} \times (v_{\max} - v_{\min}) + v_{\min} \tag{12-3}$$

式中，v_{ij_pri} 为根据经济发展区域差异所确定的单元格 (i, j) 的演化速率；priority_{ij} 为单元格 (i, j) 由经济发展水平决定的建设用地需求优先度；$\text{priority}_{\max}$ 为全区域建设用地需求优先度的最大值；$\text{priority}_{\min}$ 为全区域建设用地需求优先度的最小值；$v_{\max}$ 与 $v_{\min}$ 分别为全区域元胞演化的速度的最大值与最小值。

在元胞自动机模型中是采用元胞演化间隔表示元胞的演变速率，即设元胞自动机模型中某一元胞的演化间隔为 t，则元胞自动机模型运行 t 次该元胞才有机会发生一次演化。因此，元胞的演化速率越高则元胞演化间隔越小。可通过下式将元胞演化速率转换为演化间隔：

$$\text{Interval}_{ij\_\text{pri}} = \left[\frac{1}{v_{ij\_\text{pri}}} \right] \tag{12-4}$$

式中，$\text{Interval}_{ij\_\text{pri}}$ 即为速率 v_{ij_pri} 对应的元胞演化间隔。据此，异步演化间隔是由武汉城市圈社会经济区域差异决定的，如图 12-2 所示。

可见，武汉市市辖区由于经济发展水平较高，建设用地需求优先度相应也较高，因此该区域元胞异步演化间隔为 1。而经济发展水平较低的区域，如团风县，则因为建设用地需求优先度较低，处于该区域的元胞的异步演化间隔最大，达到 11，即元胞自动机模型每运行 11 次，处于该区域的元胞才有一次机会发生演化。

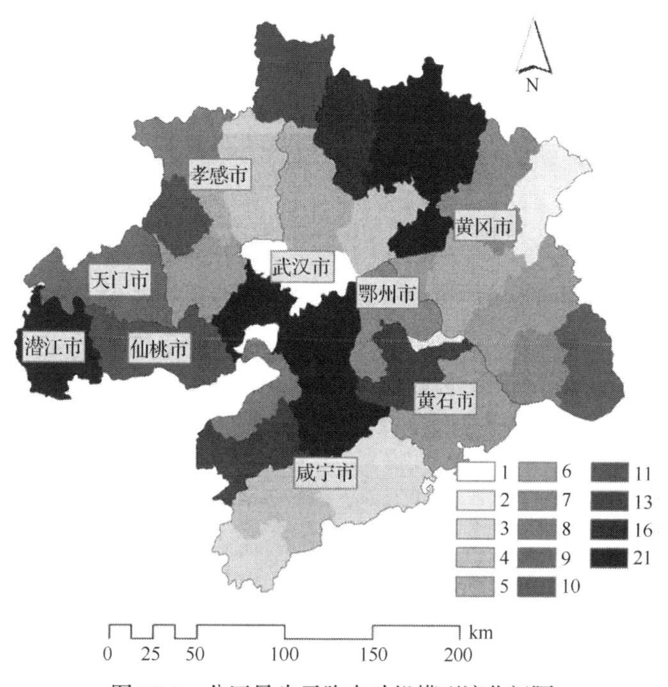

图 12-2　分区异步元胞自动机模型演化间隔

12.4.3　武汉城市圈土地资源优化配置结果

本书采用分区异步元胞自动机模型，根据全局终止条件和异步演化速率结果，结合由区域建设用地需求量差异确定的分区终止条件和土地利用变化历史规律确定的分区演化规则，对武汉城市圈土地资源进行优化配置，得到 2020 年各区域土地资源优化配置结构表 12-4 与空间布局图 12-3。经优化配置后武汉城市圈耕地总量达 2637315 hm^2，折算成标准耕地后为 2574223.333 hm^2，可以达到武汉城市圈粮食安全需求。汉川市、通城县、孝感市市辖区、浠水县、云梦县、潜江市、应城市、仙桃市、新洲区、通山县等区域社会经济发展迅速，建设用地需求优先度高，因此在土地配置中建设用地需求得到满足；黄冈市市辖区、英山县、崇阳县、嘉鱼县等区域虽然建设用地需求优先度低，但同时建设用地需求量小，因此也得到满足；而其他区域建设用地需求没有得到完全满足。值得注意的是武汉市市辖区经济发展水平决定的建设用地优先度最高，但由于其对建设用地的需求量大因而其建设用地需求量也未能得到完全满足。

表 12-4　武汉城市圈各县域土地资源优化配置结果　（单位：hm^2）

县名	耕地	建设用地	县名	耕地	建设用地	县名	耕地	建设用地
大悟县	68419	9728	团风县	32005	6948	黄梅县	94794	22275
麻城市	131172	18149	汉川市	106746	31922	嘉鱼县	55199	9999
红安县	69632	8758	浠水县	93762	27415	黄石市市辖区	0	8498
安陆市	88945	13510	武汉市市辖区	0	112513	武穴市	60410	20795
孝感市市辖区	161347	13650	蔡甸区	63812	15911	阳新县	85471	21695
黄陂区	125865	24772	蕲春县	81252	20929	咸宁市市辖区	47245	9964
罗田县	51942	15325	潜江市	149939	26475	赤壁市	65411	9995
云梦县	39400	18251	黄冈市市辖区	23803	10599	通山县	36233	16396
英山县	30374	9669	鄂州市	76987	27434	崇阳县	45018	11907
应城市	77474	16946	江夏区	120610	14364	通城县	26958	15249
新洲区	87645	28726	仙桃市	163372	36379			
天门市	199535	42309	大冶市	76511	19253			

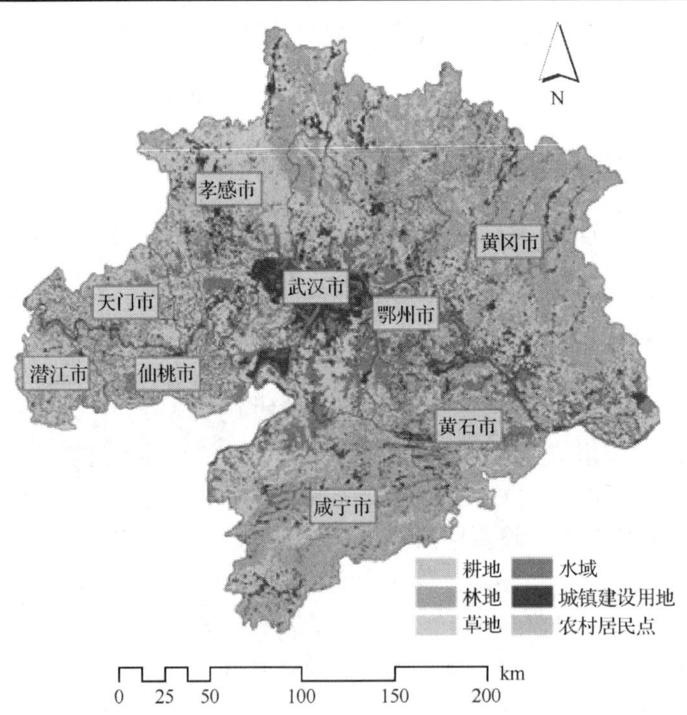

图 12-3　武汉城市圈土地资源优化配置布局(彩图附后)

12.5 小　　结

本书根据武汉城市圈全局粮食安全，结合各县域社会经济发展差异，建立分区异步元胞自动机模型，开展土地资源优化配置。结果表明：

(1)本书采用分区异步元胞自动机模型进行土地资源区域间优化配置，可以在保证全区域粮食安全的前提下，协调经济发展和耕地保护的矛盾，实现武汉城市圈社会经济的持续发展和土地资源的可持续利用；

(2)耕地生产能力和经济发展区域差异是土地资源区域优化配置的重要依据。在进行土地资源区域间优化配置时，既要考虑经济发展的区域差异，也要考虑耕地粮食生产能力的区域差异；

(3)一方面，根据建设用地优先度区域差异，开展土地资源优化配置可以使得建设用地需求度高、需求总量合理的区域建设用地需求优先得到满足，从而提高此类区域建设用地利用效率；另一方面，可以压缩建设用地需求优先度较低区域的新增建设用地指标，促进该区域建设用地的内部挖潜。

本书结合粮食安全和社会经济发展区域差异，构建土地资源优化配置方法，可以实现粮食安全约束下经济发展与耕地保护的协调。然而，土地资源优化配置结果能否实现，取决于配套政策与经济补偿政策的实施。因此，需要在基于布局优化的土地利用补偿及其实施保障机制等方面开展深入的研究，以保障土地资源区域间优化配置的实现。

主要参考文献

陈江龙, 曲福田, 陈雯. 2004.农地非农化效率的空间差异及其对土地利用政策调整的启示. 管理世界, (8): 37 ~ 42.

董捷，杜林燕，吴春彭，等.2011.武汉城市圈土地资源优化配置研究.中国土地科学，25(2):41~46.

樊杰, 刘毅, 陈田, 等.2013. 优化我国城镇化空间布局的战略重点与创新思路. 中国科学院院刊,28(1): 20 ~ 27.

柯新利, 边馥苓.2010.基于空间数据挖掘的分区异步元胞自动机模型研究. 中国图象图形学报,15(6):921~ 930.

李丽红, 李鲁华, 马松海.2007. 基于灰色线性规划土地资源优化配置研究. 石河子大学学报(自然科学版), 25(4): 441 ~ 444.

李秀彬. 2009.对加速城镇化时期土地利用变化核心学术问题的认识. 中国人口·资源与环境, 19(5): 1 ~ 5.

陆张维, 吴次芳, 岳文泽.2010. 土地利用总体规划建设用地指标区域动态分配问题研究. 中国土地科学,24(8): 59 ~ 65.

谭荣, 曲福田.2006. 中国农地非农化与农地资源保护: 从两难到双赢. 管理世界,(12): 50~66.

周宗丽, 宁大同, 杨志峰.1999. 山峡库区秭归县土地资源优化配置. 北京师范大学学报(自然科学版),35(4): 536 ~ 541.

Eldrandaly K. 2010.A GEP-based spatial decision support system for multisite land use allocation. Applied Soft Com-puting, 10(3):694~702.

Emilio C.1993. Integration of linear programming and GIS for land-use modeling. International Journal of Geographical Information Systems, 7(1):71~83.

Jeroen C, Marjan VH, Theodor J.2003. Using simulated annealing and spatial goal programming for solving a multi-site land use allocation problem. Evolutionary Multi-Criterion Optimization Proceedings, 2632:448~463.
Liu X, Li X, Shi X, et al.2012. A multi-type ant colony optimization (MACO) method for optimal land use allocation in large areas. International Journal of Geographical Information Science, 26(7):1325~1343.
Zhang H, Zeng Y, Bian L.2010. Simulating multi-objective spatial optimization allocation of land use based on the integration of multi-agent system and genetic algorithm. International Journal of Environmental Research, 4(4):765~776.

第13章　协调城市扩张、耕地保护与生态保育的土地优化布局

13.1　研究背景

全球正处于快速城市化阶段，作为快速城市化重要标志的城镇建设用地扩张受到了学术界的广泛关注，是当前土地利用变化科学研究的重要内容。无论是在欧洲(Kasanko et al., 2006)，还是在美国(Wu et al., 2011)或者全世界其他任何一个地区，城镇建设用地扩张都是快速城市化阶段最主要的土地利用变化形式(Barredo et al., 2004)。从全球的平均水平来看，当前城镇建设用地扩张的速度至少是人口增长速度的两倍(Angel et al., 2011; Seto et al., 2011)。根据联合国的测算，从现在起的几十年内，全球范围内居住在城市的人口将增加到 50 亿人(UN, 2012)。有研究指出，到 2030 年，全球范围内将有超过 120 万 km^2 的土地具有较高的(＞75%)的概率被开发成城镇建设用地。到 2030 年，全球城镇建设用地面积将比 2000 年增长 1.85 倍(Seto et al., 2012)。Seto 等在研究中还指出，全球未来城镇建设用地扩张呈现出较强的空间异质性，未来几十年城镇建设用地扩张将主要发生在亚洲。其中，中国和印度的城镇建设用地扩张将占全球城镇建设用地的扩张的 55%左右。

进入 21 世纪以来，我国城镇化水平加速推进。当前，我国正处于快速城镇化阶段。这一阶段土地利用变化的主导特征是城镇建设用地的迅速扩张。因此，在我国快速城镇化进程中，城镇建设用地扩张与耕地保护和生态保育之间的矛盾成为这一社会经济发展阶段所面临的主要问题。城镇化水平的快速推进导致的资源环境问题已经引起了学术界的广泛关注 (Huang et al., 2010)。其中，在快速城镇化推进的过程中，城镇建设用地扩张对耕地流失的影响受到了越来越多的关注(Horoshi, 2008)。近年来，我国也有许多学者开展了城镇建设用地扩张的时空过程探测 (史培军等,2000;Liu et al., 2005)、驱动机理分析(龙花楼和李秀彬,2007; 谈明洪等,2004; 周国华和贺艳华, 2006)、过程刻画与模拟(何春阳等,2006;刘小平等,2009;刘耀林等,2004; 黎夏等,2006; 柯新利和边馥苓,2010)等方面的研究，并取得了大量的研究成果，形成了对我国城镇建设用地扩张的科学认识。

此外，城镇用地扩张对生态系统服务功能的影响近年来也受到了日益广泛的关注。在北美和欧洲的发达国家或地区，研究人员十分关注城镇建设用地扩张导致的耕地非农化对生态环境的影响，在城镇用地扩张对水土保持的影响、水质净化能力的影响和生态改善的影响等方面开展了深入的研究(Stoate et al., 2009; Jose et al., 2011)。此外，城镇建设用地扩张还会通过影响自然景观、开放空间从而影响人们的生活质量（Pita et al., 2009; Borcher and Duke,2012），这些问题也受到了国外学者的广泛关注。此外，研究人员还关注到了城镇建设用地扩张对耕地就业功能的发挥、耕地产品深加工以及乡村旅游业的影响从而影响农村经济对社区经济的贡献(Mouysset et al., 2011)也得到了深入的研究。然而，在亚洲、非洲和中美洲等地区，土地利用的主要矛盾是经济发展与粮食安全的矛盾。因此，在这些区域，城镇建设用地扩张对耕地生产功能的影响受到学术界和政府部门的密切关注（Zhen et al., 2010; Shi et al., 2013）。改革开放以来，我国社会经济迅速发展，城镇化进程迅速推进。这一过程中，城镇建设用地扩张的资源环境效应成为国内学术界研究的热点问题。其中，一方面，快速城镇化进程中的耕地保护问题，国内学者对城镇建设用地扩张对耕地流失和粮食生产力的影响等问题开展了深入系统的研究(谈明洪和吕昌河,2005; Deng et al., 2006; 赵媛媛等,2009)。另一方面，城镇建设用地扩张引起的耕地生态价值损失也日益受到广泛关注（许恒周, 2010）。

从以上研究可以看出，一方面，快速城镇化，尤其是城镇建设用地扩张，可能导致耕地流失、耕地质量下降和生态系统服务功能退化在很多区域的研究中已经得到证实。然而，我国当前正处于城市化高速发展的阶段。伴随着快速城镇化的迅速推进，城镇建设用地扩张在未来很长一段时间内仍将是我国土地利用变化的主导特征。另一方面，虽然我国的人口与计划生育政策取得了较好的成效，人口迅速增长的势头得到了有效的遏制，但我国人口数量目前并没有达到峰值。随着“二孩政策”的全面放开，我国人口峰值到达的时间会继续推后。因此，在未来一段时间，我国人口数量仍然会继续增加，从而使得全社会对粮食需求的增加也会进一步增长，促进我国耕地保护变得更为迫切。此外，近几年来，我国高速的社会经济发展导致生态环境问题日益突出。尤其是几乎席卷全国的雾霾、耕地重金属污染、水源地污染等问题日益突出。在这样一种背景下，迫切需要重新思考快速城镇化、粮食安全和生态保护三者的冲突与协调。由于城镇化、耕地质量和生态服务功能等存在显著的区域差异，因此土地资源的空间优化配置为协调城镇建设用地扩张、耕地保护与生态保育三者之间的矛盾提供了可能，是解决当前我国土地利用面临的严峻挑战的有效出口之一。

武汉市是我国首批“两型社会”建设试验区，也是我国中部崛起战略的龙头城市，是我国中部地区的中心城市。在我国城镇化快速推进的过程中，伴随着长江经济带开发战略和中部崛起战略的实施，武汉市获得了良好的发展机遇，社会经济得到了调整发展，土地利用变化剧烈，尤其是城镇建设用地扩张十分活跃。与此同时，武汉市是江汉平原的重要组成部分，是我国重要的粮食生产基地，耕地资源丰富，耕地利用方式多样。此外，在人口迅速增长和社会经济快速发展的双重压力下，武汉市生态系统服务功能退化的压力突显。作为百湖之市的武汉，在 1990~2013 年，武汉市主要城市湖泊面积减少了 27.95km^2，其中沙湖、晒湖和南湖的面积分别萎缩了 77.27%、70.12%和52.56%。武汉市生态保护的形势也面临十分严峻的挑战。在这一背景下，迫切需要通过土地资源的空间优化布局，以协调城镇建设用地扩张、耕地保护和生态保育三者之间的矛盾。

本书以武汉市为研究区域，采用分区异步元胞自动机模型对该区域土地资源的空间分布进行优化，以达到协调城镇建设用地扩张、耕地保护和生态保育三者之间矛盾的目的。本书对武汉市土地资源的合理配置和优化布局，以及可持续利用具有重要的现实意义。同时，本书也为其他区域协调城镇建设用地扩张、耕地保护和生态保育提供了方法支撑和理论借鉴。

13.2 武汉市土地利用概况

13.2.1 研究区域

武汉市位于中国中部，江汉平原的东部，是湖北省的省会城市。长江和和其最长的支流汉江在武汉市市中心汇合。2013 年，武汉市人口总数为 1020 万人，土地总面积为 8494 km^2，为湖北省国土面积的 4.6%(2014 年湖北省统计年鉴)。武汉市辖江岸区、江汉区、硚口区、汉阳区、武昌区、青山区和洪山区 7 个中心城区和东西湖区、汉南区、蔡甸区、江夏区、黄陂区和新洲区 6 个远郊区县，如图 13-1 所示。改革开放之前，武汉市大部分区域以农业生产为主，耕地资源十分丰富。改革开放之后，作为中部地区的中心城市，武汉市社会经济得到了非常迅猛的发展。武汉市拥有三个国家级经济技术开发区和两个省级经济技术开发区，其中包括有“中国光谷”之称的东湖高新经济技术开发区。近些年来，伴随着快速城镇化的迅速推进，武汉市城镇建设用地迅速扩张，并导致了耕地资源的快速流失。伴随着社会经济和城镇化的快速推进，武汉市城镇建设用地扩张和耕地保护之间的矛盾日益突出，生态环境问题也开始凸显。在这一背景下，迫切需要针对武汉市社会经济发展过程中面临的土地利用核心问题，通过土地资源的空间优化布局，实现土地资源的可持续利用。本书以分区异步元胞自动机模型为依托，以城镇建设用地扩张、耕地保护与生态保育的协调为目标，开展武汉市土地利用的空间优化布局研究，以期为武汉市快速城市化进程中的土地资源可持续利用提供出路。

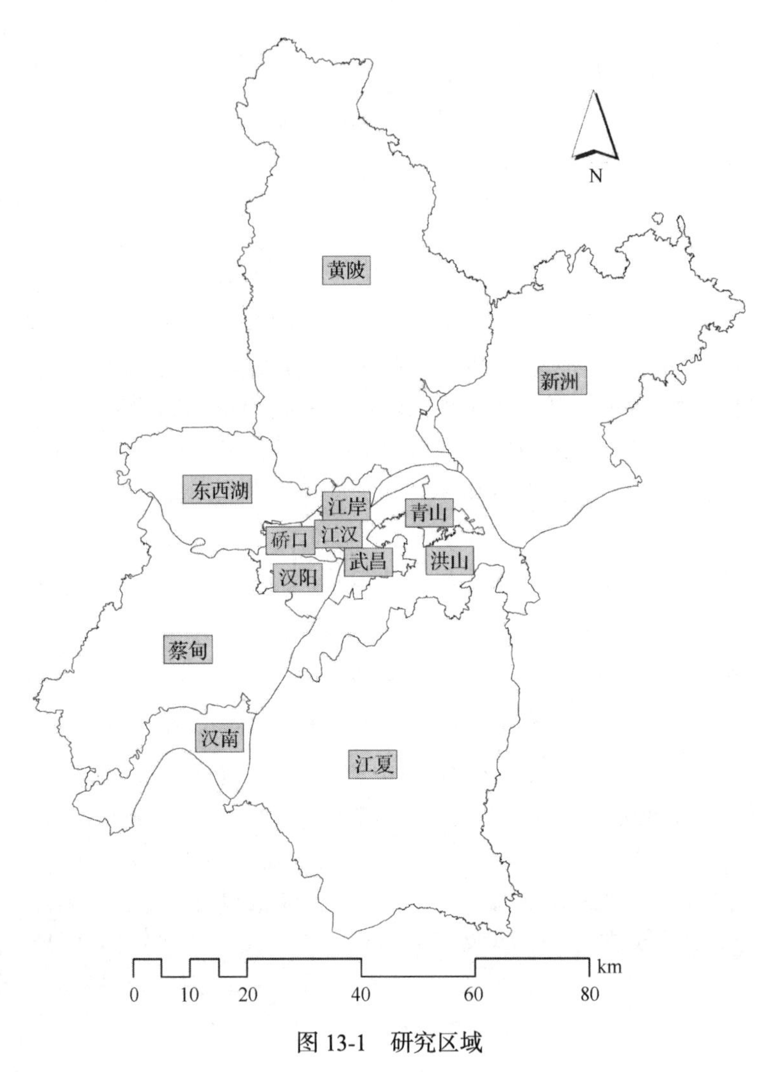

图 13-1 研究区域

13.2.2 数据来源

本书主要涉及三种数据，包括：土地利用专题数据、交通数据集和地形数据。具体见表 13-1。在对上述数据进行处理的基础上，采用 C5.0 决策树算法获取武汉市城市建设用地扩张的转换规则，并用于驱动分区异步元胞自动机模型开展武汉市城镇建设用地扩张的模拟与优化。

表 13-1　转换规则获取所需数据集

变量名	含义与数据获取方法
Elevation	高程，来源于 SRTM 的 DEM 数据
Slope	坡度，从 DEM 数据中采用 ArcGIS 的 Slope 工具计算得到
Dist_highway	离高速公路的 Euclidean 距离，以高速公路的矢量数据为基础，采用 ArcGIS 的 Euclidean Distance 工具计算得到
Dist_nat_way	离国道的 Euclidean 距离，以国道的矢量数据为基础，采用 ArcGIS 的 Euclidean Distance 工具计算得到
Dis_prov_way	离省道的 Euclidean 距离，以省道的矢量数据为基础，采用 ArcGIS 的 Euclidean Distance 工具计算得到
Dis_main_road	离主干道的Euclidean距离,以主干道的矢量数据为基础,采用ArcGIS的Euclidean Distance 工具计算得到
Dis_minu_road	离次干道的Euclidean距离,以次干道的矢量数据为基础,采用ArcGIS的Euclidean Distance 工具计算得到
Dis_railway	离铁路的 Euclidean 距离，以铁路的矢量数据为基础，采用 ArcGIS 的 Euclidean Distance 工具计算得到
Dis_water	离水系的 Euclidean 距离，以水系的矢量数据为基础，采用 ArcGIS 的 Euclidean Distance 工具计算得到

1. 土地利用数据集

本书中用到的土地利用数据主要用于率定分区异步元胞自动机模型的分区转换规则，以及开展分区异步元胞自动机模型的精度评估。本书中用到的土地利用数据包括 2005 年和 2013 年两期武汉市土地利用数据，两期土地利用数据均来自于遥感解译的结果。在本书所用到的土地利用数据，土地利用类型包括耕地、林地、草地、水域、建设用地和未利用地。两期土地利用数据的空间分辨率均为 30m×30 m。武汉市 2005 年的土地利用空间数据来源于中国科学院资源环境数据中心。武汉市 2013 年的土地利用空间数据采用 Landsat OLI 遥感影像数据解译得到。土地利用数据的遥感解译的步骤主要包括：①在遥感图像处理软件 ENVI 环境下，对 Landsat OLI 遥感影像分别进行几何纠正、辐射校正和边界裁剪，采用监督分类和人工目视解译的方式对经过预处理的遥感影像进行解译；②开展遥感影像的解译结果的精度评估；③生成 2013 年土地利用专题数据。

2. 武汉市交通数据集

本书用到的交通数据集主要用于生成道路距离栅格，用于挖掘武汉市城市建设用地扩张规律进而率定分区异步元胞自动机模型的分区转换规则。在本书中，主要用到如下 6 类交通数据集，分别是：铁路、高速公路、国道、省道、主干道和次干道。本书中所用的所有交通数据集均以武汉市交通地图册为基础处理得到。具体处理过程为：①对武汉市交通地图册进行扫描数字化，得到电子版的武汉市交通地图；②以武汉市土地利用数据为基础，对扫描得到的电子版武汉市交通地图数据进行配准，得到与武汉市土地利用数据集具有相同空间参考的武汉市交通地图数据；③对经过配准后的武汉市交通地图数据进行矢量化得武汉市交通矢量数据，形成以 shp 格式存储的 6 类交通数据的矢量数据集；④采用 ArcGIS10 的“Euclidean Distance”工具对武汉市交通数据的矢量数据集进行运算，分别得到离铁路的栅格距离数据、离高速公路的栅格距离数据、离国道的栅格距离数据、离省道的栅格距离数据、离主干道的栅格距离数据和离次干道的栅格距离数据。

3. 地形数据

本书用到的地形数据主要包括高程和坡度两类。高程和坡度是土地利用变化的主要影响因素，因此，本书中的高程和坡度数据主要用于率定分区异步元胞自动机模型的分区转换规则。在本书中，高程数据主要来源于美国国家航空航天局(NASA)和国防部国家测绘局(NIMA)，以及德国与意大利航天机构共同合作完成联合测量、由美国发射的“奋进”号航天飞机上搭载 SRTM 系统完成的 DEM 数据。该 DEM 数据可以提供空间分辨率为 30m 和 90m 的两种 DEM 数据。本书采用的 DEM 数据空间分辨率为 90m。在此基础上，以 SRTM DEM 数据为基础，采用 ArcGIS10 的 SLOPE 工具生成武汉市坡度数据集。

13.3 城市扩张、耕地保护与生态保育的协调方法

13.3.1 权衡城镇建设用地扩张、耕地保护与生态保育的土地利用优化布局总体框架

在本书中，依托分区异步元胞自动机模型，以城镇建设用地扩张、耕地保护与生态保育三者的权衡为优化目标，开展武汉市土地资源的优化配置。本书开展土地资源优化配置的基本思路包括以下三方面。

(1) 以耕地保护为基础：粮食安全是土地利用优化布局的约束条件。因此，土地利用优化布局的结果应保证武汉市耕地保有量满足粮食安全的要求。

(2) 以城镇建设用地扩张为条件：城镇建设用地扩张是土地利用优化布局的目标和条件，在土地利用优化布局的过程中应尽可能满足武汉市社会经济发展对城镇建设用地的需求，满足城镇化对城镇用地扩张的需求。

(3) 以生态保育为保障：生态保育是土地利用优化布局的目标与约束。土地利用优化布局应在保证城镇建设用地扩张和耕地保护需求的前提下，尽可能减少对土地系统生态服务功能的侵占，尽可能实现武汉市土地系统生态服务功能最大化。

为了实现武汉市社会经济发展过程中土地资源的合理布局和可持续利用，本书以权衡城镇建设用地扩张、耕地保护和生态保育三者的关系为目标，以分区异步元胞自动机模型为依托，构建土地利用优化布局模型：以粮食安全所需要的耕地保有量为全局约束条件，保证在整个用地优化配置的过程中，耕地总量不低于粮食安全对耕地的需求量；以城镇建设用地需求量的满足作为用地配置的终止条件，当武汉市城镇建设用地总量达到需求时，整个分配过程终止；以生态系统服务功能得到最大限度的保护为目标，根据各地类的生态服务价值当量确定城镇建设用地扩张过程对其他地类占用的优先度，从而实现生态服务价值当量较大的地类得到优先保护。以此为基础，通过比较土地利用优化布局结果与实际土地利用数据，解析实际土地利用数据与土地利用优化布局结果在保障区域粮食安全、城镇建设用地扩张和生态系统服务功能等方面的差异，从而定量评估土地利用优化布局对武汉市城镇建设用地扩张、耕地保护和土地系统生态服务的影响(图 13-2)。

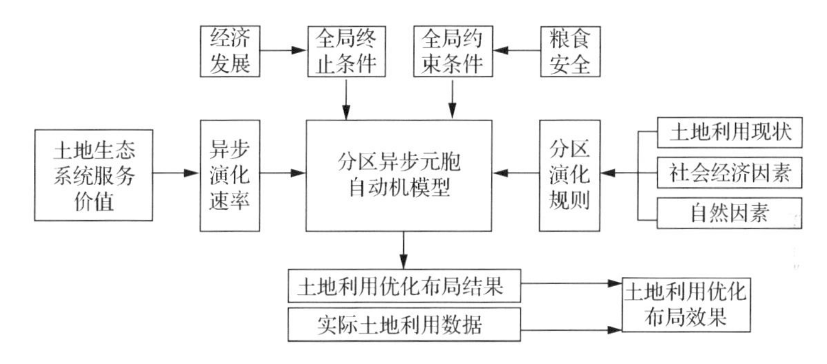

图 13-2　权衡城镇用地扩张、耕地保护与生态保育的土地利用优化总体框架

13.3.2　全局终止条件与约束条件

本书中，根据武汉市为支持社会经济发展对城镇建设用地的需求得到满足作为土地利用优化布局模型的全局终止条件，即在土地利用优化布局模型运行的过程中，当武汉市城镇建设用地需求量得到满足时，土地利用优化布局模型停止运行。为了便于比较，本书以 2005 年优化的起始点，因此在 2005 年土地利用数据的基础上，进行 2013 年武汉市城镇建设用地的优化配置，然后与 2013 年武汉市真实的城镇土地利用进行比较，根据两者的差异判断土地利用优化配置的效果。所以，本书中，确定全局终止条件的武汉市城镇建设用地需求量采用 2013 年武汉市真实的城镇建设用地量，即 406961.01hm^2。

武汉市土地利用优化的全局约束条件是耕地保有量大于粮食安全对耕地保有量的需求。在开展土地利用优化配置的过程中，应保障土地利用优化模型输出的耕地保有量大于或等于粮食安全对耕地的需求，即在模型运行的过程中，城镇建设用地扩张对耕地的侵占会导致耕地数量的下降，当耕地数量下降到接近或者达到粮食安全所需的耕地保有量时，整个土地利用优化模型停止运行。粮食安全所需的耕地保有量由很多方面的因素共同决定。本书中，根据优化期末的人口总量、人均粮食消费水平、耕地单产水平、耕地复种指数、粮食自给率等因素测算研究区域在优化期末的耕地需求总量，如式(13-1)所示：

$$S = \alpha \times \frac{G_{\mathrm{P}}}{E \times R \times U} \times P \tag{13-1}$$

式中，S 为研究区域在优化期末的耕地需求量；α 为研究区域粮食自给率；G_{P} 为研究区域人均粮食需求量；E 为复种指数；R 为粮食作物播种面积占农作物总播种面积的比例；U 为粮食单产水平；P 为研究区域在优化期末总人口。本书根据武汉市 2013 年人口数量、粮食自给率(本书选择 90%的粮食自给率)、人均粮食消费需求量、复种指数、粮经比、粮食单产水平等计算武汉市耕地需求总量为 406961.03hm^2。

13.3.3 异步演化速率

异步演化速率是分区异步元胞自动机模型的重要参数，它用来控制每一个元胞转换的快慢：当某一元胞拥有较高的异步演化速率时，该元胞有机会更快地转换为城镇建设用地。本书中，异步演化速率用来控制城镇建设用地扩张对不同土地利用类型的侵占速度：根据每一类土地利用类型的生态服务价值确定对应元胞的异步演化速率。在利用分区异步元胞自动机模型开展土地利用优化配置的过程中，城镇建设用地的扩张和耕地保护不可避免地会导致生态用地的流失。为了实现城镇建设用地扩张和耕地保护过程中生态服务价值的最大化，使得生态服务价值高的土地得到优先保护，本书根据生态服务价值率定元胞的异步演化速率，即生态服务价值高的土地利用类型具有较低的异步演化速率，而生态服务价值低的土地利用类型具有较高的异步演化速率。从而，实现生态系统服务价值越高的土地利用类型被占用的速率越慢；反之，生态系统服务价值越低的土地利用类型被占用的速率越快。

由于元胞自动机模型并没有演化速率的概念，因而，需要将异步演化速率转化成异步演化间隔，从而使异步演化速率在元胞自动机模型中得以实现。在本书中，分区异步元胞自动机模型的异步演化间隔与异步演化速率互为倒数。因此，生态系统服务价值越高的土地利用类型应被赋予较高的异步演化间隔；反之，生态系统服务价值越低的土地利用类型应被赋予较低的异步演化间隔。此外，当某土地利用类型拥有过高的异步演化间隔时，很可能导致该类型的土地利用在整个土地利用优化配置过程中很难获得演化的机会。为了防止这类现象的发生，本书设定了最高演化间隔为 40，即当某一类土地利用类型的异步演化间隔大于 40 时，则令其等于 40。因此，本书中的异步演化间隔可采用下面的公式计算得到：

$$\mathrm{Int}=\frac{v-v_{\min}}{v_{\max}-v_{\min}}\times(40-1)+1 \tag{13-2}$$

式中，Int 为某土地利用类型对应的异步演化间隔；v 为该类型土地利用的生态系统服务功能价值当量；$v_{\min}$ 为所有土地利用类型生态系统服务价值当量的最小值；$v_{\max}$ 为所有土地利用类型生态系统服务价值当量的最大值。在本书中，我们参考了谢高地等(2008)提出的中国土地利用生态系统服务价值当量值来确定异步演化速率。谢高地等的研究指出：林地的生态系统服务价值当量为 1518.48 US$/(hm^2·a)，草地的生态系统服务价值当量为 630.18 US$/(hm^2·a)，耕地的生态系统服务价值当量为 426.6 US$/(hm^2·a)，水域的生态系统服务价值当量为 2448.9 US$/(hm^2·a)，未利用地的生态系统服务价值当量为 2957.58 US$/(hm^2·a)（因为在武汉市大部分未利用地为湿地，所以此处用湿地的生态服务价值当量来代表武汉市未利用地的生态服务价值当量）。据此，可以测算得到：耕地的异步演化速率为 1，林地的异步演化速率为 18，草地的异步演化速率为 4，水域的异步演化速率为 32，未利用地的异步演化速率为 40。

13.3.4 元胞演化概率

元胞自动机模型的转换规则由四部分共同组成：随机项、全局转换概率、邻域开发密度以及单元约束条件，可用式(13-3)表示：

$$p_{d,ij}^{t}=\left[1+(-\ln\gamma)^{\alpha}\right]\times P_{g}\times\mathrm{con}(s_{ij}^{t})\times\Omega_{ij}^{t} \tag{13-3}$$

式中，$p_{d,ij}^{t}$ 为某一元胞在特定时间的转换概率；γ 为随机数，其取值范围为(0，1)；α 取值范围是 1~10 的整数，作用是控制随机变量的影响程度；P_g 为全局转换概率，反映各影响因素对元胞转换概率的影响；$\mathrm{con}(s_{ij}^{t})$ 为单元约束条件，反映限制转换区；Ω_{ij}^{t} 为邻域函数，表示邻域对元胞转换概率的影响。

式(13-3)中，γ 和 α 表达随机因素对元胞自动机模型的影响，主要用来实现对一些随机影响要素或者难以表达的要素对元胞转换规则的影响，如各种政治因素、人为因素、随机因素和偶然事件对土地利用过程的影响和干预。P_g 表达社会经济要素、区位因素等对土地利用转换规则的影响，在整个模拟过程中保持不变。P_g 一般是采用空间数据挖掘的方法从已有的数据中得出。Ω_{ij}^{t} 在分区异步元胞自动机模型的运行过程中不断变化，随着城镇建设用地扩张的推进，邻域发生变化，邻域转换概率也不断发生变化。在研究中，本书借鉴已有的研究成果，采用半径为 1 的 Moore 邻域测算邻域转换概率，如式(13-4)所示：

$$\Omega_{ij}^{t}=\frac{\sum_{3\times 3}\text{con}(s_{ij}=\text{目标值})}{3\times 3-1} \tag{13-4}$$

$\text{con}(s_{ij}^{t})$ 是单元的约束性条件，主要用来表达在分区异步元胞自动机模型运行的过程中不能发生转换的区域。例如，水体、高山、基本农田保护区等为限制开发区域，因此在模型运行的整个过程中不能发生转变，这时令 $\text{con}(s_{ij}^{t})=0$ 。

根据上述公式可以求出元胞转换概率在此基础上，比较元胞的发展概率和给定的阈值就可以确定元胞是否发生转换，可用如下公式表示：

$$S_{t+1}(ij)=\begin{cases}\text{渐变},\left[p^{t}(ij)>p_{\text{threshold}}\right]\\ \text{不渐变},\left[p^{t}(ij)\leqslant p_{\text{threshold}}\right]\end{cases} \tag{13-5}$$

式中，$S_{t+1}(ij)$ 为元胞在 t+1 时刻的状态；$p_{\text{threshold}}$ 为转换概率的阈值。

13.4 协调城市扩张、耕地保护和生态保育的武汉市土地利用布局优化

13.4.1 武汉市土地利用布局优化结果

以武汉市 2005 年土地利用作为土地利用优化布局的起点，本书依托分区异步元胞自动机模型进行了土地利用的优化配置，以期实现城镇建设用地扩张、耕地保护与生态保育的权衡，得到武汉市 2013 年土地利用布局优化结果如图 13-4 所示。从图 13-4 可以看出，与武汉市 2013 年实际土地利用空间格局相比，经过优化后武汉市 2013 年土地利用图中，在武汉市中心城区及其附近水体得到了较好的保护。这是由于与耕地、林地、草地等用地类型相比，水体具有相对较高的生态服务价值。在分区异步元胞自动机模型中则表现为水体具有较长的异步演化间隔。本书中，水体的异步演化间隔为 32，明显高于耕地、林地、草地的异步演化间隔。

所以，在采用分区异步元胞自动机模型进行武汉市土地资源优化布局的过程中，水体被城镇建设用地侵占的速率明显比其他地类慢，即水体得到了优化保护。对比图 13-3 和图 13-4 可以看出，在武汉市土地利用优化布局的结果中，由于受水体的限制，武汉市 2013 年城镇建设用地扩张在武汉市中心城区及其周边区域的扩张并不是十分明显；与此形成鲜明对比的是，在武汉市的东北部和西南部地区，主导土地利用类型的生态服务价值当量较低，因而在社会经济发展和快速城镇化的双重压力之下，城镇建设用地扩张较为明显。

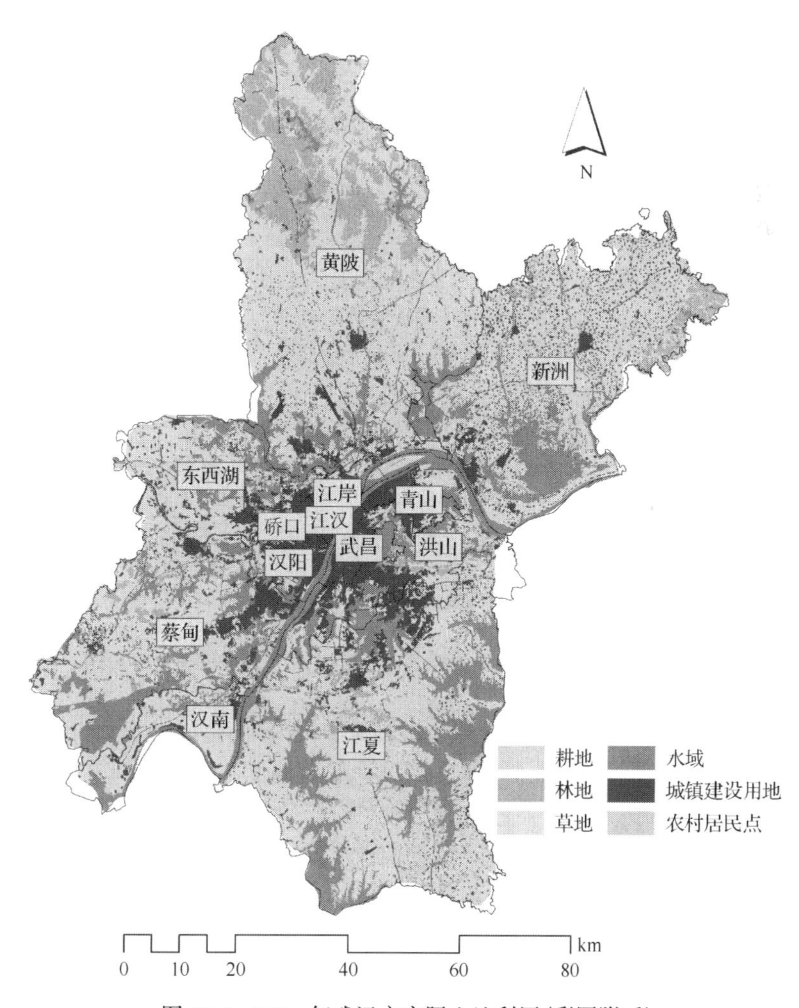

图 13-3　2013 年武汉市实际土地利用(彩图附后)

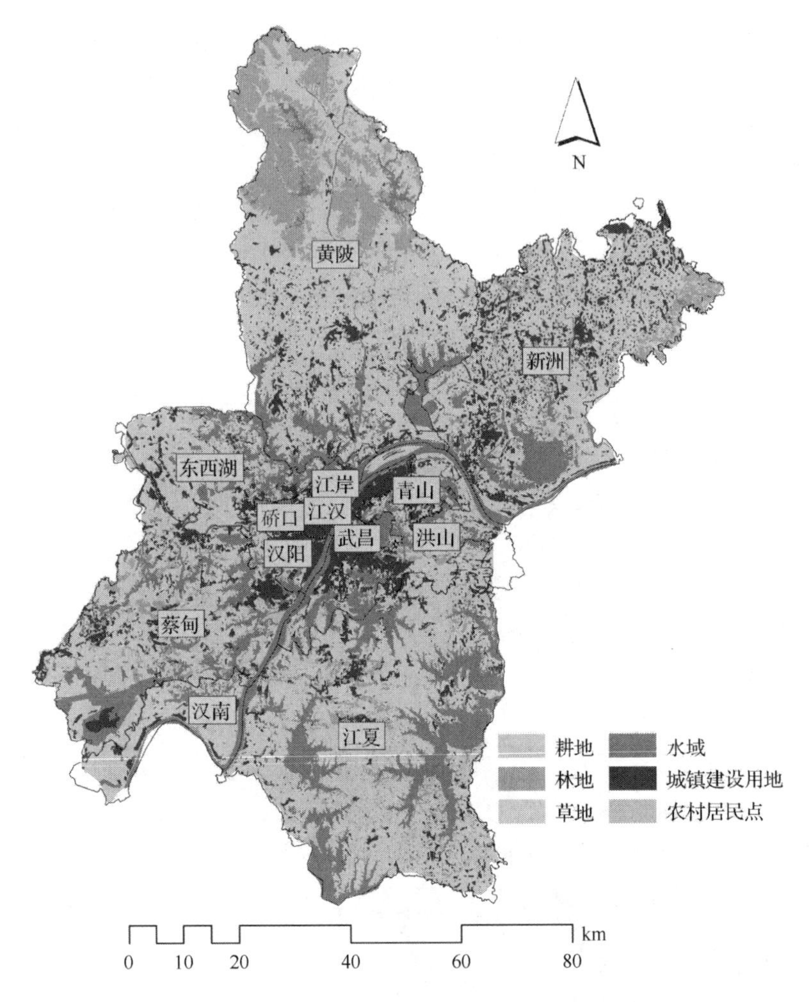

图 13-4　2013 年武汉市城市用地扩张优化结果(彩图附后)

图 13-5 给出了武汉市 2005~2013 年，经过土地利用优化布局之后的城镇建设用地扩张与实际城镇建设用地扩张对区域土地利用变化的影响。图 13-5 表明，经过土地利用优化布局之后，武汉市 2005~2013 年城镇建设用地扩张对耕地的侵占略高于实际城镇建设用地扩张对耕地的侵占；而在土地利用优化布局结果中，城镇建设用地扩张对林地、草地、水域、未利用地等的侵占均显著低于实际城镇建设用地扩张占用的林地、草地、水域和未利用地。尤其是在土地利用优化布局结果中，武汉市 2005~2013 年城镇建设用地扩张几乎没有占用林地、水域和未利用地。

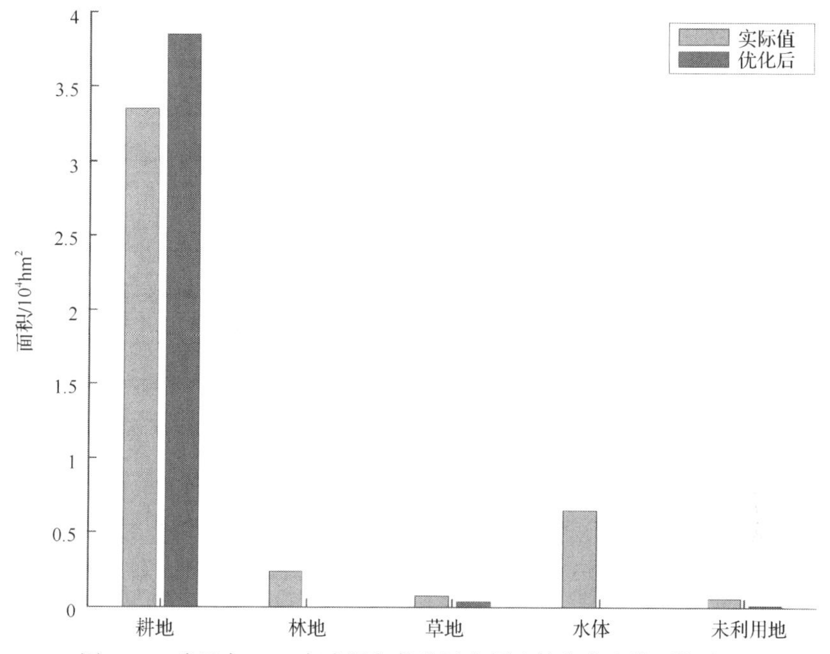

图 13-5　武汉市 2013 年实际与优化城市用地扩张占地类型的对比

13.4.2　武汉市土地利用布局优化对生态系统服务的影响

为了定量评估土地利用布局优化对武汉市生态系统服务的影响，本书分别测算并对比分析了武汉市 2005~2013 年，实际城镇建设用地扩张与优化后城镇建设用地扩张对生态系统服务价值的影响，如图 13-6 所示。从图 13-6 可以明显看出：2005~2013 年，武汉市实际城镇建设用地扩张造成生态系统服务价值的流失总量达到 3.5796×10^7 美元；而采用分区异步元胞自动机模型进行优化后得到的武汉市 2013 年土地利用布局优化方案中，由于城镇建设用地扩张导致的生态系统服务价值的流失总量为 1.6823×10^7 美元，仅为实际土地利用情景下城镇建设用地扩张侵占生态系统服务价值总量的 47.00%。

具体而言，城镇建设用地扩张对各类土地利用及其提供的生态系统服务价值的侵占存在显著的差异。2005~2013 年，武汉市实际城镇建设用地扩张占用耕地生态系统服务价值为 1.4290×10^7 美元，而经优化后武汉市 2005~2013 年城镇建设用地扩张侵占耕地生态系统服务价值的总量为 1.6417×10^7 美元，比实际城镇建设用地扩张侵占耕地生态系统服务价值的总量略高；武汉市 2005~2013 年实际城镇建设用地扩张对林地生态系统服务价值的侵占量为 0.3569×10^7 美元，而经优化后武汉市 2005~2013 年城镇建设用地扩张对林地生态系统服务价值没有造成侵占，显著低于实际城镇建设用地扩张对林地生态系统服务价值的侵占量；武汉市

2005~2013 年实际城镇建设用地扩张对草地生态系统服务价值的侵占量为 0.0477×10^7 美元，而经优化后武汉市 2005~2013 年城镇建设用地扩张对草地生态系统服务价值的侵占量为 0.0223×10^7 美元，仅为实际城镇建设用地扩张占用草地生态系统价值量的 46.75%；武汉市 2005~2013 年实际城镇建设用地扩张对水域生态系统服务价值量的侵占为 1.5832×10^7 美元，而经优化后武汉市 2005~2013 年城镇建设用地扩张对水域生态系统服务价值没有影响；武汉市 2005~2013 年实际城镇建设用地扩张对未利用地生态系统服务价值的侵占量为 0.1627×10^7 美元，而经优化后武汉市 2005~2013 年城镇建设用地扩张对未利用地生态系统服务功能价值量的侵占为 0.0183×10^7 美元，约为实际城镇建设用地扩张对未利用生态系统服务功能价值侵占量的 11.25%。

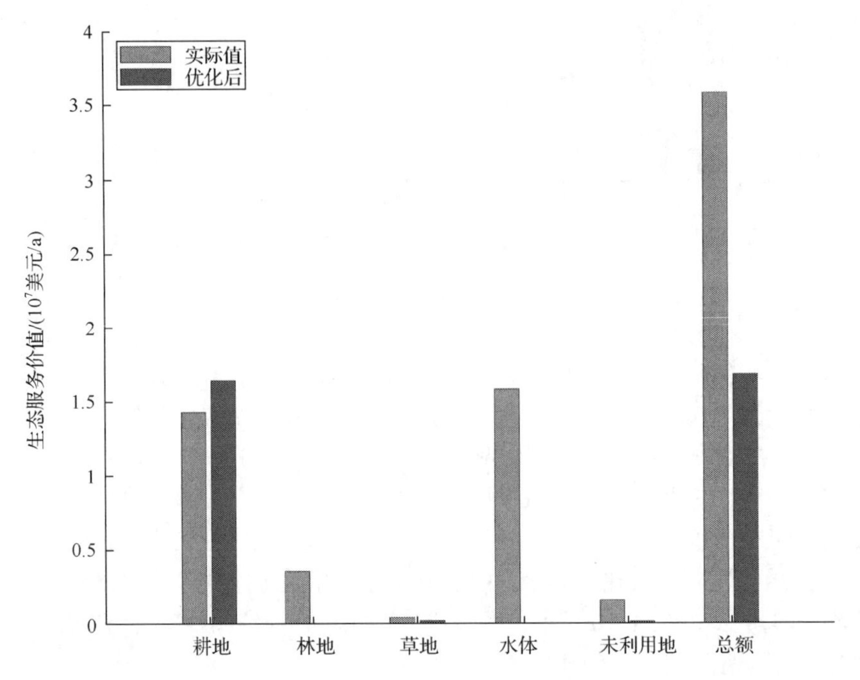

图 13-6　武汉市 2013 年实际与优化城市用地扩张占用生态服务价值的对比

13.5　小　　结

以武汉市为研究区域，本书依托分区异步元胞自动机模型，以城镇建设用地扩张、耕地保护与生态保育为目标，开展了土地利用优化布局，以实现通过土地资源的合理配置达到在满足社会经济发展对城镇建设用地扩张的要求、保障人口增长对粮食安全和耕地保有量要求的前提下，城镇建设用地扩张对土地系统生态服务价值的侵占量最小的目标。

本书以武汉市 2005 年的土地利用数据为起点，以分区异步元胞自动机模型为依托，以城镇建设用地扩张与耕地保护为约束条件，以生态服务功能得到最大限度的保护为目标，开展土地利用优化布局，得到武汉市 2013 年土地利用布局优化结果。对比分析武汉市 2013 年土地利用布局优化结果和武汉市 2013 年实际土地利用数据，得到土地利用优化对城镇建设用地扩张、耕地保护与生态保育的影响，并据此定量评估武汉市土地利用布局优化的效果。结果表明：

(1) 本书提出的基于分区异步元胞自动机模型的土地利用布局优化模型能实现协调城镇建设用地扩张、耕地保护与生态保育的目标。采用分区异步元胞自动机模型开展土地利用优化布局后，在满足经济社会发展和快速城镇化对城镇建设用地需求，以及人口增长对耕地保护和粮食安全需求的前提下，武汉市 2005~2013 年城镇建设用地扩张对土地系统生态服务价值的侵占大幅下降：本书中提出的布局优化方案下城镇建设用地扩张对生态系统服务价值的侵占仅为实际城镇用地扩张侵占生态系统服务价值总量的 47.00%。

(2) 优化布局结果表明，在城镇建设用地扩张的过程中，水体、林地等生态服务价值较高的地类得到优先保护是武汉市实现城镇建设用地扩张、耕地保护与生态保育协调的关键。在武汉市土地利用优化布局结果中，城镇建设用地扩张的重点区域为武汉市东北部的新洲区与西南部的蔡甸区和汉南区等中心镇和重点发展区域。武汉拥有“百湖之城”的称号，其中心城区及其周边区域集中分布了大量生态服务价值非常高的水体。在实际土地利用变化过程中，武汉市城镇建设用地采用“摊大饼”的模式向外扩张，大量侵占了生态服务价值很高的水体，从而导致了土地生态系统服务价值的快速流失，很难协调城镇建设用地扩张、耕地保护与生态保育三者之间的矛盾。

主要参考文献

何春阳，史培军，李景刚，陈晋，潘耀忠，李京，卓莉，一之濑俊明.2006. 基于 DMSP/OLS 夜间灯光数据和统计数据的中国大陆 20 世纪 90 年代城市化空间过程重建研究.科学通报, 51(7):856~861.

柯新利，边馥苓. 2010.基于空间数据挖掘的分区异步元胞自动机模型. 中国图象图形学报, 15(6):921~930.

黎夏，叶嘉安，刘小平.2006.地理模拟系统在城市规划中的应用. 城市规划, 30(6):69~74.

刘小平,黎夏，陈逸敏，秦雁，李少英，陈明辉. 2009.景观扩张指数及其在城市扩展分析中的应用.地理学报, 64(12):1430~1438.

刘耀林，刘艳芳，明冬萍. 2004.基于灰色局势决策规则的元胞自动机城市扩展模型. 武汉大学学报(信息科学版), 29(1):7~13.

龙花楼，李秀彬.2007.长江沿线样带土地利用格局及其影响因子分析. 地理学报,56(4):417~425.

史培军，陈晋，潘耀忠. 2000.深圳市土地利用变化机制分析. 地理学报, 55(2):151~160.

谈明洪，李秀彬，吕昌河. 2004.20 世纪 90 年代中国大中城市建设用地扩张及其对耕地的占用. 中国科学：D 辑, 34(12):1157~1165.

谈明洪，吕昌河. 2005.城市用地扩张与耕地保护. 自然资源学报, 20(1): 52 ~ 58.

谢高地，甄霖，鲁春霞，肖玉，陈操.2008.一个基于专家知识的生态系统服务价值化方法.自然资源学报,05：911~919.
许恒周. 2010.市场失灵与耕地非农化过程中的耕地生态价值损失研究——以江苏省为例. 中国生态农业学报,18(6): 1366 ~ 1371.
赵媛媛, 何春阳, 龚立萍, 姚辉. 2009.北京城市扩展过程中耕地自然生产功能损失研究. 中国土地科学,23(7): 71 ~ 78.
周国华, 贺艳华. 2006.长沙城市土地扩张特征及影响因素. 地理学报,61(11):1171~1180.
Angel S, Parent J, Civco D L, Blei A, Poetere D. 2011. The dimensions of global urban expansion: Estimates and projections for all countries, 2000-2050. Progress in Planning, 75: 53~107.
Barredo J I, Demichelli L, Lavalle C, Kasanko M, McCormick N. 2004. Modelling future urban scenarios in developing countries: An application case study in Lagos, Nigeria. EnvironMent and Plannign B: Planning and Design, 31(1): 65~84.
Borchers A M, Duke J M. 2012.Capitalization and proximity to agricultural and natural lands: Evidence from Delaware. Journal of Environmental Management, 99 : 110 ~ 117.
Deng X, Huang J, Rozelle S, Uchida E.2006. Cultivated land conversion and potential agricultural productivity in China. Land Use Policy, 23: 372 ~ 384.
Hiroshi M.2008. Land conversation at the urban fringe: A comparative study of Japan, Britain and the Netherlands. Urban Studies, 35: 1541 ~1558.
Huang S, Yeh C, Chang L. 2010.The transition to urbanizing world and the demand for natural resources. Current Opinion in Environmental Sustainability, 2(3):136~143.
Jose M, Garcia R, Noemi L R. 2011. Hydrological and erosive consequences of farmland abandonment in Europe, with special reference to the Mediterranean region—A review. Agriculture, Ecosystems and Environment, 140(3) : 317~338.
Kasanko M, Barredo Cano J I, Lavalle C, McCormick N, Demichelli L, Sagris V, Brezger A. 2006. Are European cities becoming dispersed. A comparative analysis of 15 European urban areas. Landsc. Urban Plan，77(1-2)：111~130.
Liu J, Zhan J, Deng X. 2005.Spatio-temporal patterns and driving forces of urban land expansion in China during the economic reform era. Ambio, 34(6):450~455.
Mouysset L, Doyen L, Jiguet F, Allaire G, Leger F.2011. Bio economic modeling for a sustainable management of biodiversity in agricultural lands. Ecological Economics, 70(4) : 617 ~ 626.
Pita R, Mira A, Moreira F, Morgado R, Beja P.2009. Influence of landscape characteristics on carnivore diversity and abundance in Mediterranean farmland. Agriculture, Ecosystems and Environment, 132(1) : 57 ~ 65.
Seto K C, Fragkias M, Guneralp B, Reilly M K. 2011. A meta-analysis of global urban land expansion. PloS ONE，6:e23777.
Seto K C, Guneralp B, Hutyre LR. 2012. Global forecasts of urban expansion to 2030 and direct impacts on biodiversity and carbon pool. Proceedings of the National Academy of Sciences，109(40)：16083~16088.
Shi W, Tao F, Liu J.2013.Changes in quantity and quality of cropland and the implications for grain production in the Huang-Huai-Hai Plain of China. Food Security, 5(1): 69~82.
Stoate C, Baldi A, Beja P, Boatman N D, Herzon I, Doorn A, Snoo G R, Rakosy L., Ramwell C.2009. Ecological impacts of early 21st century agricultural change in Europe—A review. Journal of Environmental Management, 91(1) : 22 ~ 46.
UN. 2012. World Urbanization Prospects: The 2011 Revision Highlights（New York: United Nations Department of Economic and Social Affairs/Population Division）(http://www.un.org/en/development/desa/popnlafioo/publications/polf/urbanization/wop2001-Report,pdf) .2015-9-28.
Wu J, Jenerette G D, Buyantuyev A, Redman C L. 2011. Quantifying spatiotemporal patterns of urbanization: The case of two fastest growing metropolitan regions in the United States. Ecol Complex, 8(1): 1~8.
Zhen L, Cao S, Cheng S, Xie G, Wei Y, Liu X, Li F.2010. Arable land requirements based on food consumption patterns: Case study in rural Guyuan District, Western China. Ecological Economics, 69(7) : 1443 ~ 1453.

第 14 章　气候变化背景下城市扩张合理模式选择

14.1　引　言

影响气候变化的因素众多，其中，城市化是最为重要的人文要素之一。城市化过程通过使自然地表覆盖向人工状态的转变以及人为热源的排放，对全球气候变化产生深远的影响(Churkina, 2008)。 因此，城市化尤其是城市化过程中的城镇用地扩张对全球气候变化的影响受到了学术界的广泛关注(Bornstein and Lin, 2000; Pielk et al., 2002; Lei et al., 2008)。Ka 和 Edward(2013)采用香港 40 年的气候变化数据和土地利用数据研究发现，随着自然植被和农村景观演变为城市景观，城市地区气温升高的趋势变得更为明显。Xiong 等(2012)结合定量遥感方法和空间统计模型研究了广州市 1990~2009 年四个时期的城市用地扩张对地表温度的影响，发现广州市城市热岛强度与城市用地扩张存在着显著的相关性。Guo 等(2012)根据土地覆盖的不同构建了城市化指数分析了不同的城市化程度对地表温度的影响，结果表明城市化指数和城市地表温度存在着复杂的相关关系。Kishtawal 等(2010)评估了城市化对印度夏季强暴雨的影响，结果表明，快速城市化地区比其他区域更可能发生强暴雨。大量的研究表明，快速城市化尤其是城市用地扩张对区域气温和降水均有显著的影响。

中国已经到达了城市化高速发展的拐点，目前已经有 52.57%的人口生活在城市地区。到 2030 年，中国居住在城市的人口数量将超过 10 亿。当前，城市群已成为我国城市化的主要形式。虽然已有大量的研究关注城市群发展过程中不同规模的城市配置模式对社会经济的影响，但很少有研究关注城市群的不同发展模式对气候变化的影响，尤其是不同规模的城市在空间上的布局对气候变化的影响极少受到关注。Chen 等(2013)分析了中国城镇化与经济增长的关系，结果表明，自 2004 年以来，中国的城市化速度明显高于中国经济发展速度，所以需要重新考虑中国城镇化的模式及其对应的社会经济发展策略。Salvati 等(2013) 的研究则表明，从 1960~2009 年，希腊的 Attica 地区经历了从紧凑型城市向分散型城市转型的规律，并且由此也引发了该区域的土地利用变化发生了相应的转型。Wu 等

(2011)依托历史土地利用数据，在不同的空间尺度下采用景观格局矩阵分析了Phoenix 和 Las Vegas 城市发展模式。Berry and Okulicz-Kozaryn (2012)则发现美国的城市发展遵循 Gibrat’s 定理，即城市规模的空间分布严格服从 $q = 1.0$ 的齐普夫定律。然而，对于不同城市规模和不同城市化模式中的城市用地扩张对气候变化影响的差异却少有研究关注，尤其是城市群或都市圈城市用地扩张模式的气候效应。

在“中部崛起”这一国家战略的推动下，国务院批准了武汉城市圈等首批资源节约型与环境友好型社会建设综合配套改革试验区，是中国继环渤海地区、长江三角洲、珠江三角洲之后崛起的新兴城市群。近年来，随着快速工业化、城镇化的发展，武汉城市圈经济建设日新月异，城镇用地扩张十分迅速。同时，武汉城市圈城镇用地扩张对区域气候具有显著的影响(何报寅等，2010)。因此，迫切需要科学认识武汉城市圈不同城市化模式城市用地扩张对气候变化影响的差异，据此提炼武汉城市圈城市扩张的合理模式，为减缓和适应气候变化提供决策支持。

本书设立三种城市化情景：基准情景、集中城市化情景与分散城市化情景。采用分区异步元胞自动机模型模拟得到 2020 年武汉城市圈三种情景下城市用地扩张结果，以此作为土地利用/土地覆被下垫面数据，输入 WRF 模式，模拟得到三种不同城市化情景下城市用地扩张对区域气候的影响。通过对比分析三种不同情景下城市用地扩张对气候变化影响的时空规律，提炼得到武汉城市圈应对气候变化的合理城市化模式。

14.2 武汉城市圈土地利用与气候变化

14.2.1 研究区域

武汉城市圈是指以中部地区最大城市武汉为圆心，覆盖黄石、鄂州、黄冈、孝感、咸宁、仙桃、天门、潜江周边 8 个大中型城市所组成的城市群(图 14-1)，总面积约 $5.78×10^4 km^2$,占湖北省土地面积的 31.1%。2008 年年底武汉城市圈常住人口 2994.6 万人，全年 GDP 总量达到 6972.11 亿元，占全省 GDP 总量的 61.5%，是湖北省重要的经济发展中心，也是中部崛起的重要战略支点。武汉城市圈作为两型社会建设综合配套改革试验区，面临许多发展机遇。然而，作为中国首个“资源节约型与环境友好型”社会建设试验区，武汉城市圈在快速城市化进程中既要考虑社会经济的快速发展，也要关注社会经济发展的生态环境效应。因此，从气候变化的角度剖析不同城市化模式对区域气候的影响有利于遴选武汉城市圈合理城市化模式，对武汉城市圈“两型”社会建设具有重要的意义，为其他区域城市化合理模式的选择提供新的视角。

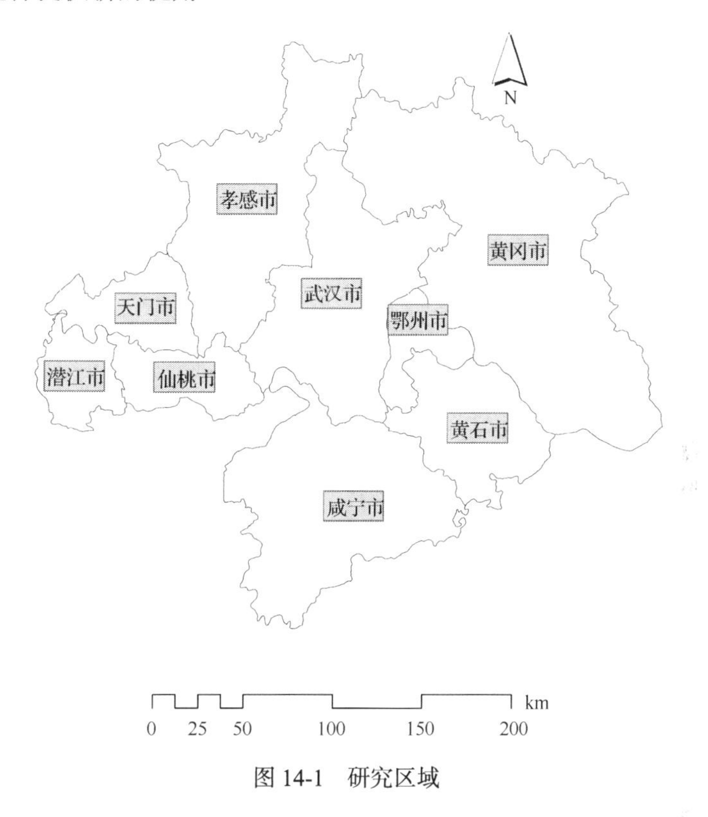

图 14-1 研究区域

14.2.2 数据来源

本书主要涉及四种数据，包括：武汉城市圈土地利用数据、自然环境条件数据、社会经济统计数据和气象数据。

1. 土地利用数据

本书中涉及的土地利用数据主要用于进行土地利用变化的情景模拟，包括武汉城市圈 2000 年和 2008 年两期土地利用数据，两期数据均来自遥感解译的结果。土地利用类型包括耕地、林地、草地、建设用地、水域、未利用地六大用地类型。其中，2000 年土地利用数据来自中国科学院资源环境数据中心的土地利用数据库（刘纪远等，2002）。该数据库由 Landsat TM/ETM 影像解译得到，空间分辨率为 30m×30m；后经对解译结果的重采样，得到 100m×100m 的栅格数据。2008 年的土地利用数据由中巴资源卫星影像解译获取，空间分辨率为 20m×20m。该遥感解译结果同样被重采样到 100m×100m 栅格上。具体处理过程如下：利用 ENVI 遥感数据处理软件对遥感影像进行几何校正、辐射校正、边界裁剪、监督分类及人工目视解译、精度检验，生成土地利用数据；土地利用类型包括耕地、林地、草地、建设用地、水域、未利用地六大用地类型，其中耕地包括水田和旱地，建设用地包括城镇用地、农村居民点和其他建设用地。

2. 自然环境条件数据

本书涉及的自然环境条件数据包括研究区域的DEM数据、离各级城市距离、离铁路距离、离公路距离，以及离水系距离。DEM数据来自于国家测绘地理信息局提供的1∶25万比例尺的DEM数据。本书分别计算了每个100m×100m栅格距各级城市的距离。利用2000年覆盖武汉城市圈的Landsat TM/ETM几何精纠正影像，勾画出研究区域的主要水系与交通线，计算出每个 100m×100m 栅格距离铁路、公路与水系的距离。

3. 社会经济统计数据

本书涉及的社会经济统计数据包括2000~2008年武汉城市圈各市人口数据、人均社会消费品零售额、固定资产总投资、人均财政收入、第二产业总产值、单位面积粮食产量。上述数据来源于湖北省统计年鉴。

4. 气候数据

本书中的气候数据包括年降水量数据和年均气温数据。以中国气象局气象站点观测数据为基础，采用样条插值算法对气象站点的观测数据进行插值，得到研究区域栅格形式的年降水量数据和年均气温数据。

14.3 城市群扩张与气候变化的耦合模型

14.3.1 总体研究思路

城市用地扩张对气候变化影响的情景分析的基本思路是(图14-2)：在设定武汉城市圈城市用地扩张情景的基础上，采用分区异步元胞自动机模型开展武汉城市圈城市用地扩张的情景模拟，得到武汉城市圈未来城市用地发展的时空格局。将模拟的未来城市用地作为气候模式的下垫面数据输入到 WRF 模式开展武汉城市圈气候变化模拟，得到不同情景下武汉城市圈未来气候变化时空格局。通过对比分析不同情景下城市用地扩张的气候变化效应，得到武汉城市圈减缓气候变化的城市用地扩张合理模式。

城市用地扩张情景模拟方面，首先，设定武汉城市圈城市化情景。本书将武汉城市圈城市化模式设定为基准情景、集中城市化情景和分散城市化情景三种情景。在此基础上，采用分区异步元胞自动机模型进行武汉城市圈城市用地扩张的情景模拟：根据城市化情景和区域社会经济发展水平，率定异步演化速率；根据土地利用变化的历史规律和社会经济条件的区域差异，率定分区演化规则；根据建设用地需求和粮食安全需求，率定全局终止条件；据此开展武汉城市圈城市用地扩张的情景模拟，得到不同城市化情景下武汉城市圈城市用地扩张的时空格局。

城市用地扩张对气候变化的情景分析方面，首先根据武汉城市圈城市用地扩张的情景模拟结果，制备气候模式的下垫面数据，形成不同城市用地扩张情景下的下垫面数据集。然后采用 WRF 模式开展武汉城市圈城市用地扩张的情景分析。保持 WRF 模式侧边界条件和其他所有参数不变，仅改变 WRF 模式的下垫面数据，模拟得到不同城市化模式下武汉城市圈城市用地扩张对区域气候的影响，据此分析武汉城市圈不同城市化模式下城市用地扩张对气候变化的影响，得到武汉城市圈减缓气候变化的合理城市化模式。

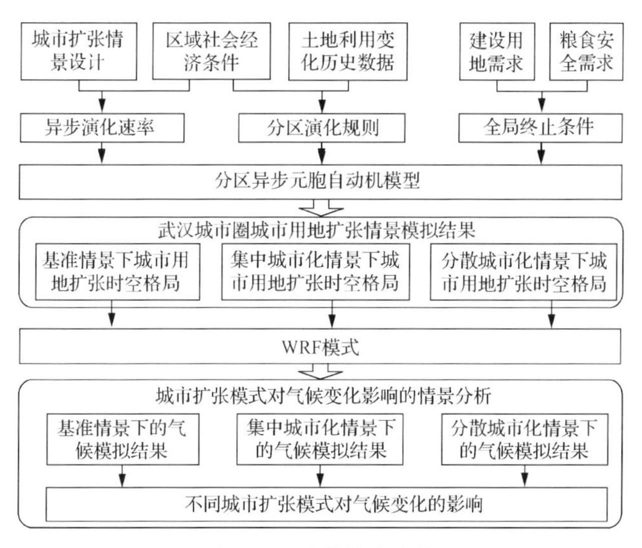

图 14-2　总体技术路线

14.3.2　分区异步元胞自动机模型

元胞自动机模型具有模拟复杂系统时空演化过程的能力，它“自下而上”的研究思路充分体现了复杂系统局部的个体行为产生全局、有秩序模式的理念。因此，元胞自动机模型在城市用地扩张模拟中具有天然优势(Li et al., 2007)。然而，目前大多数元胞自动机模型在城市用地扩张模拟时存在着一些局限性：一方面，采用统一的转换规则驱动所有元胞演化模拟城市用地扩张过程，忽视了城市用地扩张及其影响因素的空间异质性；另一方面，在整个元胞空间内所有的元胞都以同样的速率进行演化，忽视了城市用地扩张速率的空间差异性，因而制约了城市用地扩张模拟的精度（Ke and Bian, 2010）。针对这一问题，Ke 和 Bian（2010）提出了基于空间数据挖掘的分区异步元胞自动机模型：利用空间数据挖掘的方法对元胞空间进行分区并对各个分区分别求取元胞转换规则，结合不同的演化速率驱动元胞自动机模型进行城市用地扩张的模拟。

由于社会经济发展的区域差异和自然资源禀赋的空间异质性，城市群各个城市的土地利用变化规律和城市用地扩张速度存在更显著的空间差异，因此，与传统元胞自动机模型相比，分区异步元胞自动机模型更适合用来模拟城市群城市用地扩张。因此，本书采用分区异步元胞自动机模型进行武汉城市圈城市用地扩张的情景模拟。其中，每个县域对应的元胞空间构成分区异步元胞自动机模型的一个分区，采用 C5.0 决策树算法分别求取各个分区的元胞转换规则；由社会经济发展条件和城市用地扩张模式共同决定分区异步元胞自动机模型的异步演化速率；据此开展武汉城市圈城市用地扩张的情景模拟，得到不同城市化模式下武汉城市圈城市用地扩张的时空格局。

分区转换规则由三部分组成：分区转换概率、邻域开发密度及单元约束条件（Li et al., 2007）。可由以下公式表示：

$$p_{d,ij}^{t}=\left[1+\left(-\ln\gamma\right)^{\alpha}\right]\times P_{g}\times \mathrm{con}\left(s_{ij}^{t}\right)\times \Omega_{ij}^{t} \tag{14-1}$$

式中，$p_{d,ij}^{t}$ 为某一元胞在特定时间的转换概率；γ 为随机数，其取值范围为(0，1)；α 取值范围是 1~10 的整数，作用是控制随机变量的影响程度；P_g 为全局转换概率，反映各影响因素对元胞转换概率的影响；$\mathrm{con}(s_{ij}^{t})$ 为单元约束条件，反映限制转换区；Ω_{ij}^{t} 为邻域函数，表示邻域对元胞转换概率的影响。

式(14-1)中，γ 和 α 表达随机因素对元胞自动机模型的影响，主要用来实现对一些随机影响要素或者难以表达的要素对元胞转换规则的影响，如各种政治因素、人为因素、随机因素和偶然事件对土地利用过程的影响和干预。P_g 表达社会经济要素、区位因素等对土地利用转换规则的影响，在整个模拟过程中保持不变。P_g 一般是采用空间数据挖掘的方法从已有的数据中得出。Ω_{ij}^{t} 在分区异步元胞自动机模型的运行过程中不断变化，随着城镇建设用地扩张的推进，邻域发生变化，邻域转换概率也不断发生变化。本书借鉴已有的研究成果，采用半径为 1 的 Moore 邻域测算邻域转换概率：

$$\Omega_{ij}^{t}=\frac{\sum_{3\times3}(s_{ij}=\text{目标值})}{3\times3-1} \tag{14-2}$$

$\text{con}(s_{ij}^{t})$ 是单元的约束性条件，主要用来表达在分区异步元胞自动机模型运行的过程中不能发生转换的区域。例如，水体、高山、基本农田保护区等为限制开发区域，因此在模型运行的整个过程中不能发生转变，这时令 $\text{con}(s_{ij}^{t})=0$ 。

P_g 是从各区域土地利用及相关影响因子的数据中挖掘出的区域土地利用变化规律。本书采用 C5.0 决策树算法从区域土地利用及相关数据中获取分区转换规则。决策树学习是数据挖掘中典型的分类算法，主要作用是揭示数据中的结构化信息，所建立的树型结构直观、易于理解，而且便于处理非线性数据的描述数据，能提取数据中隐藏的知识规则。因此，决策树模型可以用于元胞自动机模型转换规则的挖掘(Ke, 2009)。

异步演化速率由社会经济发展情况和城市化情景两部分决定。与社会经济发展条件相比，城市群城市化模式的选择对城市用地扩张速度的影响重要得多。因此，为了厘清武汉城市圈不同城市化模式下城市用地扩张对区域气候变化影响的差异，本书根据城市化模式确定分区异步元胞自动机模型的异步演化速率：基准情景下，城市群城市用地的扩张速度遵循武汉城市圈城市用地扩张的历史规律，主要由社会经济发展状况的区域差异决定；集中城市化情景下，城市规模越大，城市用地扩张具有越高的优先度，城市用地扩张的速度越快；分散城市化情景下，城市规模越小，城市用地扩张具有越高的优先度，城市用地扩张的速度越慢。模型中异步演化速率可以用式(14-3)表达：

$$v_{ij\_\text{pri}}=\frac{\text{priority}_{ij}}{\text{priority}_{\max}-\text{priority}_{\min}}\times\left(v_{\max}-v_{\min}\right)+v_{\min} \tag{14-3}$$

式中，v_{ij_pri} 为单元格 (i, j) 的演化速率；priority_{ij} 为单元格 (i, j) 的城市用地扩张优先度；$\text{priority}_{\max}$ 为全区域城市用地扩张优先度的最大值；$\text{priority}_{\min}$ 为全区域城市用地扩张优先度的最小值；$v_{\max}$ 与 $v_{\min}$ 分别为全区域元胞演化的速度的最大值与最小值。

由于元胞自动机模型没有速率的概念，只有演化间隔，因此需要将此处的演化速率通过式(14-4)转换为演化间隔：

$$\text{Interval}_{ij\_\text{pri}}=\left[\frac{1}{v_{ij\_\text{pri}}}\right] \tag{14-4}$$

式中，$\text{Interval}_{ij\_\text{pri}}$ 即为速率 v_{ij_pri} 对应的元胞演化间隔。据此，可以测算得到武汉城市圈城市用地扩张的异步演化间隔。

14.3.3 WRF 模式

WRF (weather research and forecast) 模式系统是由 NCAR (美国大气研究中心) 中小尺度气象处、NCEP (美国国家环境预报中心) 环境模拟中心、FSL (美国预报系统实验室) 预报研究处和俄克拉何马大学的风暴分析预报中心共同参与进行开发研究的新一代中尺度预报模式和同化系统联合发起建立的新一代中尺度气象预报模式，由美国国家自然科学基金和 NOAA (美国国家气象数据中心) 共同支持。WRF 模式是改进从云尺度到天气尺度等重要天气特征预报精度的工具重点考虑 1~10km 的水平网格，包括前处理模块 WPS (WRF processing system)，以及 WRF 主模式 ARW。WPS 是模式数据的前处理部分，也是模式的三维变分系统建立使用之前为模式提供初始边界值的部分，主要负责对标准格点资料的预处理和地形资料的预处理。WPS 模块包括 geogrid、ungrib、metgrid 三个子模块。其中，geogrid 子模块主要功能为定义和创建模式区域，在 geogrid 模块中，用户可以设置各模拟区域的投影方式、范围大小、区域位置、嵌套关系等参数。根据这些定义设置，geogrid 会将地形、土地利用类型、土壤类型等数据插值到所定义的区域网络，数据格式为 NetCDF。ungrib 子模块的主要功能是将标准的 grib 码格式的数据文件转换成 metgrid 能够识别的格式。通常 grib 数据文件有多种不同的格式，相同的气象要素可能有不同的要素指示码，对于这些不同的格式，WPS 提供了相应的 Vtable 函数指针，如 AWIP、GFS 等。metgrid 子模块的主要功能则为气象数据的插值，它将大区域的气象场数据插值到模式的计算格点 (包括水平方向和垂直方向) 上，为模式提供初始场和边界条件文件。

WRF 模式中，原始的土地利用数据是美国地质调查局 (US. Geological Survey, USGS) 涵盖全球 24 类土地利用类型的土地利用数据。每种土地利用类型具有不同的粗糙度、反照率等参数值，影响气象场的流动、降水、气温或温度等。

在本书中，将武汉城市圈城市用地扩张情景模拟的结果进行空间重采样，并用模拟结果中的城市用地替代 WRF 模式中原始土地利用资料中对应位置的土地利用类型，形成新的下垫面数据，用于模拟城市用地扩张的气候效应。

14.4 气候变化背景下武汉城市圈城镇扩张合理模式分析

14.4.1 武汉城市圈城市用地扩张情景设计

城市化模式主要包括集中型城市化和分散型城市化。集中型城市化主要有三方面的特点：第一，城市规模结构的集中化，主要表现为大城市、大都市和中型城市的率先发展；第二，城市布局的集群化，主要表现为各个不同等级和影响力的大都市密集区的形成和发展；第三，城市空间土地利用的集约化。本书中集中型城市化主要是指第一个特点，即大城市、大都市和中型城市率先发展。与之对应的分散型城市化，主要特点是小城镇得到率先发展。

本书将武汉城市圈城市化情景设定为基准情景、集中城市化情景和分散城市化情景。基准情景下，武汉城市圈城市用地扩张遵循其历史规律；集中城市化情景下，大城市将得到优先发展，控制小城镇的城市用地扩张速度；分散城市化情景下，小城镇得到优先发展，控制大城市的城市用地扩张速度。据此，通过设定分区异步元胞自动机模型的异步演化间隔设定武汉城市圈城市用地扩张情景。以集中城市化情景为例，大城市将得到优先发展，在相同的时间内，大城市具有更高的演变速率，即应该赋予较小的演化间隔。据此，可以设定三种不情景下武汉城市圈城市用地扩张的异步演化间隔见表 14-1。

表 14-1　不同情景下武汉城市圈城市用地扩张异步演化间隔

县名	城市化情景			县名	城市化情景		
	基准情景	集中城市化情景	分散城市化情景		基准情景	集中城市化情景	分散城市化情景
武汉市市辖区	1	1	20	蕲春县	4	20	1
蔡甸区	7	5	15	黄梅县	5	20	1
江夏区	7	5	15	孝感市市辖区	3	10	10
黄陂区	4	5	15	应城市	5	20	1
新洲区	4	5	15	安陆市	5	20	1
鄂州市	4	10	10	汉川市	4	20	1
黄石市市辖区	2	10	10	大悟县	5	20	1
大冶市	5	20	1	云梦县	4	20	1
阳新县	4	20	1	咸宁市市辖区	8	10	10
黄冈市市辖区	4	10	10	赤壁市	5	20	·
麻城市	6	20	1	嘉鱼县	5	20	1
武穴市	4	20	1	通城县	3	20	1
团风县	6	20	1	崇阳县	3	20	1
红安县	6	20	1	通山县	3	20	1
罗田县	4	20	1	仙桃市	5	20	1
英山县	2	20	1	天门市	5	20	1
浠水县	4	20	1	潜江市	7	20	1

14.4.2　武汉城市圈城市用地扩张情景模拟

根据武汉城市圈城市用地扩张情景设定的异步演化间隔，结合由武汉城市圈社会经济条件和自然资源禀赋确定的分区异步元胞自动机模型分区演化规则和全局终止条件，采用分区异步元胞自动机模型开展武汉城市圈城市用地扩张模拟，得到不同情景下武汉城市圈城市用地的时空格局(图 14-3)。可以看出，基准情景与集中情景下武汉城市圈城市用地时空格局具有较大的相似度，两者的区别在于：基准情景下，大城市和小城市的城市用地扩张速度具有一定的差别，但两者都有发展；而在集中城市化情景下，大城市和小城市的城市用地扩张速度具有非常显著的差异，武汉市及其周边地区城市用地扩张十分迅速，而武汉城市圈其他区域城市用地扩张非常缓慢。分散型城市化情景下武汉城市圈城市用地扩张规律与前两者明显不同：武汉市及其周边地区城市用地扩张非常少，而与之对应的小城市地区城市用地扩张比较明显。

由于 WRF 模式的下垫面数据是按 USGS 的分类标准进行分类，而上述武汉城市圈城市用地扩张的模拟结果将武汉城市圈土地利用/土地覆被类型分为耕地、林地、草地、水域和建设用地五大类。因此，上述模拟结果不能直接作为下垫面数据输入到 WRF 模式。以 WRF 模式的原始下垫面数据为基础，采用 ArcGIS10

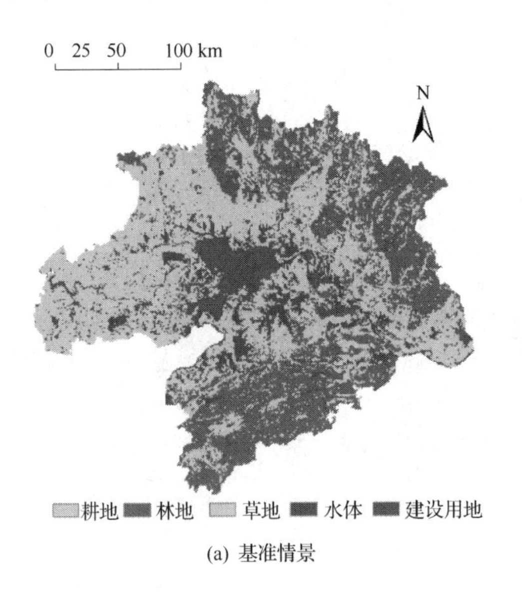

(a) 基准情景

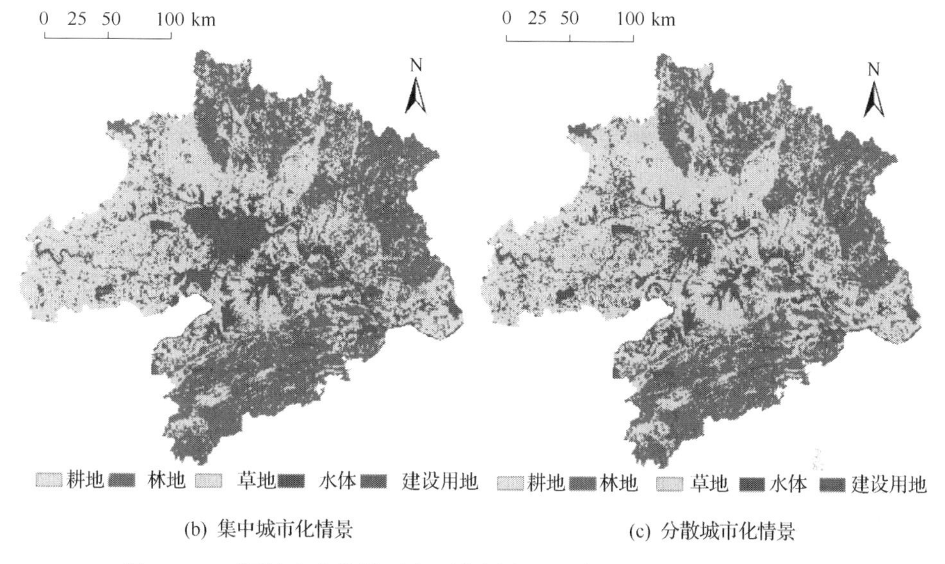

(b) 集中城市化情景 (c) 分散城市化情景

图 14-3 不同城市化情景下武汉城市圈土地利用时空格局(彩图附后)

的栅格数据处理功能对上述模拟结果进行分区统计，得到与 WRF 模式原始下垫面数据尺度一致的栅格数据，采用该栅格数据城市用地替换 WRF 模式原始下垫面数据的对应网格的数据，得到武汉城市圈不同情景下 WRF 模式气候模拟的下垫面数据(图 14-4)。

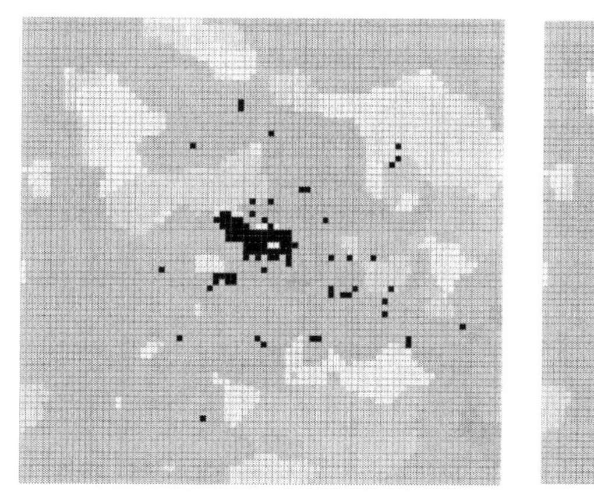

(a) 基准情景

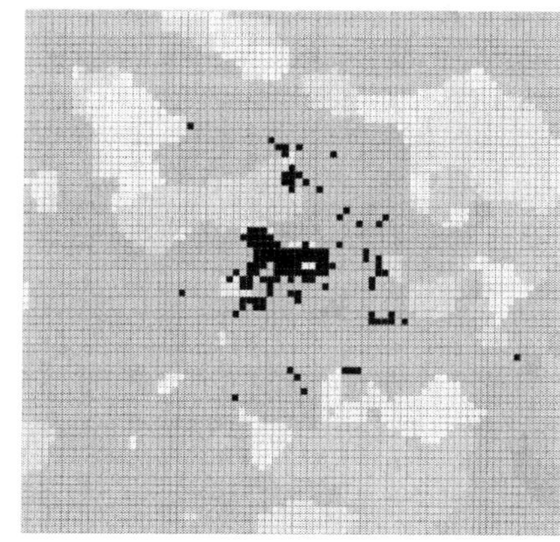

(b) 集中城市化情景

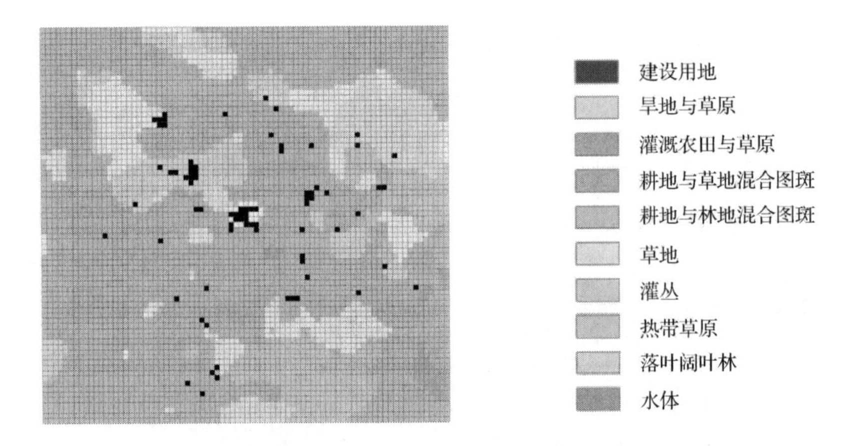

(c) 分散城市化情景

图 14-4　不同情景下武汉城市圈下垫面数据(彩图附后)

14.4.3　武汉城市圈城市用地扩张对气候变化响应的情景分析

保持 WRF 模式的边界条件和其他初始场不变，采用不同情景下武汉城市圈下垫面数据替换 WRF 模式的原始土地利用资料，驱动 WRF 模式可以模拟得到不同城市化情景下武汉城市圈的气温数据和降水数据。

不同城市化情景下，下垫面的改变对气温变化的影响具有明显的差异(图 14-5)。总体来看，三种情景的升温效应存在着明显的差异。三种情景中，升温效应最明显的是集中城市化情景，其次为基准情景，升温效应最小的是分散城市化情景。从时间上看，三种情景的升温效应差别最强的时间出现在一年中的最热月份(6~8 月)。在较冷月份(1 月、2 月、11 月和 12 月)，三种情景升温效应差别较小。

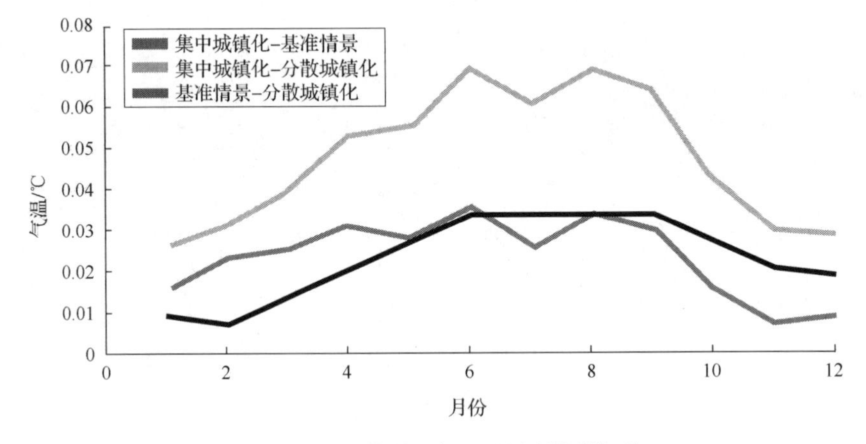

图 14-5　不同情景下气温差异(彩图附后)

不同城市化情景下，下垫面对气温变化影响的空间格局也存在着显著的差异(图 14-6)。从三种情景的差别看，集中城市化情景与分散城市化情景的差别最大，集中城市化情景与基准情景的差别较小。与分散型城市化情景相比，集中型城市化情景升温效应较强的空间范围更广，并且升温的幅度差别也更大。与基准情景相比，集中型城市化情景升温效应较强的空间范围比较集中，并且升温的幅度差别也较小。从时间上看，较冷月(以 1 月为例)的升温差别均较小，而较热月(以 7 月为例)的升温差别较大。从全年的平均水平看，升温差别最大的依然是集中城市化情景和分散型城市化情景之间，升温差别最小的是集中城市化情景和基准情景之间。可以看出，三种情景中，集中城市化情景下，下垫面改变造成的升温范围最广、幅度最大；分散型城市化情景下，下垫面改变造成的升温范围最小、幅度也最小。

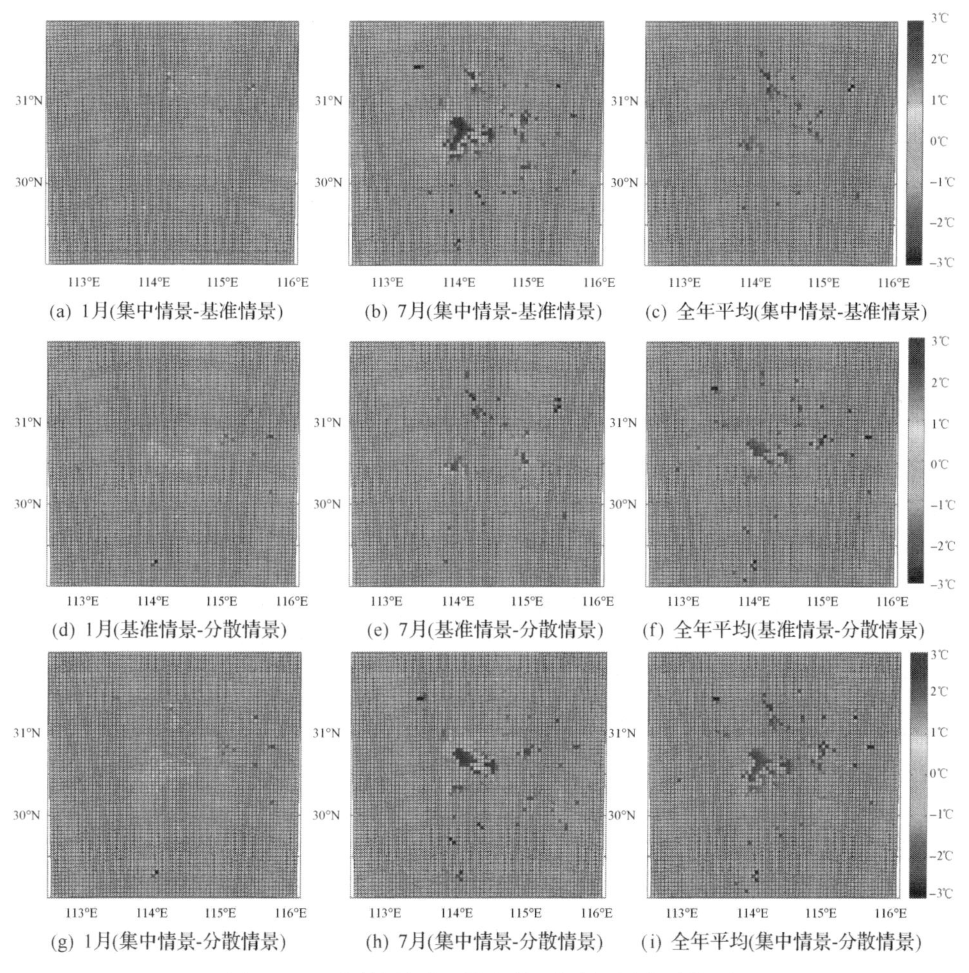

(a) 1月(集中情景-基准情景)　(b) 7月(集中情景-基准情景)　(c) 全年平均(集中情景-基准情景)

(d) 1月(基准情景-分散情景)　(e) 7月(基准情景-分散情景)　(f) 全年平均(基准情景-分散情景)

(g) 1月(集中情景-分散情景)　(h) 7月(集中情景-分散情景)　(i) 全年平均(集中情景-分散情景)

图 14-6　不同情景升温效应的空间格局(彩图附后)

不同城市化情景下，下垫面的改变对降水的影响差别不是特别显著(图 14-7)。总体而言，分散型城市化情景的降水量最大，略高于其他两种情景；而集中型城市化情景的降水量最小，略低于其他两种情景。从时间上看，三种情景下降水的时间分布规律基本一致，降水的峰值出现在 7 月。三种情景在降水峰值附近的降水量差异也最大。

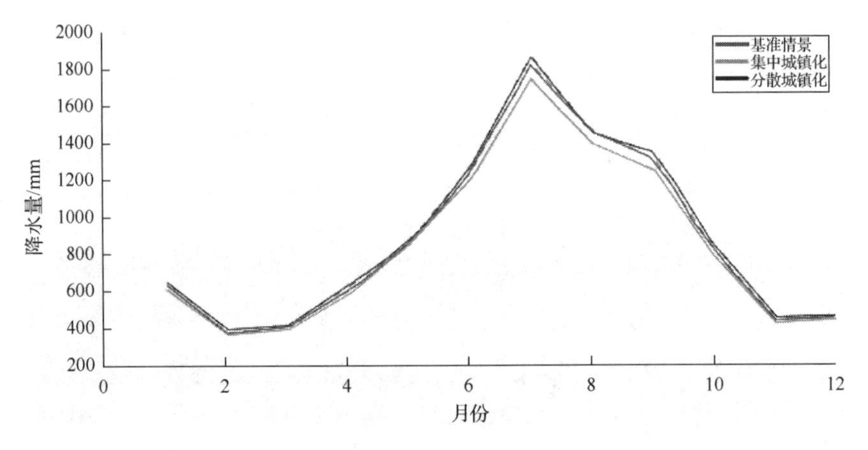

图 14-7　不同情景下降水量(彩图附后)

从空间分布看，集中城市化情景和基准情景降水分布比较集中，而分散型城市化情景下的降水空间分布相对较为分散(图 14-8)。集中城市化情景下和基准情景下，存在着一个范围较广、强度较大的降水中心。而在分散型城市化情景下，降水中心呈现分散化的特点，存在两个范围较小、强度较弱的降水中心，在空间上分布较为均匀。

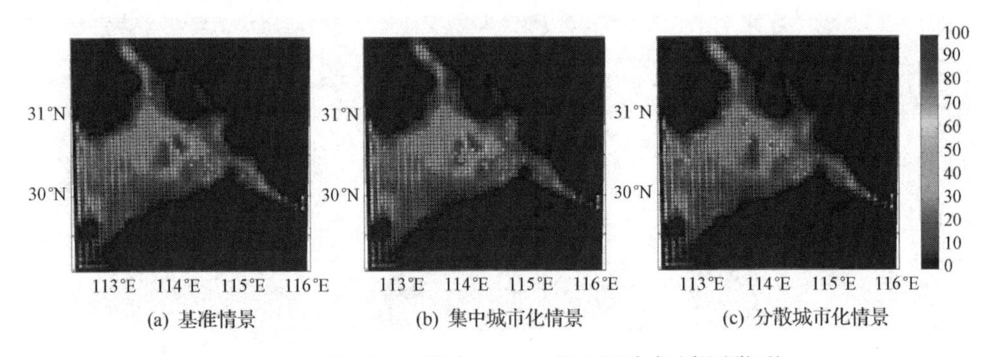

图 14-8　不同情景下降水量(mm)的空间分布(彩图附后)

14.5 小　　结

城市化模式的合理选择是政府和学术界关注的热点问题。一方面，很多经济学家从经济效率的角度开展了城市化模式的对比研究，从经济学上给出了城市化模式选择的依据。另一方面，自然科学家已经证明城市化是全球气候变化的重要原因之一，城市用地扩张通过改变地表下垫面对区域气候产生不可忽视的影响。城市作为人类聚居的重要场所，在追求经济效益的同时，也应该评估城市发展的生态环境效应及其对人类福利的影响。因此，城市化合理模式的选择，不仅要考虑不同城市化模式的经济效率差异，更要评估不同城市化模式对区域生产气候和人居环境的影响。尤其是全球气候变化这一背景下，研究不同城市化模式下下垫面改变对区域气候变化的影响，对合理城市化模式的选择具有重要的指导意义。

中国目前正处于快速城市化时期，在今后一段时间，中国将保持较高的城市化速度。因此，城市化合理模式的选择对中国具有特殊的意义。城市群已经逐步成为中国城市化的主要形式。武汉城市圈是继长江三角洲、珠江三角洲和环渤海城市群之后中国中部崛起的一个重要城市群，也是中国政府首批批准的“两型”社会建设的试验区，武汉城市圈快速城市化进程中城市用地扩张的生态环境效应具有十分重要的意义。因此，本书以武汉城市圈为案例区，在采用分区异步元胞自动机模型开展不同城市化模式下城市用地扩张情景模拟的基础上，采用 WRF 模式分析了不同城市化情景下下垫面改变对区域气温和降水的影响。结果表明：

(1) 不同城市化情景下城市用地扩张的升温效应具有显著的差异。集中型城市化的升温效应最为显著，远高于分散型城市化情景的升温效应。分散型城市化情景在三种情景中的升温效应最弱，远低于其他两种情景。

(2) 不同城市化情景下升温效应的空间分布也存在显著的差异。集中型城市化的升温效应空间分布范围最广、幅度最大。分散型城市化情景的升温效应空间分布范围较小、强度也较弱。

(3) 不同城市化情景对区域降水影响的差异不是十分显著。总体而言，分散型城市化情景下区域降水量最大，略高于其他两种情景；而集中型城市化情景下区域降水量最小。三种情景下降水量的时间分布较为一致。

(4) 不同城市化情景下区域降水的空间分布具有显著的差异。集中型城市化情景降水的空间分布较为集中，并且呈现一个范围较广、强度较大的降水中心；分散型城市化情景降水的空间分布较为分散，降水中心也较为分散，呈现两个范围较小、强度较弱的降水中心。

(5) 分散型城市化是适合减缓气候变化要求的城市化模式。分散型城市化情景下地表下垫面改变对气候变化的影响较小，并且在空间上呈现出均匀分布的格局；集中型城市化情景下城市用地扩张对气候变化的影响较大，并且在空间上分布较为集中。

本书剖析了不同城市化模式下城市用地扩张对区域气温和降水的影响，得到分散型城市化是“两型”社会建设合理城市化模式的结论。在进一步的研究中，需要深入讨论不同城市化模式下下垫面改变对区域其他生态环境参数影响的时空规律及其对人类福利的影响。

主要参考文献

何报寅，丁超，徐贵来，刘红卫，刘杰，张晴.2010. 基于MODIS的武汉城市圈地表温度场特征. 长江流域资源与环境, 19(12): 1379～1385.

刘纪远,刘明亮，庄大方，等.2002. 中国近期土地利用变化的空间格局分析. 中国科学, 32(12)：1031～1040.

Berry B J L,Okwlicz-Kozaryn A.2012.The city size distribution debate:Resolution for US urban regions and megalopolitan aneas.Cities, 29:517~523.

Bornstein R, Lin Q.2000. Urban heat islands and summer time convective thunder storms in Atlanta: Three studies. Atmospheric Environment, 34: 507～516.

Chen M, Liu W, Tao X. 2013.Evolution and assessment on China's urbanization 1960 – 2010: Nnder-urbanization or over-urbanization. Habitat International, 38: 25～33.

Churkina G.2008. Modeling the carbon cycle of urban systems. Ecological Modeling, 216(2): 107～113.

Guo Z, Wang S, Cheng M, Shu Y. 2012.Assess the effect of different degrees of urbanization on land surface temperature using remote sensing images. Procedia Environmental Sciences, 13: 935～942.

Ka L, Edward N. 2013.An investigation of urbanization effect on urban and rural Hong Kong using a 40-year extended temperature record. Landscape and Urban Planning, 114: 42～52.

Ke X, Bian F. 2010.A partitioned & asynchronous CA based on spatial data mining. Journal of Image and Graphics, 15(6): 921～930.

Ke X L.2009. A partitioned & asynchronous CA model and Its sensitivity to scales . PH.D. Dissertation of Wuhan University.

Kishtawal C M, Niyogi D, Tewari M, Sr R A P, Shepherd J M.2010. Urbanization signature in the observed heavy rainfall climatology over India. International Journal of Climatology, 30: 1908～1916.

Lei M, Niyogi D, Kishtawal C, Pielke R A S, Beltra A, Nobis T E, Vaidya S S.2008. Effect of explicit urban land surface representation on the simulation of the 26 July 2005 heavy rain event over Mumbai, India. Atmospheric Chemistry and Physics, 8: 5975～5995.

Li X, Yeh A G O, Liu X.2007. Geographical Simulation Systems: Cellular Automata and Multi-Agent Systems. Beijing: Science Press.

Pielke R A S, Marland G, Betts R A, Chase T N, Eastman J L, O.Niles J, Niyogi D, Running S.2002. The influence of land-use change and landscape dynamics on the climate system: Relevance to climate change policy beyond the radiate effect of greenhouse gases. Philosophical Transactions of The Royal Society A: Mathematical, Physical and Engineering Sciences, 360: 1705～1719.

Salvati L, Sateriano A, Bajocco S.2013. To grow or to sprawl. Land cover relationship in a Mediterranean city region and implications for land use management. Cities, 30: 113～121.

Wu J, Jenerette G D, Buyantuyev A, Redman C L.2011. Quantifying spatiotemporal patterns of urbanization: The case of the two fastest growing metropolitan regions in the United States. Ecological Complexity, 8: 1～8.

Xiong Y, Huang S, Chen F, Ye H, Wang C, Zhu C.2012. The impacts of rapid urbanization on the thermal environment: A remote sensing study of Guangzhou, South China. Remote Sensing, 4: 2033～2056.

第15章　基于生产力总量平衡的耕地区际优化配置

15.1　研 究 背 景

生产力总量平衡是耕地保护的实质。我国政府企图通过严格的耕地保护政策保持耕地总量平衡。然而，由于忽视了区域发展的非均衡性及特定经济发展阶段耕地非农化的内在合理性，制定的耕地保护政策的执行效力与预期目标尚存在一定的差距，主要表现为耕地总量平衡难以实现(纪昌品和欧名豪,2010; 张效军等,2008)，特别是在经济发达地区；而且耕地占补平衡政策的局限性导致新开垦的耕地质量一般差于已占用的耕地(孙蕊等，2014)，使得耕地质量更难以达到动态平衡。为了达到名义上土地用途管制的要求，土地利用总体规划特别是基本农田保护规划经常调整，严重削弱了规划的严肃性，从而导致地方政府划定基本农田时“划远不划近，划劣不划优”的现状。同时，基本农田指标的下达，东南沿海等经济发达地区耕地非农化指标吃紧，耕地非法占用现象屡禁不止，严重影响城市的健康发展；而经济欠发达地区有富余的非农化指标，但其土地利用粗放、土地利用效益低下。

针对这一形势，我国学术界和政府均做出了积极的响应，开始探索区际耕地的协调保护。王秀芬等(2005)对新形势下中国耕地总量动态平衡进行分析，进一步证实保护耕地要数量和质量并重；闫慧敏等(2012)关于城市化、退耕还林草等国家重大生态工程对耕地生产力的影响展开研究，表明当前全国耕地生产力的占补平衡实质上是异地占补平衡，存在显著的区域差异；黄亚捷等(2015)从自然、社会要素入手采用自组织特征映射神经网络模型对我国的耕地生产力进行分级并可视化分区；刘洛等(2014)采用 GAEZ 模型结合 1990~2010 年中国耕地区域变化规律，研究了我国粮食生产潜力空间分布及其变化原因；方修琦等(2009)、刘文超等(2013)、位贺杰等(2014)做了国家、区域、省级层面上耕地时空变化，以及耕地生产力区域差异的基础工作，还有学者从耕地保护区域补偿的视角以期为区际建立耕地保护与经济发展平衡机制提供参考(张效军，2006；朱新华和曲福田，2008；方斌等，2009；姜广辉等，2009)。

这些研究构成了我国耕地区内及区际协调保护的理论框架，为之后政府作出相关政策提供了参考。然而，当前对耕地区际协调保护方面的研究大多是基于耕地利用现状，企图通过耕地区际协调保护达到耕地总量平衡。基于当前耕地总量平衡的耕地区际协调保护存在两方面的问题：①根据耕地利用现状确定区域耕地保护目标责任难以释放耕地非农化压力；②由于耕地生产力的区域差异，耕地总量的动态平衡只能对耕地数量的动态平衡有效，难以实现耕地生产力总量的平衡，从而难以保障国家粮食安全。

本书基于耕地生产力总量平衡约束下的耕地区际优化，以耕地生产力保护为核心，在耕地生产力评估的基础上，以耕地生产力总量平衡为约束条件，以耕地非农化压力水平作为参考，开展耕地区际优化布局，实现耕地区际协调保护。

15.2 基于生产力总量平衡的耕地区际优化配置方法

15.2.1 总体研究方案

以耕地生产力总量平衡为约束条件，根据各省份耕地非农化压力的区域差异，结合各省份建设用地需求量，采用分区异步元胞自动机模型进行耕地布局优化。若耕地生产力总量不低于优化前的耕地生产力总量，则继续进行耕地非农化指标的空间分配，直至耕地生产力总量与优化前耕地生产力总量达到平衡，得到耕地布局优化的结果，即各省份耕地保护目标责任。在此基础上，根据各省份耕地保护目标责任和耕地价值评估，确定耕地保护区域补偿的价值标准，形成耕地区际协调保护机制(图 15-1)。

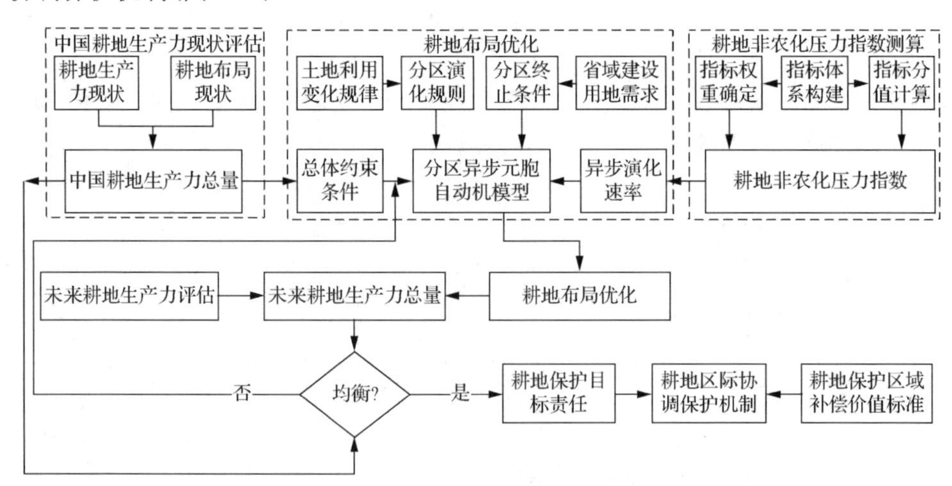

图 15-1 耕地生产力总量平衡约束下的耕地区际保护研究方案

15.2.2 基于 ESAP 的耕地生产力评估

耕地生产力一般指土地与其构成要素劳动力、资金、技术等，在不同的组合形式下形成的综合生产能力，具有自然和社会经济双重属性。它是由光、热、水、土、作物生物学特性，以及投入水平、管理水平、科学技术共同决定，互相制约，互相影响，构成农业生产力的系列：光合生产力、光温生产力、气候生产力、土地生产潜力及耕地生产力。

农业生产力估算系统(estimation system for agricultural productivity, ESAP)是一系列应用程序的集合(Deng et al., 2006)，该系统既包括土地生产力的评估与土地适宜性的评价，还包括一些以土地资源存量为基本输入信息的高级应用。ESAP 模型依据作物能量转化及粮食产量的形成过程，通过采用逐步“衰减”的方法来估算作物不同层次的生产力。该方法的五个步骤分别和 ESAP 五个功能模块相对应，分别是光合生产潜力、光温生产潜力、气候生产潜力、土地生产潜力与耕地生产力(Jiang et al., 2011)。

本书运用 ESAP 模型以年为时间步长、在栅格尺度上评估中国耕地生产力的空间分布特征；然后将栅格尺度上的耕地生产力叠加到各省份水平，分析其耕地生产力的变化趋势和空间差异。

15.2.3 基于 AHP 的耕地非农化压力指数测算

由于社会经济发展水平和土地资源禀赋存在着显著的区域差异，各省份所承受的耕地非农化压力存在着较大的区别。本书从建设用地投入强度、建设用地利用强度和建设用地产出效益三个层面构建指标体系对各省份耕地非农化压力进行评估。其中，建设用地投入强度通过地均固定资产投资额、地均二三产业从业人数、建设用地占土地总面积的比例和第三产业占 GDP 的比例等四个指标衡量；建设用地利用强度通过城镇人均建设用地面积和土地利用率等指标衡量；建设用地产出效益用单位建设用地 GDP、地均财政收入和地均工业总产值等指标衡量(表 15-1)。在此基础上，采用 AHP 方法确定指标权重，结合经过归一化处理的指标分值，可以测算出各省份耕地非农化压力指数，作为各省份耕地非农化指标分配的依据。

表 15-1　耕地非农化压力评价指标体系

目标(A)	子目标(B)	指标(C)	含义
耕地非农化压力	建设用地投入强度(B_1)	地均固定资产投资(C_1)	固定资产投资额/辖区面积
		地均二三产业从业人数(C_2)	二三产业从业人数/辖区面积
		建设用地占土地总面积的比例(C_3)	建设用地面积/辖区面积
		第三产业增加值占 GDP 的比重(C_4)	第三产业增加值/GDP
	建设用地利用强度(B_2)	城镇人均建设用地(C_5)	建设用地面积/总人口
		土地利用率(C_6)	已利用土地面积/辖区面积
	建设用地产出效益(B_3)	单位建设用地 GDP(C_7)	GDP/建设用地面积
		地均财政收入(C_8)	财政收入/辖区面积
		地均工业总产值(C_9)	工业总产值/辖区面积

15.2.4　基于分区异步元胞自动机模型的耕地布局优化

元胞自动机具有较强的时空过程演化能力，已成为地理过程模拟的强有力工具。但大多数元胞自动机模型在运行过程中，整个元胞空间的所有元胞都采用相同的元胞演化规则和速率进行演化，忽略了地理现象，以及地理过程演化速率的空间异质性和差异性。针对这一问题，柯新利和边馥苓(2010)提出了分区异步元胞自动机模型，对其元胞转换规则进行改善，结合不同的演化速率进行地理现象的模拟(柯新利和边馥苓，2010；柯新利等，2010；柯新利和马才学，2013)。本书中，各省份的社会经济状况、资源禀赋，以及土地利用变化规律均存在空间差异，进而各省份的土地利用变化速率也存在空间差异。因此，可以采用分区异步元胞自动机模型对其开展耕地布局优化。

本书在耕地生产力评估与耕地非农化压力测算及其区域差异分析的基础上，以耕地生产力总量平衡为全局约束条件，以各省份耕地非农化需求得到满足为分区终止条件，以耕地非农化压力指数确定异步演化速率，构建分区异步元胞自动机模型开展我国耕地区际布局优化。

15.3　基于生产力总量平衡的中国耕地生产力区际优化配置

15.3.1　中国耕地生产力变化时空特征

耕地生产力主要是指耕地的生产能力，具有一定的时空限制性，它的研究对实现耕地生产力总量平衡具有重要意义。耕地生产力是在人为调控下，综合自然生态、社会经济和技术等因素的影响获得农产品和效益的复杂系统，除了受农业水土资源、农户生产行为和农业技术等内部因素影响，也受气候、地形、宏观经济环境，以及政策等外部环境作用(王凤娇等，2015)。

耕地生产力水平的空间分布，受地形起伏、气候、降水、耕地面积分布的综合影响，且地形会成为提高农田生产力的主要限制因素(闫慧敏等，2007)。本书采用 ESAP 模型评估全国各省份的耕地生产力，从图 15-2 中可以看出耕地生产力具有显著的区域差异性，空间分布上整体呈现“西北低、东南高”的态势，长江中下游地区和珠江流域的耕地生产力最高，其次为黄淮海平原和四川盆地，东北区具有较高耕地生产力，西北地区耕地生产力最低。

结合图 15-2(a)，可以看出，2000 年我国的耕地生产力从西北到东南逐渐升高。耕地生产力明显偏高的省份主要分布在长江流域、淮河流域和珠江流域；其中，以上海、江苏、海南、河南、安徽、广东省为代表，耕地生产力均达到 10000kg/hm^2 以上。耕地生产力明显偏低的省份主要分布在农牧交错带以西；以西藏、青海、新疆和内蒙古为代表，耕地生产力均在 3000kg/hm^2 以下，以西藏的耕地生产力最低，

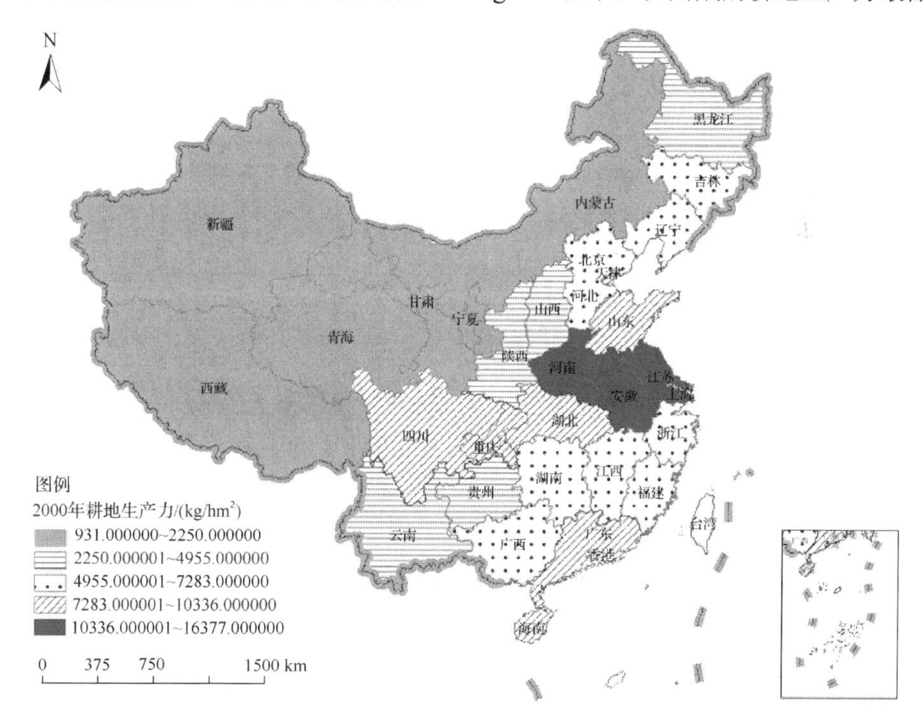

(a) 2000年中国耕地生产力空间差异

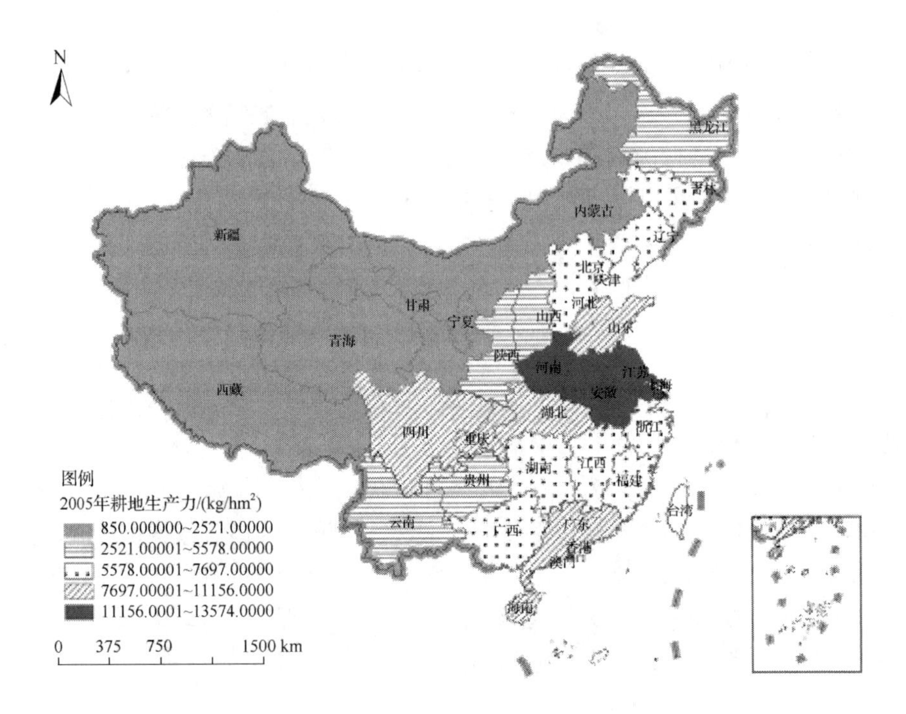

(b) 2005年中国耕地生产力空间差异

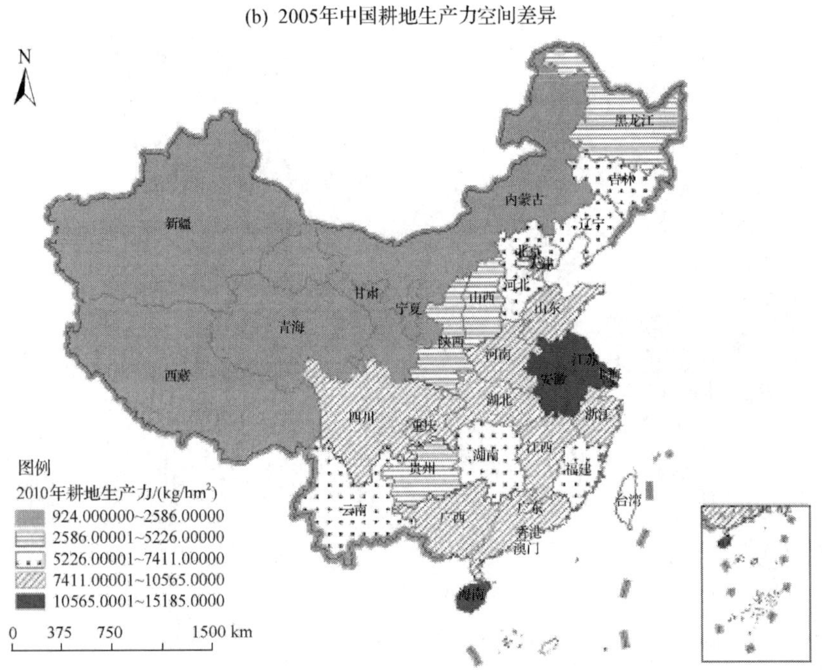

(c) 2010年中国耕地生产力空间差异

图 15-2　中国耕地生产力空间分布

在 1000kg/hm^2 以下。结合图 15-2，可以看出中国各省份耕地生产力虽在 2000~2010 年有小幅浮动，但中国耕地生产力在空间分布上没有明显变化，与我国耕地等级空间分布密切相关。各省份耕地生产力估算结果如表 15-2 所示。

表 15-2　全国 2000 年、2005 年与 2010 年各省份耕地生产力估算结果 (单位：kg/hm^2)

省份	2000 年	2005 年	2010 年	省份	2000 年	2005 年	2010 年
黑龙江	4955	5259	5226	安徽	11719	12507	11419
内蒙古	2250	2521	2586	四川	9116	9616	8943
新疆	1370	1633	1606	湖北	9206	8916	9089
吉林	4899	6353	5572	上海	16377	13476	15185
河北	5963	6606	6251	重庆	9978	9644	9235
甘肃	1985	2354	2357	浙江	8101	7504	8586
北京	4156	5401	5206	江西	7211	7070	7730
山西	3573	3705	3476	湖南	7283	6320	7411
天津	6825	8891	8332	云南	5576	5578	5812
青海	1022	1308	1322	贵州	5518	4722	5032
陕西	3937	4339	4336	福建	5798	5860	5906
宁夏	1854	1945	2133	广西	8429	7697	8395
山东	9096	10857	8873	广东	10336	9291	10140
西藏	931	850	924	海南	13174	11156	12183
河南	11938	11892	10565	辽宁	4231	6167	6503
江苏	13619	13574	12011	全国	6549	6724	6620

注：缺失港澳台数据。

近 20 年来，耕地变化的基本特征主要表现为南减北增，耕地总量基本保持平衡，新增耕地的重心由东北逐步向西北移动(刘纪远等，2014)。结合 2000~2005 年中国耕地生产力变化的空间分布图可以看出[图 15-3(a)]，2000~2005 年，东部地区主要是生产力下降的区域，而生产力增加的区域主要集中在北部和西部地区，与耕地变化的基本特征基本吻合。具体而言，上海耕地生产力减幅最大，接近 3000kg/hm^2；其次是海南、广东、湖南、贵州和广西，耕地生产力减幅相对也较大，而浙江、重庆、湖北、江西、西藏、河南和江苏的减幅相对较小；整体上耕地生产力减少的省份主要分布在华南地区、华中地区和西南地区的西藏自治区，

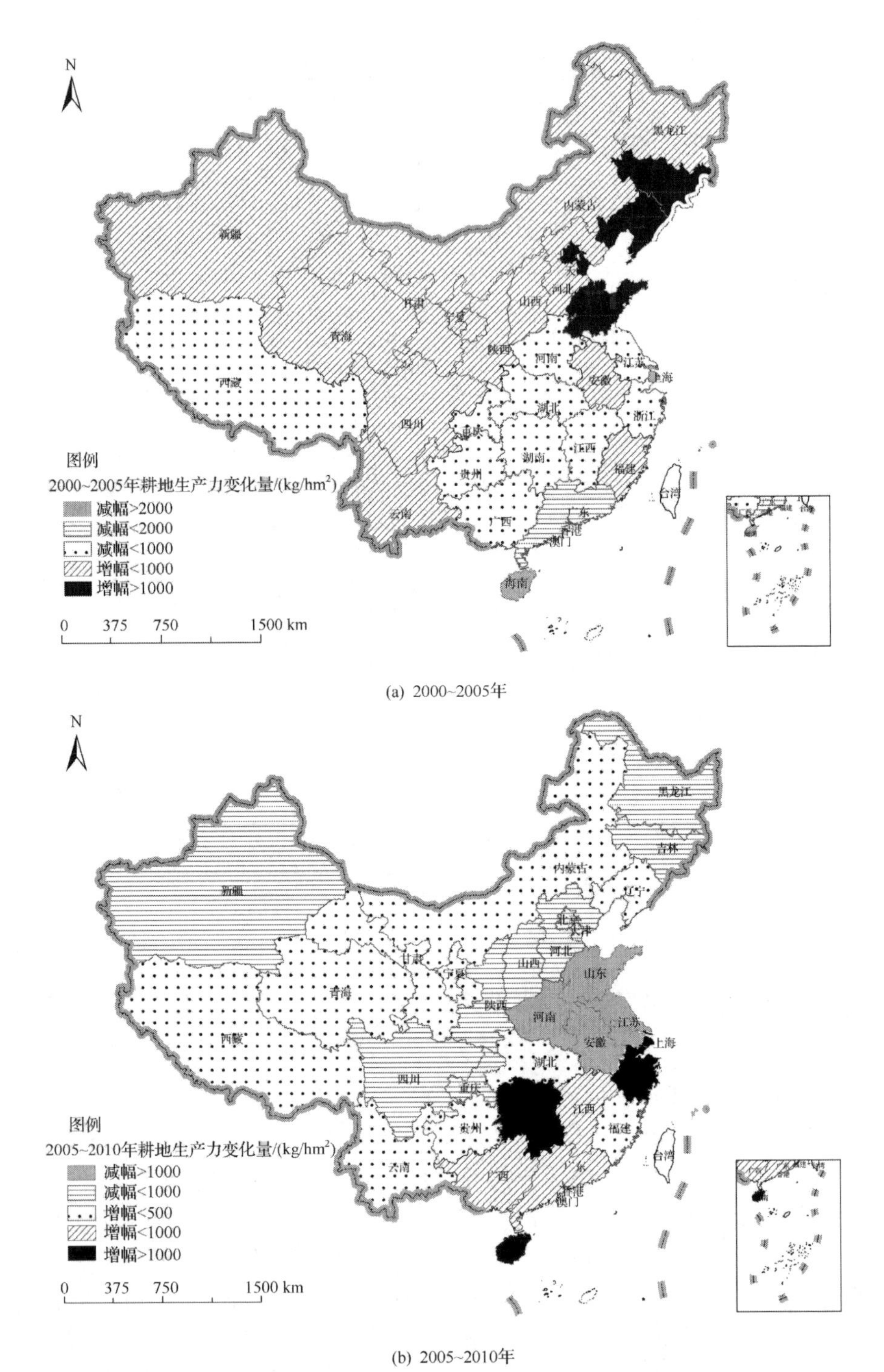

(a) 2000~2005年

(b) 2005~2010年

图 15-3　2000~2010 年中国耕地生产力变化情况

主要是由于耕地面积减少，以及区域自身耕地质量级别、光温等条件的差异。部分省份耕地生产力呈现增长趋势，主要分布在华北、东北的沿海地区，以及西部地区；其中，天津的增幅最大；其次是北京、吉林、山东和辽宁，增幅均在1000kg/hm^{2}以上。

结合2005~2010年中国耕地生产力变化的空间分布格局可以看出[图15-3(b)]，2005~2010 年，东北、西北和西南地区耕地生产力变化幅度不大，整体上呈现小幅增长趋势；华北和华东地区耕地生产力整体上呈现下降趋势；华南地区的耕地生产力呈现增长趋势。具体而言，部分省份耕地生产力有所下降，如山东、江苏、河南、安徽，减少幅度在 1000kg/hm^2 以上，而吉林、四川、天津、河北、山西、北京、黑龙江有小幅下降；主要分布在华北地区、东北地区、西北地区及西南地区。上海、湖南、浙江、海南、广东、广西和江西等省份呈现增长趋势，增幅在1000kg/hm^2 以上。东北地区由于投入的增长，2005 年和 2010 年相较于 2000 年，均呈显著增长的态势。西北地区耕地生产力 2000~2010 年均呈现增长趋势，但又始终低于全国平均水平，其耕地生产力水平虽然相对较低，今后的提升潜力却相对较大 。2000 年以来全国各省份耕地生产力总量如表 15-3 所示。

表 15-3　2000 年以来全国各省份耕地生产力总量　　(单位：10^6t)

省份	2000年耕地生产力总量	2005年耕地生产力总量	2010年耕地生产力总量	省份	2000年耕地生产力总量	2005年耕地生产力总量	2010年耕地生产力总量
黑龙江	9.84	10.08	9.97	安徽	11.55	12.33	10.98
内蒙古	3.87	3.99	4.08	四川	15.5	16.1	14.81
新疆	1.14	1.37	1.37	湖北	10.38	9.79	9.87
吉林	4.74	6.05	5.25	上海	0.65	0.49	0.48
河北	7.56	8.28	7.75	重庆	5.43	5.27	4.9
甘肃	1.72	2.01	2	浙江	3.57	2.99	3.34
北京	0.29	0.35	0.32	江西	5.56	5.46	5.93
山西	3.07	3.18	2.95	湖南	7.36	6.33	7.4
天津	0.55	0.68	0.61	云南	6.4	6.14	6.31
青海	0.13	0.16	0.17	贵州	4.11	3.52	3.72
陕西	3.82	4.21	4.2	福建	2.09	2.02	1.98
宁夏	0.45	0.44	0.49	广西	7.42	6.78	7.36
山东	10.45	12.63	10.21	广东	7.07	5.88	6.38
西藏	0.08	0.07	0.08	海南	1.61	1.32	1.44
河南	14.73	14.5	12.8	辽宁	3.68	5.04	5.26
江苏	10.2	9.95	8.46				

注：缺失港澳台数据。

采用 ESAP 模型，运用耕地生产力和耕地面积数据，估算全国各省份耕地生产力总量。在空间分布格局上(图 15-4)，2000~2010 年全国耕地生产力总量水平变化幅度很小，总体呈现“西部低、东部高”的格局，在空间上基本与全国耕地

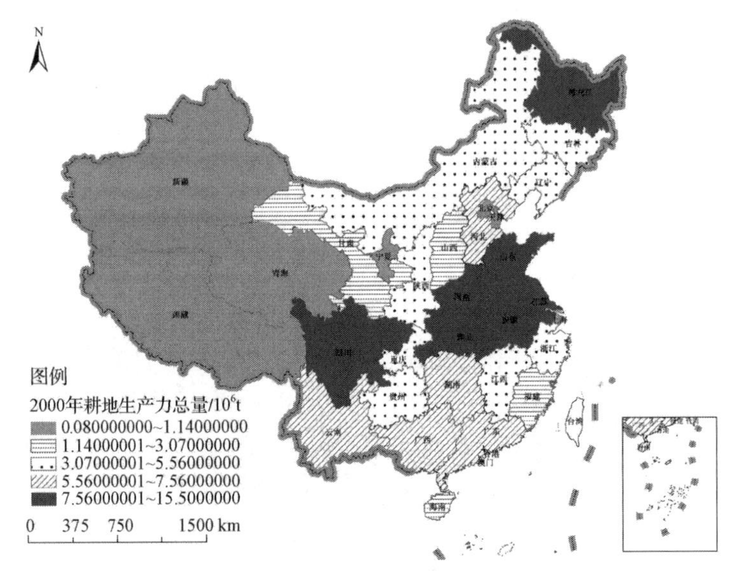

(a) 2000年中国耕地生产力总量空间差异

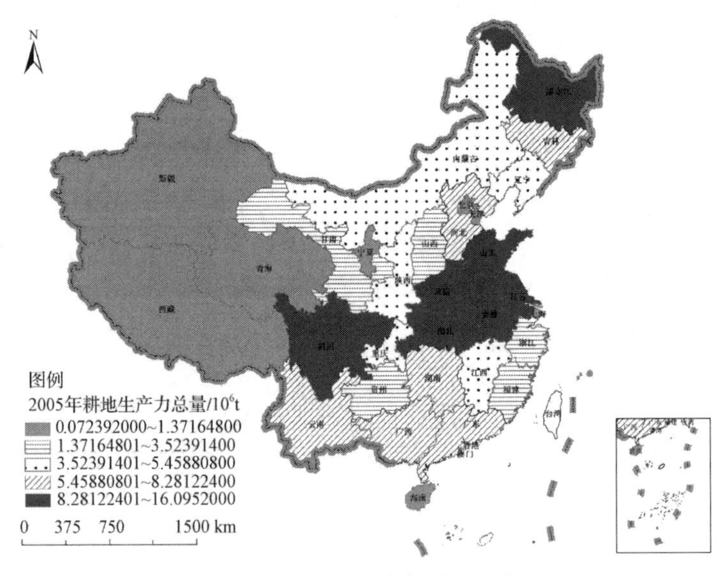

(b) 2005年中国耕地生产力总量空间差异

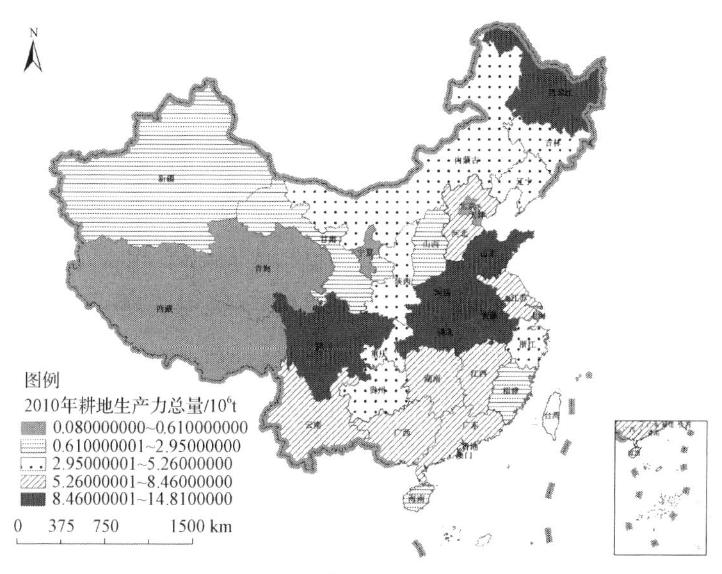

(c) 2010年中国耕地生产力总量空间差异

图 15-4 中国各省份耕地生产力总量分布图

生产力水平空间分布相吻合。采用自然断点法划分为五个级别，在数值上(表 15-3)，2000 年耕地生产力总量达 7.6×10^6t 以上的省份主要分布在东北地区的黑龙江，华东地区的安徽、江苏，华中地区的河南、湖北，以及西南地区的四川，其中以四川和河南最高，均在 15×10^6t 左右；这些省份大多是我国的主要粮食产区。耕地生产总量较高的省份还有河北、湖南，以及华南地区的广东、广西，主要分布在我国南部省份，这些省份水热条件好，耕地生产力水平也高。耕地生产力总量水平一般的省份主要在北部地区，包括内蒙古、辽宁、吉林和陕西等；西北地区的耕地生产力总量也是相对较低的区域，和耕地生产力水平相吻合。北京、上海和天津的耕地生产力总量水平由于耕地面积有限均比较低。

结合图 15-5，部分省份 2000~2005 年及 2005~2010 年耕地生产力总量波动起伏较大。广东、湖南和广西呈现反向变化，2000~2005 年是减少趋势，2005~2010 年是增长趋势，总体呈现下降趋势；江苏和河南的耕地生产力总量下降趋势显著；山东、辽宁、吉林、安徽等省份同样呈现反向变化，2000~2005 年呈增长趋势，2005~2010 年呈现下降趋势。2000~2005 年及 2005~2010 年几乎没有发生显著变化的区域主要分布于西北地区和华北地区。西北地区包括西藏、青海、宁夏和甘肃，这些省份发展速度缓慢，耕地生产力水平没有明显变化，因此，耕地生产力总量变化也不显著；华北地区包括山西、北京、内蒙古、天津，山西和内蒙古由于自然环境和气候的原因，耕地生产力总量变化不大，北京和天津受社会经济发展的影响，且自身耕地面积有限，耕地生产力总量受到限制。

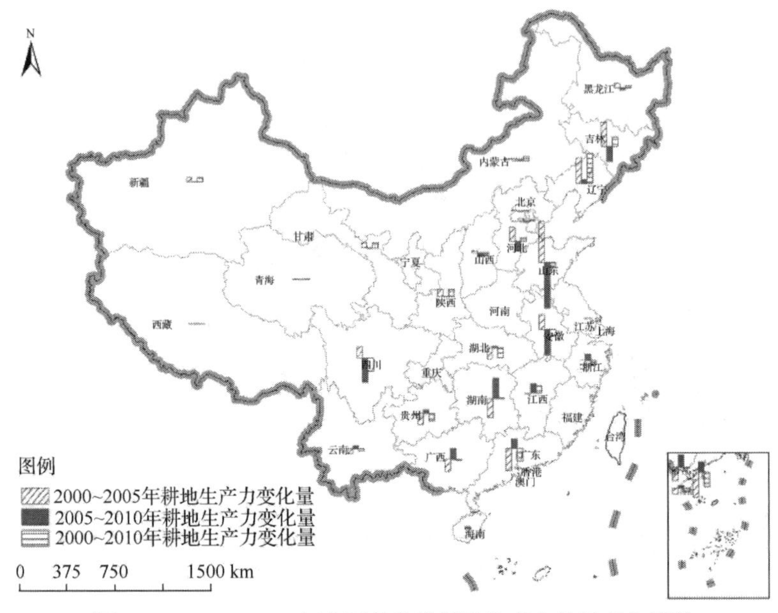

图 15-5　2000~2010 年中国各省份耕地生产力总量变化情况

15.3.2　中国耕地非农化压力的区域差异

耕地非农化压力是进行耕地非农化指标分解的重要依据。耕地非农化压力较大的省份，耕地非农化的需求应该优先得到满足；反之，耕地非农化压力较小的省份，耕地非农化的需求可以在其他省份耕地非农化需求得到满足之后再予以考虑。本书采用上述基于 AHP 的耕地非农化压力指数计算方法，从建设用地投入强度、建设用地利用强度和建设用地产出效益三个方面综合评估各省份的耕地非农化压力(表 15-4)。结合表 15-4，在 ArcGIS10 平台绘制中国各省份耕地非农化压力水平空间分布图(图 15-6)，可以看出，整体呈现从西北到东南逐渐升高的分布格局。根据各省份耕地非农化压力指数评估结果，可知我国耕地非农化压力指数最高的区域为上海，高达 0.9847；其次为北京和天津，耕地非农化压力分别为 0.6496 和 0.4606。可见，上海、北京和天津社会经济的高速发展和城市化进程的快速推进，迫切需要更多的建设用地作支撑，造成较高的耕地非农化压力。全国耕地非农化压力较高的省份还有浙江、广东、江苏、福建、山东等地，主要集中在东南沿海一带。耕地非农化压力较低的省份主要分布在西北地区，其中青海省的耕地非农化压力指数最低，仅为 0.0121。

表 15-4　各省份耕地非农化压力指数评估结果

省份	耕地非农化压力	省份	耕地非农化压力	省份	耕地非农化压力
黑龙江	0.1373	宁夏	0.1626	江西	0.2296
内蒙古	0.0596	山东	0.2982	湖南	0.2434
新疆	0.0197	西藏	0.1881	云南	0.2286
吉林	0.1547	河南	0.2465	贵州	0.2406
河北	0.2332	江苏	0.3688	福建	0.3537
甘肃	0.1074	安徽	0.1986	广西	0.2272
北京	0.6496	四川	0.2398	广东	0.3914
山西	0.2296	湖北	0.2323	海南	0.1592
天津	0.4606	上海	0.9847	辽宁	0.2302
青海	0.0121	重庆	0.2709		
陕西	0.2477	浙江	0.4031		

注：缺失港澳台数据。

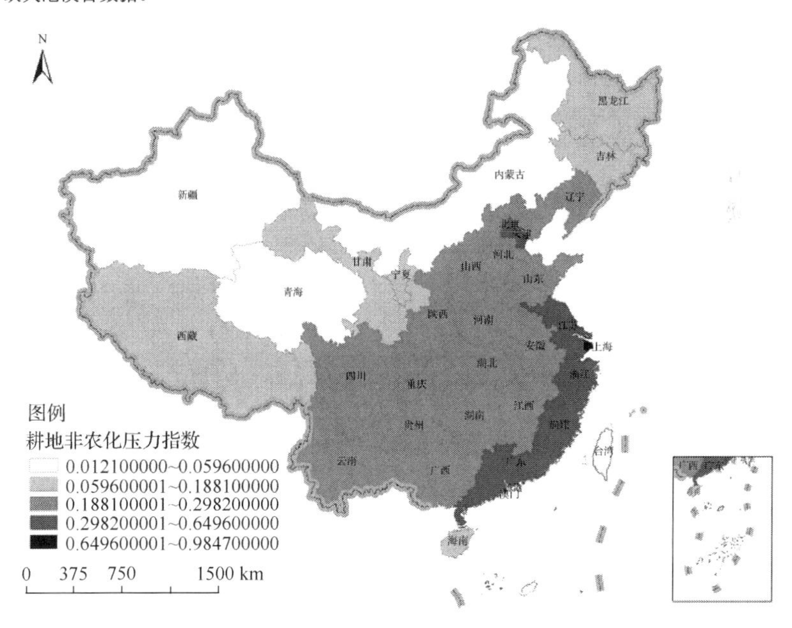

图 15-6　中国各省份耕地非农化压力水平分布

15.3.3 基于生产力总量平衡的耕地区际优化布局

在中国耕地生产力估算和各省份耕地非农化压力测算的基础上，按照本书提出的基于耕地生产力总量平衡的耕地区际保护研究方案，根据 2010 年中国耕地生产力时空格局和耕地空间分布计算得到 2010 年全国耕地生产力总量作为耕地布局优化的全局终止条件，根据《全国土地利用总体规划纲要(2006~2020)》确定的各省份建设用地需求量作为区域终止条件，根据各省份耕地非农化压力指数计算各省份耕地非农化过程的异步演化速率，运行分区异步元胞自动机模型在各省份进行耕地优化布局，得到基于生产力总量平衡约束下的中国耕地区际优化布局结果(图 15-7)。耕地布局优化之后，全国耕地主要分布在东北平原区、黄淮河平原区、长江中下游地区、四川盆地等区域，其他地区呈零散分布。布局优化后全国耕地总面积为 $17151.60\times10^4hm^2$，2020 年全国耕地生产力总量为 161.591×10^6t，略高于 2010 年的 161.495×10^6t，耕地生产力总量保护的目标可以实现。

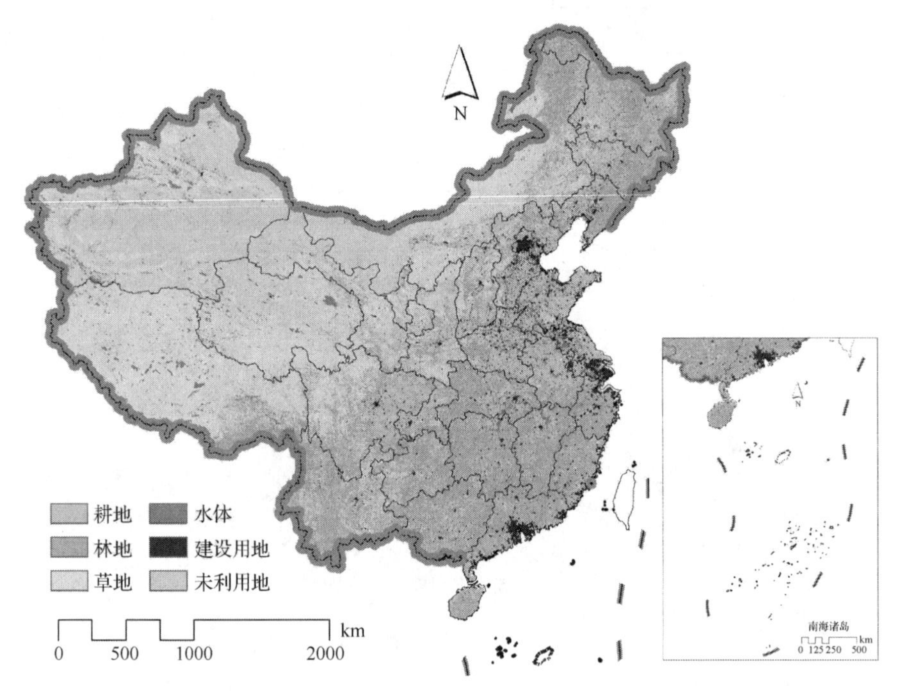

图 15-7 基于生产力总量平衡的耕地布局优化结果(彩图附后)

15.4 小　　结

耕地保护的主要目的是保障国家的粮食安全，其本质是保护耕地生产力。针对当前我国快速城市化进程中建设用地扩张与耕地保护的矛盾日益突出的问题，本书提出了基于耕地生产力总量平衡的耕地区际优化布局的方法。在基于耕地生产力总量平衡约束的耕地区际优化布局过程中，采用 ESAP 模型在栅格尺度上估算了当前和未来中国耕地生产力的时空格局，结合中国土地利用现状，测算了中国当前的耕地生产力总量。以耕地生产力总量平衡为约束条件，以各省份建设用地扩张与全国尺度耕地保护的协调为目标，采用耕地非农化压力指数衡量各省份耕地非农化需求的紧迫程度，构建分区异步元胞自动机模型开展我国耕地区际布局优化，得到耕地生产力总量平衡约束下 2020 年我国耕地布局优化的结果。结果表明：①基于耕地生产力总量平衡的耕地区际布局优化以耕地生产力保护为目标，与基于耕地数量平衡的耕地区际优化相比，更有利于国家粮食安全战略目标的实现；②耕地生产力的时空格局和耕地数量的空间分布是耕地生产力总量测算的基础，各省份耕地非农化压力指数和耕地非农化需求是实现耕地非农化时空配置的前提；③以全国耕地生产力总量平衡为目标，根据各省份耕地非农化指数确定各省份耕地非农化需求实现的优先程度，以此为基础，运用分区异步元胞自动机模型开展耕地区际优化布局。

基于耕地生产力总量平衡约束的耕地区际优化布局同时考虑了耕地生产力的空间差异和耕地非农化压力的区域差异，因此，一方面，可以在保障国家粮食安全的基础上，使建设用地扩张与耕地保护矛盾突出的省份耕地非农化压力得到释放，减少这些区域违法用地的情况；另一方面，对于耕地非农化压力较小的区域，可以提高土地利用效率，保护区域耕地资源。然而，为了保证基于耕地生产力总量平衡的耕地区际优化布局的实现，需要根据耕地区际优化布局的结果确定各省份耕地保护目标责任，并以此为基础确定耕地保护区域补偿的价值标准，并构建耕地保护区域补偿机制，以实现“以布局引导补偿，以补偿实现保护”。

主要参考文献

方斌，倪绍祥，邱文娟. 2009. 耕地保护易地补充的经济补偿的思路与模式. 云南师范大学学报(哲学社会科学版)，1(41)：49~54.

方修琦，殷培红，陈烽栋. 2009. 过去 20 年中国耕地生产力区域差异变化研究. 地理科学，29(4)：470~476.

黄亚捷，叶回春，张世文，郧文聚，黄元仿. 2015. 基于自组织特征映射神经网络的中国耕地生产力分区. 中国农业科学，06：1136~1150.

纪昌品，欧名豪. 2010. 区域协调的耕地保护利益补偿机制. 长江流域资源与环境，19(3)：256~261.

柯新利，边馥苓. 2010. 基于空间数据挖掘的分区异步元胞自动机模型研究. 中国图象图形学报，15(6)：921 ~ 930.

柯新利, 邓祥征, 刘成武.2010 基于分区异步元胞自动机模型的耕地利用布局优化：以武汉城市圈为例. 地理科学进展, 29(11): 1416 ~ 1424.
柯新利, 马才学.2013. 基于资源禀赋和经济发展区域差异的耕地优化布局——以武汉城市圈为例. 经济地理, 11:136-141+148.
姜广辉, 孔祥斌, 张凤荣,等. 2009. 耕地保护经济补偿机制分析. 中国土地科学, 23(7): 24~27.
刘纪远, 匡文慧, 张增祥, 等.2014.20 世纪 80 年代末以来中国土地利用变化的基本特征与空间格局.地理学报, 01: 3~14.
刘洛, 徐新良, 刘纪远, 陈曦, 宁佳. 2014. 1990~2010 年中国耕地变化对粮食生产潜力的影响. 地理学报, (12): 1767~1778.
刘文超, 颜长珍, 秦元伟, 闫慧敏, 刘纪远.2013. 近 20a 陕北地区耕地变化及其对农田生产力的影响. 自然资源学报, 08:1373~1382.
孙蕊, 孙萍, 吴金希, 张景奇. 2014. 中国耕地占补平衡政策的成效与局限. 中国人口・资源与环境, 03: 41~46.
王凤娇,杨延征,上官周平.2015. 近 30 年西北地区耕地生产力动态演变及能力评价. 干旱地区农业研究, (3):217-223+237.
王秀芬, 陈百明, 毕继业. 2005. 新形势下中国耕地总量动态平衡分析. 资源科学, 27(6): 28~33.
位贺杰, 张艳芳, 朱妮, 栗新巧. 2014. 河南农田生产力时空变化的遥感分析. 测绘科学, 39(11): 67~71.
闫慧敏, 刘纪远, 曹明奎. 2007. 中国农田生产力变化的空间格局及地形控制作用. 地理学报, 62(2):171~180.
闫慧敏, 刘纪远, 黄河清, 董金玮, 徐新良, 王军邦. 2012. 城市化和退耕还林草对中国耕地生产力的影响. 地理学报, 05:579~588.
张效军. 2006. 耕地保护区域补偿机制研究. 南京：南京农业大学博士学位论文.
张效军, 欧名豪, 高艳梅.2008. 耕地保护区域补偿机制之价值标准探讨. 中国人口・资源与环境, 18(5): 154 ~ 160.
朱新华, 曲福田. 2008. 不同粮食分区间的耕地保护外部性补偿机制研究.中国人口・资源与环境, 5(18): 148~153.
Deng X Z, Huang J K, Rozelle S, et al.2006. Cultivated land conversion and potential agricultural productivity in China. Land Use Policy, 23: 372~384.
Jiang, Q O, Deng X Z, Zhan J Y, et al.2011. Estimation of land production and its response to cultivated land conversion in North China Plain. Chinese Geographical Science, 21(6): 685 ~ 694.

编　后　记

《博士后文库》（以下简称《文库》）是汇集自然科学领域博士后研究人员优秀学术成果的系列丛书。《文库》致力于打造专属于博士后学术创新的旗舰品牌，营造博士后百花齐放的学术氛围，提升博士后优秀成果的学术和社会影响力。

《文库》出版资助工作开展以来，得到了全国博士后管委会办公室、中国博士后科学基金会、中国科学院、科学出版社等有关单位领导的大力支持，众多热心博士后事业的专家学者给予积极的建议，工作人员做了大量艰苦细致的工作。在此，我们一并表示感谢！

《博士后文库》编委会

彩　　图

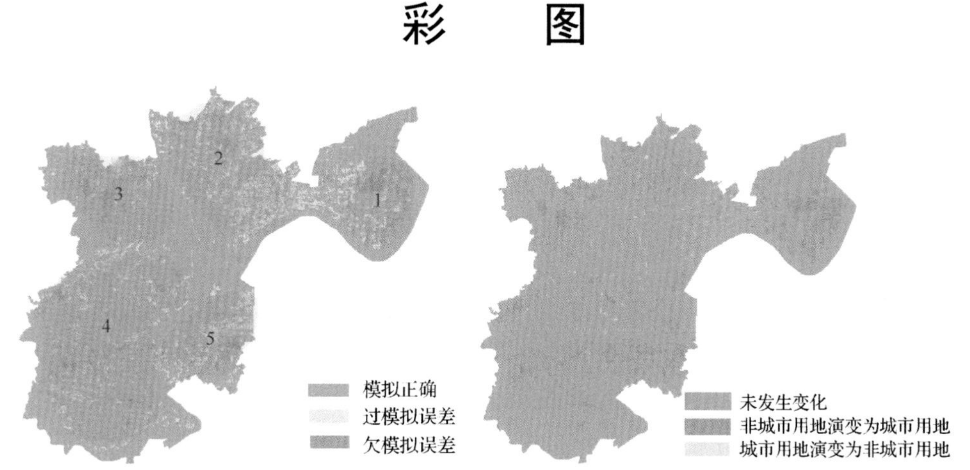

图 2-5　统一转换规则 CA 模拟结果误差图　　图 3-2　杭州市 2000~2005 年土地利用变化图

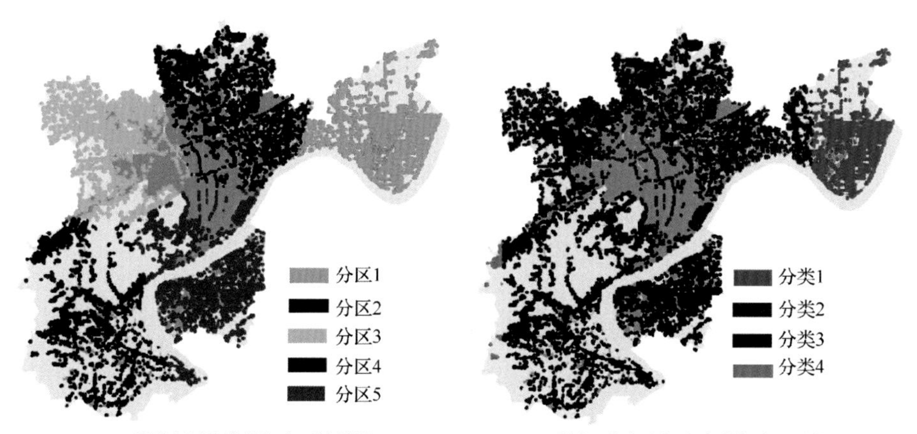

(a) 采用空间聚类进行分区的结果　　(b) 采用双约束空间聚类进行分区的结果

图 2-8　采用空间数据挖掘的方法进行元胞空间分区

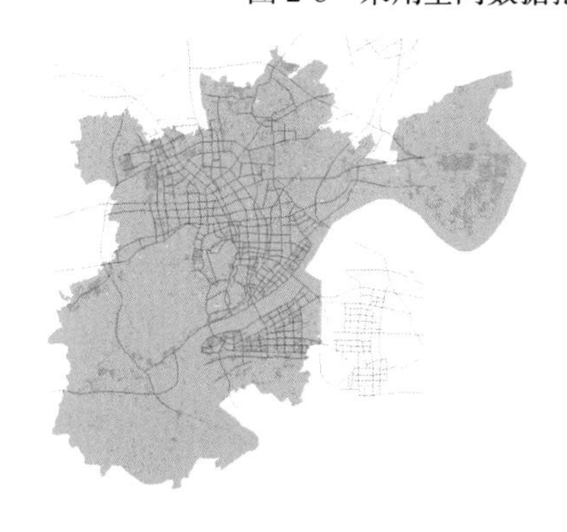

(a) 土地利用变化与公路叠加图

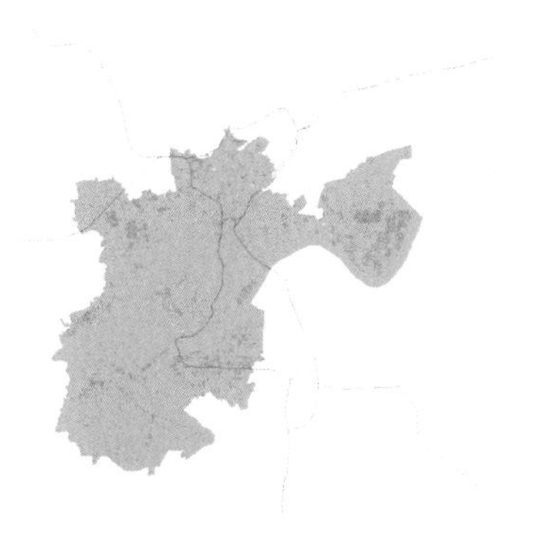

(b) 土地利用变化与铁路叠加图

(c) 土地利用变化与环线叠加图

(d) 土地利用变化与水域叠加图

(e) 土地利用变化与 DEM 叠加图

(f) 土地利用变化与人口密度叠加图

图 3-3 土地利用变化与各影响因子叠加图

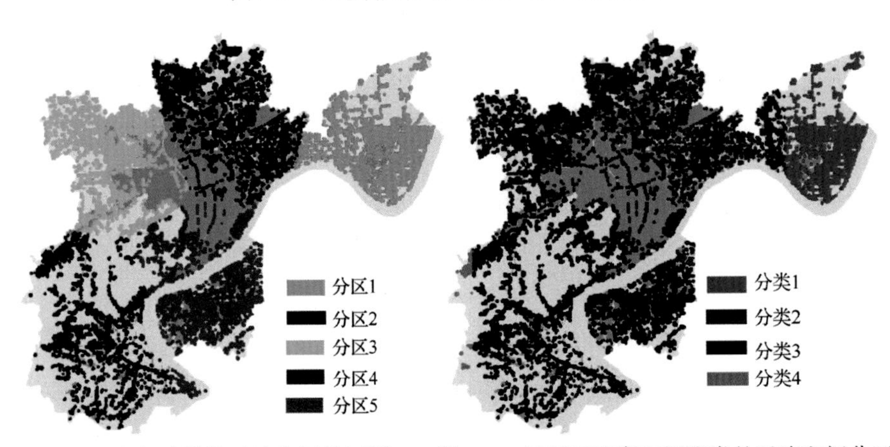

图 3-4 基于空间聚类的元胞空间分区图

图 3-7 基于双约束空间聚类的元胞空间分区图

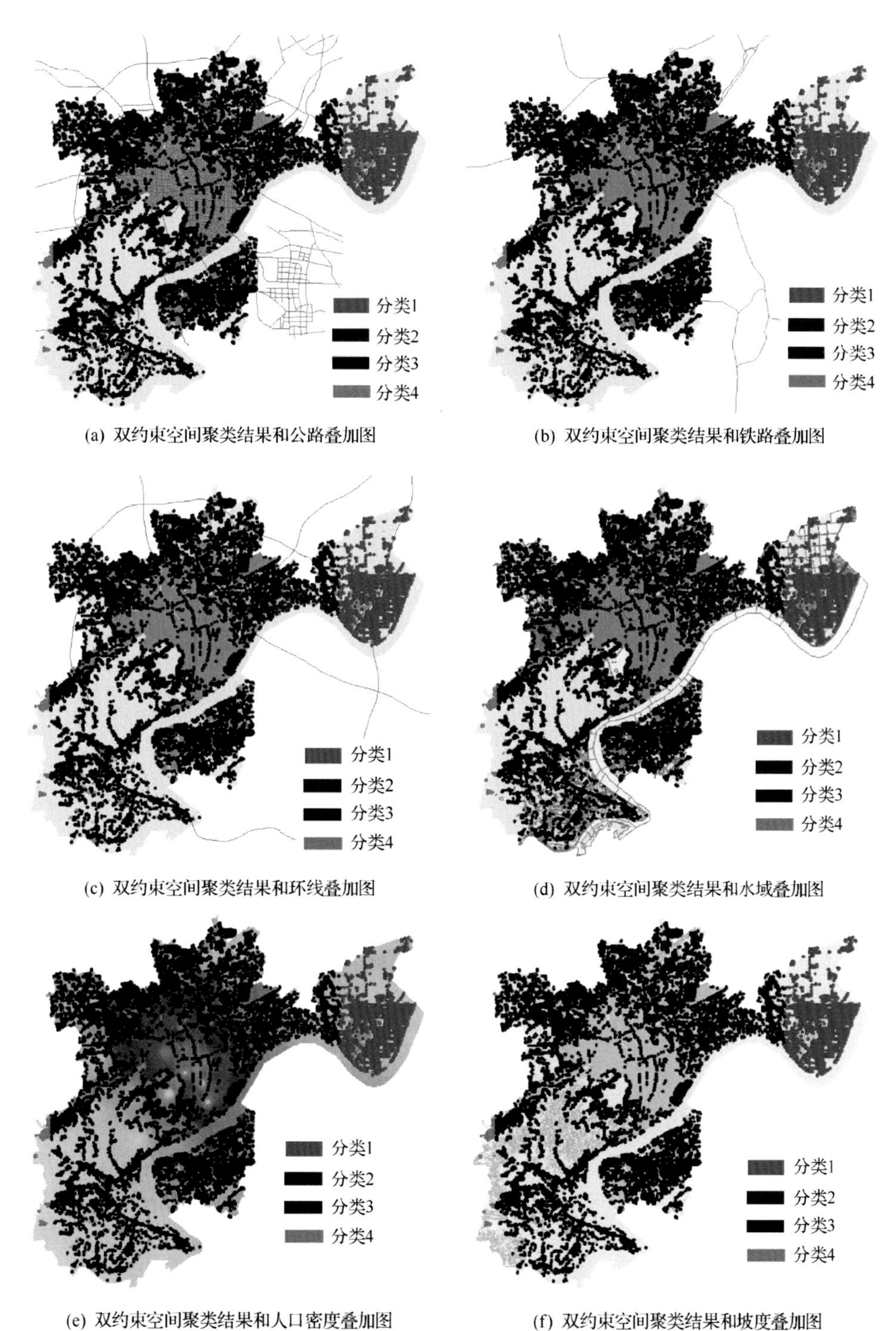

(a) 双约束空间聚类结果和公路叠加图

(b) 双约束空间聚类结果和铁路叠加图

(c) 双约束空间聚类结果和环线叠加图

(d) 双约束空间聚类结果和水域叠加图

(e) 双约束空间聚类结果和人口密度叠加图

(f) 双约束空间聚类结果和坡度叠加图

图 3-8　双约束空间聚类结果和各影响因素的叠加图

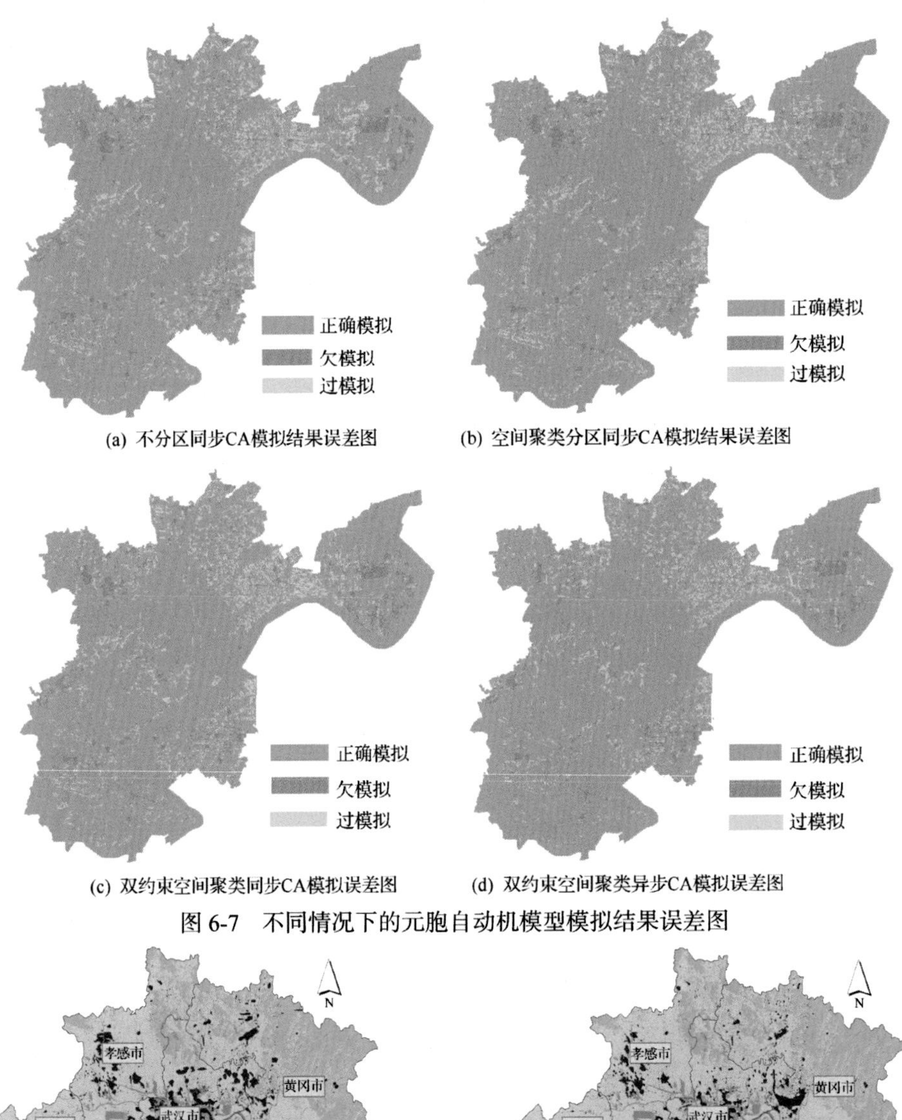

(a) 不分区同步CA模拟结果误差图

(b) 空间聚类分区同步CA模拟结果误差图

(c) 双约束空间聚类同步CA模拟误差图

(d) 双约束空间聚类异步CA模拟误差图

图 6-7　不同情况下的元胞自动机模型模拟结果误差图

图 9-5　基于分区异步 CA 的武汉城市圈 2020 年优化结果

图 9-6　基于传统 CA 的武汉城市圈 2020 年优化结果

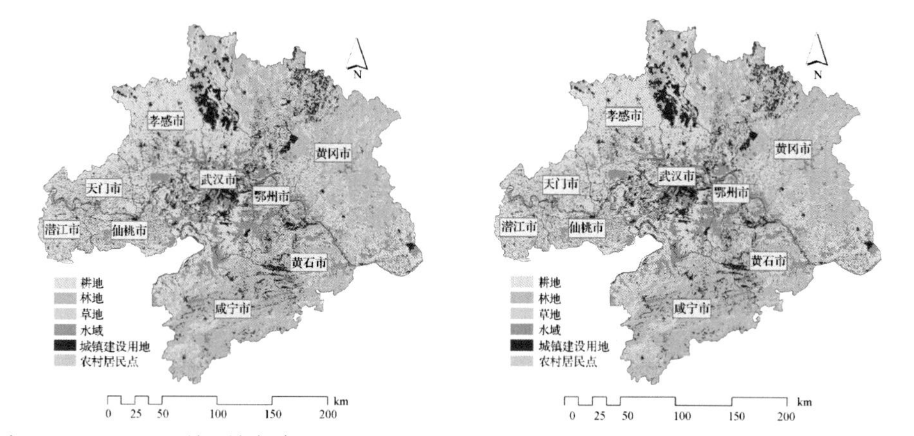

图 10-2　基于土地利用效率建设用地优化配置　图 11-6　武汉城市圈耕地空间优化布局结果

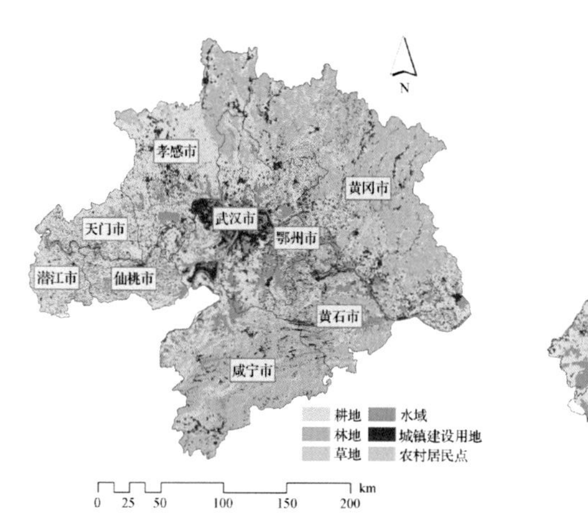

图 12-3　武汉城市圈土地资源优化配置布局

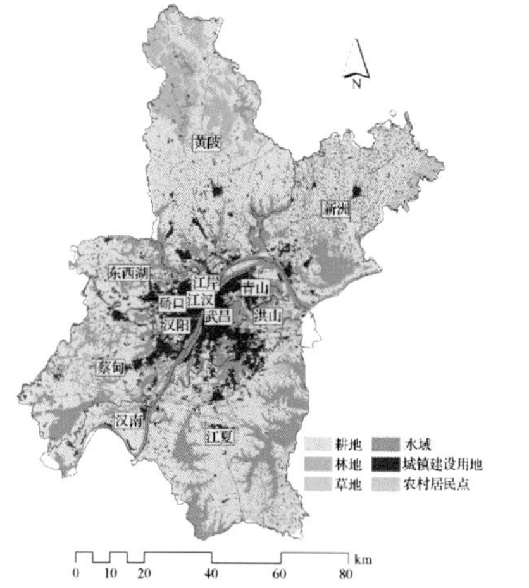

图 13-3　2013 年武汉市实际土地利用

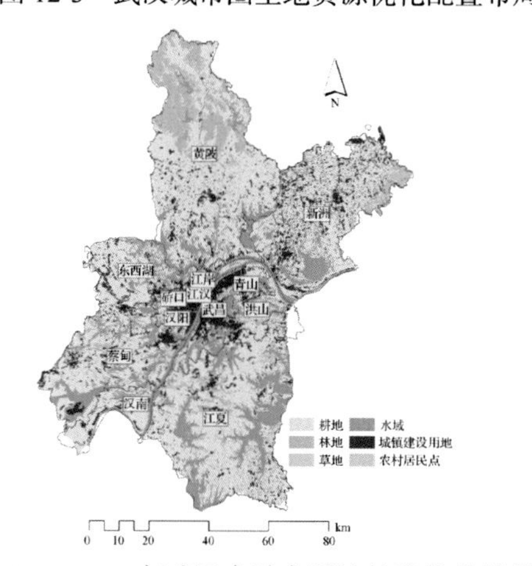

图 13-4　2013 年武汉市城市用地扩张优化结果

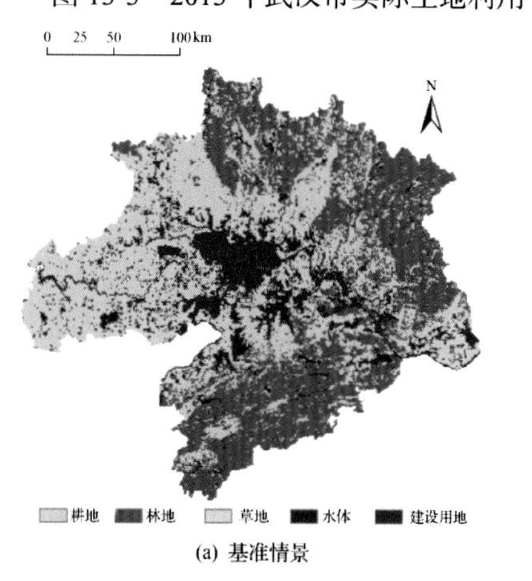

(a) 基准情景

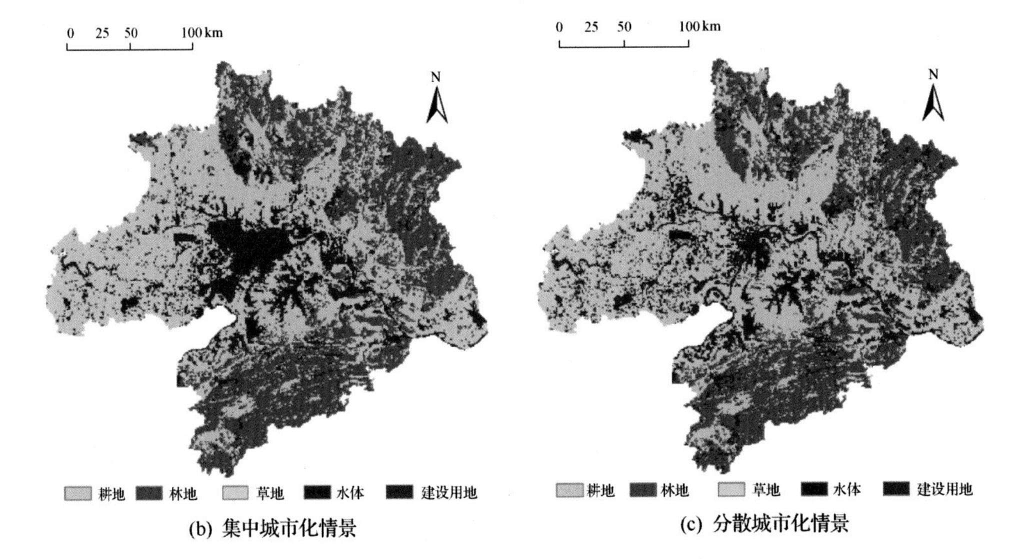

图 14-3　不同城市化情景下武汉城市圈土地利用时空格局

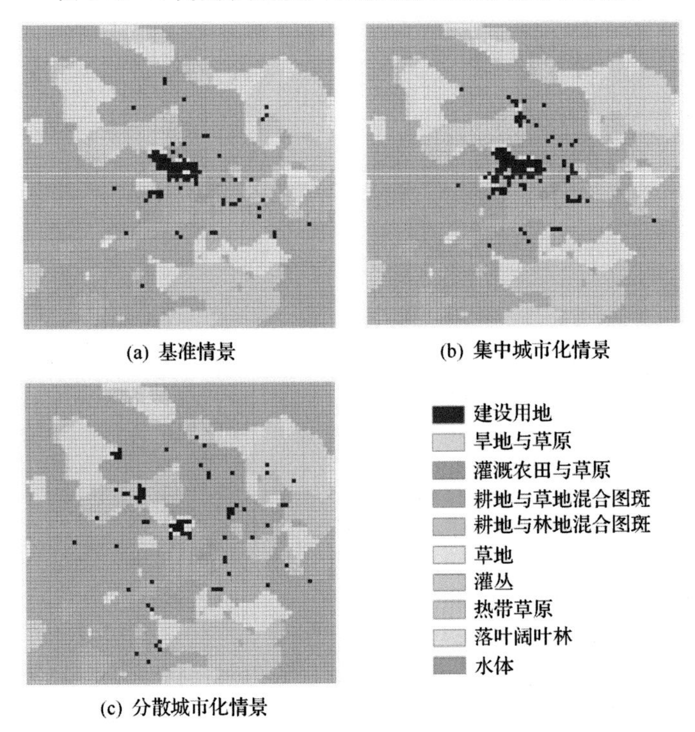

图 14-4　不同情景下武汉城市圈下垫面数据

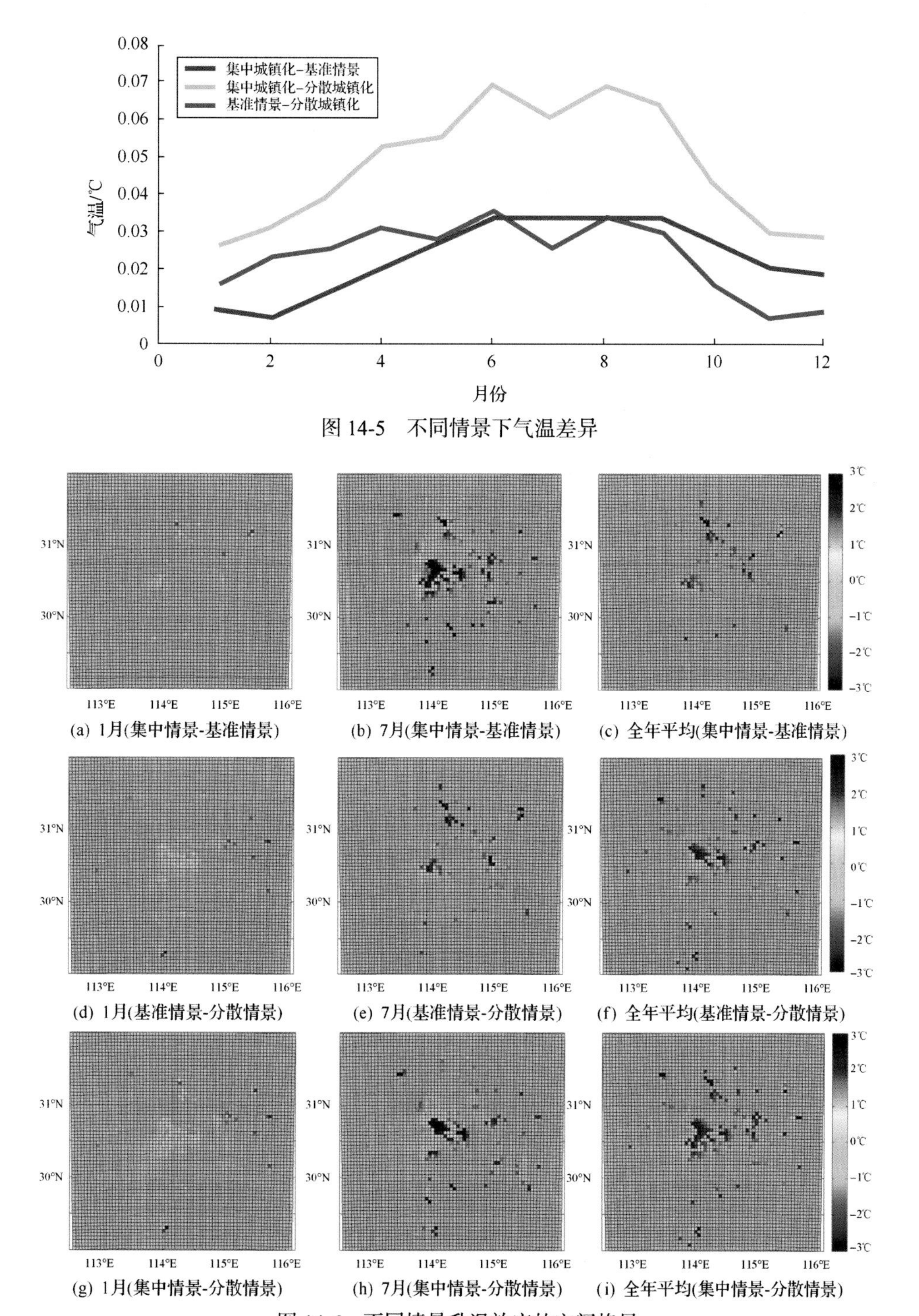

图 14-5　不同情景下气温差异

(a) 1月(集中情景-基准情景)　(b) 7月(集中情景-基准情景)　(c) 全年平均(集中情景-基准情景)

(d) 1月(基准情景-分散情景)　(e) 7月(基准情景-分散情景)　(f) 全年平均(基准情景-分散情景)

(g) 1月(集中情景-分散情景)　(h) 7月(集中情景-分散情景)　(i) 全年平均(集中情景-分散情景)

图 14-6　不同情景升温效应的空间格局

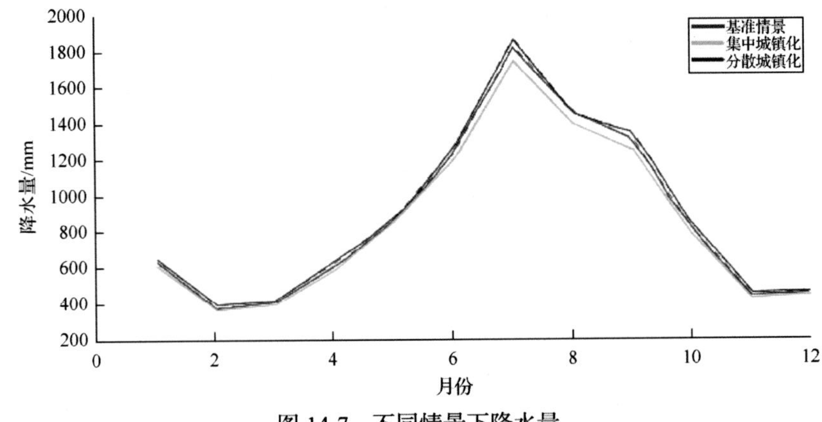

图 14-7　不同情景下降水量

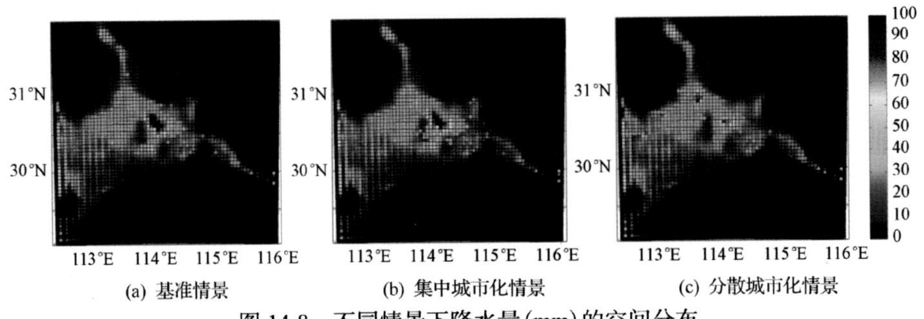

图 14-8　不同情景下降水量(mm)的空间分布

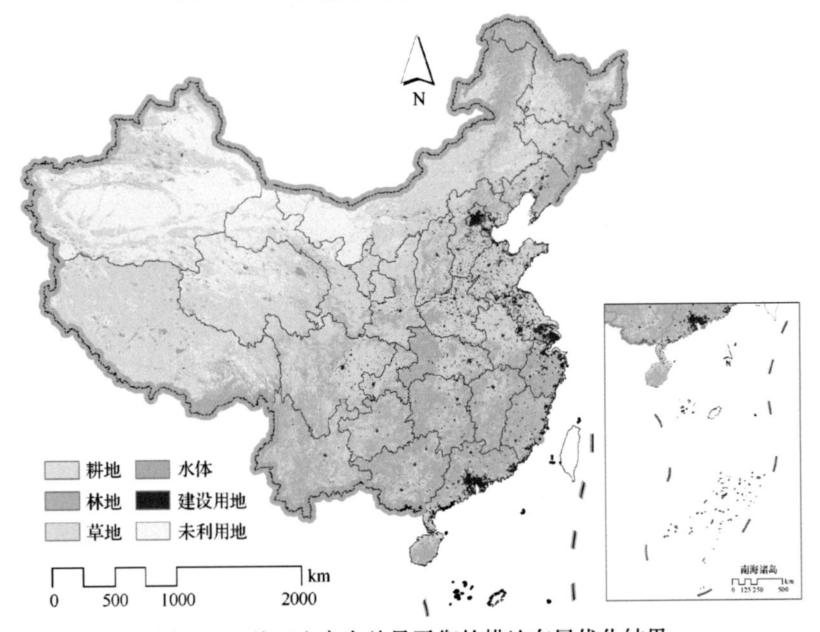

图 15-7　基于生产力总量平衡的耕地布局优化结果